“十三五”国家重点出版物出版规划项目
国家科学技术学术著作出版基金资助出版

稀疏微波成像导论

吴一戎　洪　文　张冰尘　著

科学出版社
北　京

内 容 简 介

稀疏微波成像是将稀疏信号处理引入微波成像并有机结合形成的新理论、新体制和新方法。本书系统地介绍其原理、方法和实验，主要内容包括：建立稀疏微波成像模型，介绍其稀疏表征、观测约束和性能评估；详细阐述基于成像算子的SAR原始数据域快速重构方法，将其应用于ScanSAR、TOPS SAR、滑动聚束SAR等工作模式，并推广至基于偏置相位中心天线的一发多收SAR成像；给出机载原理性验证实验结果和初步星载雷达系统设计实例。

本书可供从事SAR、稀疏信号处理等方面的科研人员使用，也可作为相关专业研究生的教材或参考书。

图书在版编目(CIP)数据

稀疏微波成像导论/吴一戎，洪文，张冰尘著. —北京：科学出版社，2018.11
"十三五"国家重点出版物出版规划项目
ISBN 978-7-03-059203-3

Ⅰ.①稀… Ⅱ.①吴…②洪…③张… Ⅲ.①信号处理-微波成象
Ⅳ.①TN911.7②O435.2

中国版本图书馆CIP数据核字(2018)第245850号

责任编辑：刘宝莉 罗 娟 / 责任校对：郭瑞芝
责任印制：吴兆东 / 封面设计：陈 敬

科学出版社 出版
北京东黄城根北街16号
邮政编码：100717
http://www.sciencep.com
北京虎彩文化传播有限公司 印刷
科学出版社发行 各地新华书店经销
*
2018年11月第 一 版 开本：720×1000 1/16
2023年 4 月第四次印刷 印张：12 3/4
字数：257 000

定价：128.00元

(如有印装质量问题，我社负责调换)

前　言

在我国中长期对地观测计划“高分辨率对地观测系统”重大专项中，微波成像是重要的对地观测手段之一。合成孔径雷达(synthetic aperture radar，SAR)是微波成像的一种重要形式，其不受日照和天气条件的限制，具有全天时、全天候观测目标或场景的能力，已成为资源勘察、环境监测和灾害评估等遥感应用不可或缺的手段。

稀疏信号处理是指从包含大量冗余信息的原始信号中提取出尽可能少的采样数据，对原始信号进行有效逼近和恢复的信号与信息处理技术。其基本思想可以追溯到14世纪的“奥卡姆剃刀”原理：若无必要，勿增实体。21世纪初，数学家提出了压缩感知理论，使更多的工程技术人员认识到稀疏信号处理的潜力，促进其在工程领域的应用。

稀疏微波成像是指将稀疏信号处理理论引入微波成像，且两者有机结合形成的微波成像新理论、新体制和新方法，即通过寻找被观测对象的稀疏表征域，在空间、时间、频谱或极化域稀疏采样获取被观测对象的稀疏微波信号，经信号处理和信息提取，获取被观测对象的空间位置、散射特征和运动特性等几何与物理特征。

如何将稀疏信号处理应用于SAR经历了长期的探索过程。早在21世纪初，已有学者将正则化方法应用于SAR信号处理，获得了特征增强的雷达图像。在压缩感知理论提出后，稀疏信号处理便很快应用于层析SAR、逆SAR、探地雷达等领域，其效果得到广泛的认可。由于在观测场景的稀疏表征、大场景海量数据重构的计算复杂性、系统与重构性能的评估等方面存在挑战，在初始研究阶段，将稀疏信号处理应用于SAR系统及其成像在国际上存在一定的争议。目前的研究结果表明，稀疏微波成像不仅具有设计更优性能指标SAR系统的潜力，而且可提升现有雷达系统的成像性能。

本书作者在国家重点基础研究发展计划(973计划)、国家自然科学基金项目、国家高技术研究发展计划(863计划)、中国科学院重点部署项目等的支持下，对稀疏微波成像开展了系统性研究。本书是作者近十年来从事稀疏微波成像研究积累的成果，系统介绍以 SAR 应用为代表的稀疏微波成像原理、方法和实验。有关稀疏微波成像在 3D-SAR 成像、宽角 SAR 成像、运动目标检测、图像增强等方面的应用可参考《稀疏微波成像应用》一书。

全书共 6 章。第 1 章介绍微波成像、稀疏信号处理、稀疏微波成像的概念，概述稀疏信号处理在雷达成像领域应用的研究现状。第 2 章介绍雷达成像方面的基础知识。以条带 SAR 为例分析其成像原理，推导经典雷达成像处理方法，给出 SAR 方程、星载 SAR 系统设计要素等要点。第 3 章介绍稀疏信号处理方面的基础知识。阐述信号稀疏表征形式、观测矩阵性质、稀疏重构方法等内容。第 4 章介绍稀疏微波成像原理。给出雷达图像的空域稀疏、变换域稀疏和结构稀疏等三种稀疏形式，建立稀疏微波成像模型，分析成像雷达观测矩阵的约束因素和优化潜力，简要说明稀疏微波成像重构方法，并给出稀疏微波成像中雷达系统和雷达图像两个方面的性能指标。第 5 章介绍稀疏微波成像的快速重构方法。提出 SAR 原始数据域的稀疏微波成像方法，将稀疏信号处理与 SAR 解耦方法结合，利用成像算子替代稀疏重构中观测矩阵及其共轭转置，减少内存需求，提高计算效率，使稀疏信号处理可应用于大场景 SAR 成像。该方法可应用于 ScanSAR、TOPS SAR、滑动聚束 SAR 等工作模式的稀疏微波成像，也可应用于基于偏置相位中心天线的一发多收 SAR 成像。它不但适用于欠采样数据成像，使利用稀疏信号处理降低成像雷达系统复杂度真正成为可能，而且还适用于满采样数据成像，提升现有 SAR 系统成像质量。第 6 章介绍稀疏微波成像的实验验证，开展机载原理性验证实验的雷达设计、数据获取和结果分析，通过实际数据处理，说明利用稀疏微波成像方法提升现有雷达系统成像性能的潜力，给出星载稀疏微波成像设计框图和初步设计实例。

本书内容体现了稀疏信号处理领域和微波成像领域有机结合的最新进展。感谢徐宗本院士在稀疏信号处理正则化理论方面的突破，使得稀疏微波成像技术能够有丰富的数学方法选择。本书的形成经过了长期的科研积累。一批研究生多年来系统深入地开展了稀疏微波成像的理论、体制、方法和实验研究，本书的内容包含了他们的研究成果，包括：稀疏信号处理重构方法（全相印、曾景山、赵曜）；稀疏微波成像快速重构方法原理（方健、蒋成龙、魏中浩）；ScanSAR、TOPS SAR、滑动聚束 SAR 稀疏微波成像重构方法（毕辉、徐志林）；一发多收 SAR 稀疏微波成像重构方法（全相印、吴辰阳）；稀疏微波成像实验验证以及初步系统设计（张柘、蒋成龙）。在撰写本书的过程中，徐志林、吴辰阳、徐仲秋、张严、杨力、杨牡丹、刘鸣谦、陈晨等研究生进行了文字整理和图表绘制工作，在此表示感谢。

稀疏信号处理在雷达成像中的应用正在不断发展，本书试图在总结前期研究的基础上，将稀疏微波成像的理论发展与实践成果进行系统化梳理。由于作者水平有限，书中难免存在不足之处，敬请读者批评指正。

目　录

第1章　绪　　论

1.1　微波成像简介

微波成像技术是以微波谱段的电磁波作为探测手段，利用微波传感器获取被观测对象散射特征和相关信息的技术。与光学成像技术相比，微波成像不受日照和天气条件的限制，具有全天时、全天候观测目标或场景的能力，已成为资源勘察、环境监测和灾害评估等遥感应用的重要手段。

固特异(Goodyear)公司的 Wiley 在 1951 年提出 SAR 概念，当时称其为多普勒波束锐化，并于 1965 年获得了专利(Wiley，1965)。美国伊利诺伊大学控制系统实验室的 Sherwin 研究团队，采用非聚焦合成孔径方法，得到了第一张 SAR 图像，从而验证了其原理的可行性(Sherwin et al.，1962)。美国密歇根大学 Willow Run 研究中心的 Cutrona 等利用其研制的 SAR 系统进行了飞行实验，并通过光学记录仪和光学相关器，获得了第一幅全聚焦的 SAR 图像(Cutrona & Hall，1962)。自此，SAR 基本原理得到了普遍的承认，SAR 系统的研制与应用在世界各国相继展开。

飞机和卫星是常见的 SAR 运载平台。随着雷达技术的发展和实际应用需求的多样化，逐渐出现了搭载于其他平台上的 SAR 系统，如弹载 SAR、无人机载 SAR 等。星载平台在太空中指定的轨道上运行，太空环境接近于真空，星载 SAR 的成像工作对运动补偿的依赖较小，同时由于运行轨道距离地球表面较远，星载 SAR 的测绘带宽通常可以达到百公里量级。星载 SAR 的研制，可以追溯到 1964 年发射升空的 X 波段 SAR 卫星 Quill，该卫星由美国国家侦察局(National Reconnaissance Office)资助研发，因为系统指标没有达到预期的结果，所以后续计划被迫取消。1978 年，美国国家航空航天局发射了 L 波段 SAR 卫星 SEASAT。SEASAT 在太空中成功地完成了对地观测任务，获得了大量高清晰度雷达图像，SEASAT 的发射标志着星载 SAR 步入实际应用阶段。美国利用航天飞机分别于 1981 年和 1984 年将 SEASAT 的改进型成像雷达 SIR-A 和 SIR-B 送入太空。此外,苏联也相继发射了两颗 S 波段的星载 SAR,分别是 1987 年发射的 Kosmos 和 1991 年发射的 Almaz。1995 年,加拿大航天局发射了该国第一颗商用对地观测卫星 RadarSat-1,该颗卫星工作于 C 波段,其主要创新点在于使用了扫描 SAR(ScanSAR)来实现宽测绘的雷达成像。2000 年,美国实施了航天飞机雷达地形测绘任务(shuttle radar topography mission, SRTM)计划,凭借干涉 SAR(interferometric SAR, InSAR)成像技术,完成了地球南北纬 60°之间地形高度图像的绘制工作。德国宇航中心(Deutsches Zentrum für Luft-und Raumfahrt, DLR)于 2007 年发射了第一颗民用的 X 波段 SAR 卫星 TerraSAR-X,该卫星具有多种工作模式,其扫描工作模式分辨率为 15m,幅宽为 100km,聚束工作模式分辨率为 1m,幅宽为 30km,且该卫星与 2010 年发射的 Tandem-X 组成了双星编队,以支持多种双站和干涉应用。同年,加拿大又发射了 RadarSat-1 的增强版 RadarSat-2 星载 SAR,该卫星在 RadarSat-1 的基础上增加了高分辨率成像、全极化成像等功能。COSMO-SkyMed 是由意大利航天局和意大利国防部共同研发的高分辨率雷达卫星星座,该星座由 4 颗 X 波段 SAR 卫星组成,而整个卫星星座的发射任务已于 2008 年年底完成。COSMO-SkyMed 使用了多极化有源相控阵天线,最高分辨率可达 1m,测绘带宽度为 10km。此外,日本、中国、以色列和韩国等国也陆续将本国研制的星载 SAR 送入太空。

相比于星载 SAR,机载 SAR 的优势主要体现在它较为灵活,能够根据客户需求对某一地表区域进行反复观测,且可实现对雷达系统接收数据的实时处理。经过数十年的不断发展,机载 SAR 的性能得到了大幅度的提升,分辨率已由最早的 15m 提高到现在的亚分米量级,并可同时具备多波段、多极化、多模式的成像功能。目前,美国、德国、法国、以色列、中国等十几个国家均拥有各自的机载 SAR 系统,其中具有代表性的机载 SAR 有 HiSAR、GeoSAR 、Lynx SAR, E-SAR、F-SAR、PAMIR、RAMSES、EL/M-2055 等。

我国对 SAR 的研究工作开始于 20 世纪 70 年代。1979 年中国科学院电子学研究所率先获得了国内首幅 SAR 图像。此后中国科学院电子学研究所率先在我国实现了一系列 SAR 系统及核心关键技术,研制出第一部极化 SAR、第一部干涉 SAR、第一部多维度 SAR,机载 SAR 分辨率优于

0.1m。在星载SAR方面,中国科学院电子学研究所于1997年完成了L波段星载SAR工程样机的研制工作,于2012年成功研制了首颗民用SAR卫星环境一号C星的有效载荷,于2017年成功研制了SAR卫星高分三号的有效载荷。

SAR的性能由两个基本因素决定:微波成像理论与电子学器件的性能。在摩尔定律的驱动下,电子学器件的性能在近几十年一直飞速发展,支撑了半个世纪以来SAR系统性能的持续提升,将SAR从傅里叶光学处理时代一直带入数字信号处理时代,将SAR系统的分辨率从数十米一直提升到厘米级。另外,微波成像理论自20世纪中期提出后(Sherwin et al.,1962;Cutrona & Hall,1962),指标性能不断提升,但其原理没有发生根本性的变化。随着电子学器件的制程达到纳米量级,摩尔定律开始面临瓶颈。进一步挖掘电子学器件的性能空间,将会导致系统复杂度、功耗与成本急剧提升,使得达到某一极限后,在现有架构下进一步提升电子学器件的性能将不再经济。

SAR系统的复杂度由两大基本定律决定:雷达分辨理论(Woodward,1953)和奈奎斯特采样定理(Nyquist,1928;Shannon,1949)。雷达分辨理论指出,分辨率提升需要增加雷达发射信号带宽和多普勒带宽;而奈奎斯特采样定理指出,随着信号带宽的增加,必须相应增加回波采样率和脉冲重复频率(pulse repetition frequency,PRF)。分辨率和测绘带宽提升使观测数据量呈线性甚至平方尺度增长,系统实现复杂度越来越高。电子学器件性能的提升潜力在现有架构下是有限的,SAR系统性能的发展将面临瓶颈,与不断提升的应用需求产生矛盾。雷达分辨理论和奈奎斯特采样定理是普适的、不能违背的,要解决这个矛盾,只能利用SAR应用中的特殊性,其中一种可行的途径就是利用雷达成像中的稀疏性,将稀疏信号处理理论引入微波成像中。

1.2 稀疏信号处理概念

稀疏信号处理是指从包含大量冗余信息的原始信号中提取出尽可能少的采样数据,对原始信号进行有效逼近和恢复的信号与信息处理技术。其作为近年来数学界与工程界的研究热点,至今仍在不断发展、完善。稀疏信号处理和若干数学分支存在密切联系，包括逼近理论、泛函分析、高维几何、概率论以及优化算法等，在编码与信息论、机器学习、贝叶斯推断、医疗影像、模拟信号采样、雷达信号处理等诸多方面存在巨大的应用潜力。

稀疏信号处理的基本思想可以追溯到14世纪的"奥卡姆剃刀"原理：若无必要，勿增实体(Russell, 1949)。稀疏信号处理的研究目标是从原始信号中尽可能少地提取观测数据，同时能最大限度地保留原始信号中所包含的信息，对原始信号进行有效的逼近和恢复。由稀疏信号处理理论可知，若一个信号在某种变换域中是稀疏的，则这个信号可以用一组数据量远小于原信号量的观测值加以描述。Candès、Donoho、Baraniuk等提出的压缩感知(compressive sensing, CS)理论(Candès et al., 2006a; Donoho & Stodden, 2006; Candès & Wakin, 2008; Baraniuk, 2011)是稀疏信号处理领域的一个重要进展。作为稀疏信号处理领域的一个重要理论突破，压缩感知中信号重构的本质是求解欠定方程。一般来讲，如果一个方程中未知数的个数大于方程的个数，则方程有无穷多个解。然而，根据压缩感知理论可知，当方程解的非零元个数很少，即方程解具有稀疏特性，并且其观测方程满足某种条件时，该方程可以使用稀疏重构的方法来求解。如果信号是稀疏的，那么这个信号可以由远低于奈奎斯特采样定理要求的采样率进行采样并实现完美重构。被观测信号的相关性越强，信息冗余度越大，其稀疏性越强，在恢复时所需的观测数据越少。

1.3 稀疏微波成像概念

稀疏微波成像是指将稀疏信号处理理论引入微波成像并有机结合形成的微波成像新理论、新体制和新方法，即通过寻找被观测对象的稀疏表征域，在空间、时间、频谱或极化域稀疏采样获取被观测对象的稀疏微波信号，经信号处理和信息提取，获取被观测对象的空间位置、散射特征和运动特性等几何与物理特征(吴一戎等, 2011a)。

直观上看，微波成像的稀疏性可以直接体现在微波图像或图像的变换域中，这是因为被观测的场景本身往往具有较强的相关性。微波图像是特定微波观测条件下，场景回波数据经相干合成处理后电磁散射特性的表征。作为被观测场景的不同观测数据集(微波成像原始数据、经部分成像处理的数据、微波图像或者其变换域)具有稀疏化表征的可能性。例如，

图 1.3.1(a)所示的 RadarSat-1 图像海面舰船场景是明显稀疏的,图 1.3.1(b)所示的场景是部分稀疏的,图 1.3.1(c)的稀疏性不太明显,但在某些变换域是稀疏的,图 1.3.1(d)为图 1.3.1(c)的离散余弦变换域;图 1.3.1(e)是SAR 原始数据,不具有明显的稀疏性,但如图 1.3.1(f)所示,数据在距离压缩后具有一定的稀疏性。注意到微波成像数据的稀疏特性,以及微波成像过程的线性算子特性和观测对象信息的冗余性,可以将稀疏信号处理理论应用于微波成像。

(a) 明显稀疏的微波图像

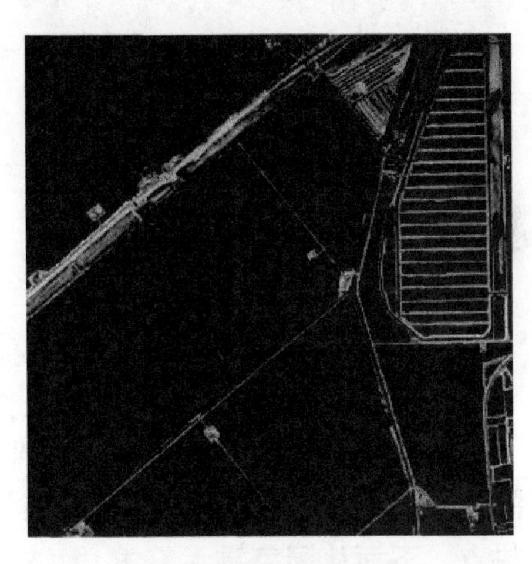

(b) 部分稀疏的微波图像

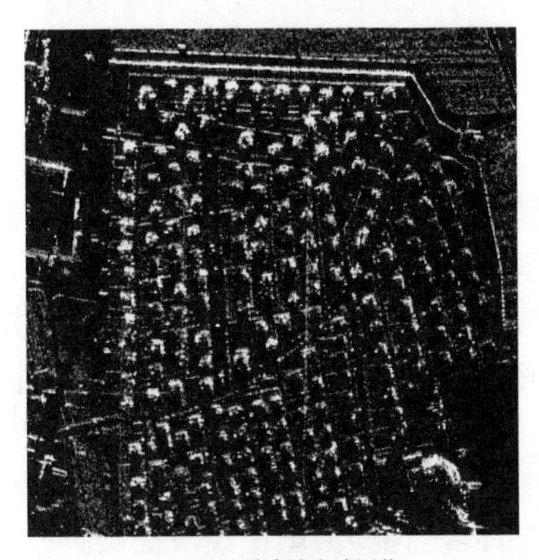

(c) 不明显稀疏的微波图像

(d) 图像(c)的离散余弦变换域

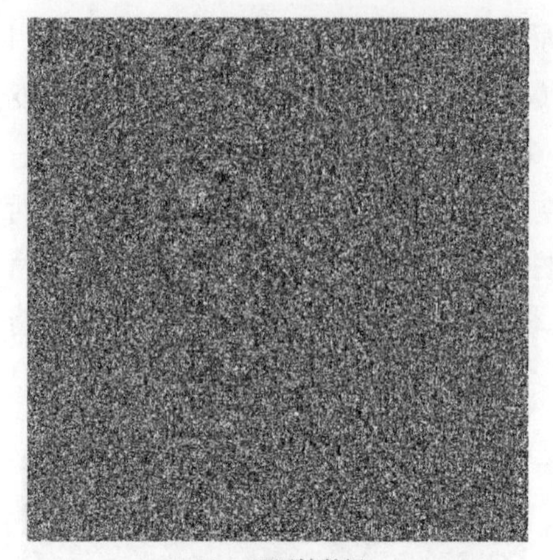

(e) SAR原始数据

(f) 距离压缩后的数据

图 1.3.1　微波成像数据的稀疏性示例

1.4　稀疏微波成像必要性

稀疏微波成像系统在降低数据率、降低系统复杂度并提升系统成像性能等方面具有潜在的优势，也是近年来微波成像理论界的一个研究前沿与热点。下面从国家重大需求、微波成像技术自身持续发展的需要和我国微波遥感系统规划的需要三个方面阐述开展稀疏微波成像研究的必要性和迫切性。

1. 国家重大需求

获取地球表面与表层的大范围、高精度、多层次空间信息，掌握资源与环境态势，以应对自然资源紧缺、环境恶化、灾害频发等一系列重大问题，对国民经济建设和国家安全具有重大作用。以 SAR 为代表的微波成像技术是 20 世纪 50 年代发展起来的，它具有高分辨率、全天候、全天时的工作能力，已成为对地观测的重要手段，可以用来对热点地区进行全天候、全天时的动态侦察和测绘，提高热点地区的态势掌控能力，同时也可用来进行国土资源勘测、灾害评估以及海洋研究与环境监测，为国民经济提供服务，已成为当今世界高速发展和激烈竞争的技术领域（张澄波，1989；杨汝良，2013）。

高精度测绘与资源调查、自然灾害与环境监测、侦察监视与预警等国家重大需求都急需高效获取大量高分辨率、高精度的微波成像数据。鉴于高分辨率对地观测对国家经济建设和国家安全的重大作用,《国家中长期科学和技术发展规划纲要(2006—2020年)》已将“高分辨率对地观测系统”列为国家16个重大专项之一。

我国幅员辽阔,要满足高精度测绘与资源调查、自然灾害与环境监测、侦察监视与预警等国家重大需求,需要微波成像系统具有高分辨率、宽测绘带、高重访频率、多极化和多通道观测能力。例如,我国东部沿海至第二岛链的西太平洋海域面积约为3000km×6000km,要对如此广阔的海域实现监视,具备大成像幅宽(≥500km)、高重访频率的能力显得尤为重要,成像幅宽的增大、重访频率的提高可以提高时间分辨率、增强大范围快速观测能力。分辨率的提高能够获得更多的目标信息,增强微波图像的目标识别能力,因此是衡量微波成像探测目标能力的重要指标。据统计,识别驱逐舰等大型海面目标至少需要1.0m的图像分辨率。除分辨率和成像幅宽两个指标以外,极化信息的加入将进一步增强对观测对象不同散射机制的区分和目标识别,显著提高地物分类和目标识别精度,进而提高基础测绘、重大自然灾害监测、资源调查与环境监测的精度。据统计,利用L波段双极化(HH极化和VV极化)功率图像可达到50%以上的分类精度,而采用全极化数据后分类精度可达到80%以上。另外,多通道的微波成像可以实现对观测区域的高分辨宽测绘带成像、地面静止目标的二维/三维成像、地面运动目标(含海面上的各种目标、洋流等)的检测与成像等。高分辨率、宽测绘带、高重访频率、多极化和多通道等多维度微波成像数据能够高效地获取和处理是满足上述需求的必要条件。

理论上,微波成像的分辨率仅与系统的信号带宽和多普勒带宽有关,随着频谱宽度的增大,系统分辨率可以提高;观测带宽度仅与系统波束宽度有关,波束宽度越大,观测区域越宽。但是若要获取高分辨率和宽测绘带微波图像,则在实际系统实现中与硬件设计能力、系统功率要求、数据传输能力等息息相关。受集成电路、高功率器件等发展水平的限制,基于现有体制的微波成像系统规模庞大、数据海量,存在数据存储/传输难以实现、成像处理方法复杂且效率受限、信息冗余但特征提取困难等问题。针对国家重大需求,在现有条件下,要满足高分辨率对地观测系统重大专项中规划的微波成像载荷将面临许多挑战。首先,在数据获取方面,对于机载3km测绘带宽下实现0.05m分辨率的观测,如直接采用单通道成像要求采样率达到4～5GHz，目前A/D采样率还难以满足这一要求，需要引入阵列天线多波束等技术，使得系统非常复杂；如要获取全极化或极化干涉成像数据，则需要采用4～8个通道，要实现三维分辨成像至少需要采用几十个通道，系统将更加复杂。对于1m分辨率、900km^{2}观测带内的星载SAR成像，数据量将达到几吉字节，若要同时获取多极化等多维度的信息，则产生的数据量至少要增加4～8倍，要求数据传输速率达到Gbit/s量级。其次，在数据存储方面，存储规模升级必然将根据数据安全和数据管理的新变化对平台提出新要求。最后，在数据处理和应用方面，以低轨星载InSAR为例，当8s内获取32768×16384个样本点、实时率要求为1时，对成像处理能力的要求约为每秒43G次浮点运算(giga floating-point operations per second，GFLOPS)。而且对实时处理的要求从早期强调的时效性转变为强调海量数据中信息的有效性，这使得成像雷达信号处理更加复杂。

目前，在高分辨率对地观测系统的实施方案中拟采用增加系统复杂度的方法解决上述问题；本书拟采用全新的思路在稀疏微波成像的理论、体制和方法等方面开展探索研究。

综上所述，微波成像要满足对地观测国家重大需求，在现有的微波成像体制下存在系统实现困难、成像处理方法复杂、海量数据传输难以实现、信息冗余但特征提取困难等瓶颈问题。亟须开展对地观测中高分辨率数据的获取、表征、存储、处理和应用的新理论、新体制及新方法的研究，探索新的微波成像机理、体制和相应的数据处理方法，能够实现利用观测区域的稀疏特性通过稀疏采样实现数据量的减少，以降低微波成像对器件和系统的要求、降低采样率、降低数据率、减少存储量、提高处理效率，为实现高分辨率和宽测绘带等提供可能。

2. 微波成像技术自身持续发展的需要

微波成像技术发展伊始，尽管微波传感器有着光学不具备的全天候和全天时成像优势，但由于传感器及其平台的硬件水平落后、信号处理复杂，微波成像没有得到广泛的应用。20世纪70年代末，美国喷气推进实验室(Jet Propulsion Laboratory，JPL)发射了载有微波成像传感器的海洋卫星SEASAT，尽管该卫星运行仅105天，但获得了大量从未有过的陆地、海洋和冰川等数据，开辟了微波成像对地观测的新时代。世界各国相继投入大量的人力和物力，不仅研究和发展了新的微波成像系统，而且还不断探索微波成像新理论，以期实现微波成像系统低成本、高效率、实用化和产品化。在过去的半个多世纪里，微波成像系统分辨率由几十米量级发展到厘米量级；成像体制由最初的条带成像发展到聚束式、扫描式、滑动聚束、双/多站以及面向未来的三维成像和动目标成像模式；极化方式从单极化发展至全极化；应用方式由单一的图像定性解译发展到数字高程模型(digital elevation model，DEM)测量、地物参数测量、海洋参数测量以及目标运动参数测量等。

分辨率、极化、角度、时相等多维度微波成像是国外微波成像对地观测新计划发展的一个趋势。国外最近发射的 TerraSAR-X、RadarSat-2 和 COSMO-SkyMed 等星载 SAR 系统等都具有多种工作模式，以分辨率、极化、角度、时相等维度独立工作为主。国外微波成像对地观测新计划以全球生态环境要素的监测等应用为主要任务，如欧洲计划发射的获取全球生物量 Biomass SAR 卫星，欧美学者共同提出的为全球碳循环研究服务的 CARBON-3D 卫星发射计划，德国计划发射的获取全球体散射区三维结构、地形 DEM 和地形形变信息的 Tandem-L 计划等将考虑分辨率、极化、角度、时相等维度的联合工作。上述计划普遍体现了分辨率、极化、角度、时相、频率多维度联合工作的思想。

目前，随着应用需求的进一步推动，微波成像技术又面临着新的挑战。针对军事侦察、资源勘探和抵御灾害等应用领域进一步的需求，高分辨率宽测绘微波成像、高精度高程测量与运动流量监控以及三维成像与参数反演等已成为国际上微波成像理论研究的焦点。在高分辨率宽测绘微波成像方面，要达到广域目标侦察，实现对目标的描述和分类，则需要微波成像的平面分辨率提高至厘米级，近年来提出的基于空时二维编码的宽测绘高分辨 SAR 成像概念，通过增加系统成像处理的灵敏度和复杂度来最大化减小分辨率和测绘带宽度之间的矛盾；在高精度高程测量与运动流量监控方面，要实现厘米级精度的高程测量和高精度运动目标检测与识别，提出了多发多收(multiple input multiple output，MIMO) SAR 理论，并结合极化技术进一步增加目标检测的性能和效率，但以牺牲测绘带宽度和增加系统复杂度为代价；在三维成像与参数反演方面，要实现对观测对象的空间三维分辨，获得观测区域的生物量分布，实现定量化遥感，提出了层析 SAR (SAR tomography，TomoSAR)三维成像等，但增加了系统实现的复杂性，同时增加了成像处理和参数反演的难度。

综上所述，随着微波成像技术的发展及其应用需求的推动，微波成像数据获取方式日趋多样化，逐步由单波段、单极化、单角度等发展到多分辨率、多波段、多极化、多角度和多时相等获取方式，逐步出现了不同观测方式及条件下的组合。在多分辨、多波段、多极化、多角度、多时相等联合观测条件下，被观测对象的散射机理及其在微波图像中的表征呈现出特性上的差异，上述特性直接关系到对观测对象的认知和理解，需要从分辨、波段、极化、角度、时相等多个维度对观测对象的几何特征和物理特性进行综合描述。需要多通道、多极化、多角度、多波段等微波成像技术的联合应用以满足高分辨率宽测绘带、高精度测绘和目标识别等要求。在这种联合成像体制下，基于奈奎斯特采样定理和经典数字信号处理理论的雷达系统设计规模越来越庞大、系统的复杂度急剧上升，系统实现变得非常困难；微波成像数据量急剧膨胀，获取到的信息难以及时有效地传输和存储；数据获取系统的复杂性进一步增加了成像处理的难度，而目前的成像处理与基于微波图像的信息提取过程是截然分开的，无形之中损失了回波数据中所包含的关于观测对象的各种信息，增加了信息提取的难度。

3. 我国微波遥感系统规划的需要

在我国已启动的中长期对地观测计划，如高分辨率对地观测系统重大专项(2020 年前)中，微波成像是最重要的手段之一。但是，高分辨率对地观测系统重大专项以采用关键核心技术攻关解决瓶颈问题、采用型号产品研制解决应用问题为主，并未涉及微波成像新体制的研究；我国中长期对地观测计划(2030 年前)的发展和规划迫切需要在微波成像技术领域开展新理论、新体制和新方法等基础研究和前沿性研究。

综上所述，国家重大需求、微波成像技术自身持续发展和我国中长期对地观测微波遥感系统规划都迫切需要开展微波成像新理论、新体制和新方法的研究。该研究为现有体制微波成像存在的系统规模庞大实现困难、海量数据存储/传输难以实现、成像处理方法复杂且效率受限、信息冗余但特征提取困难等瓶颈问题的解决提供了理论和方法支撑。稀疏微波成像是一种新的概念和体制，研究形成的新理论、新体制和新方法在解决上述瓶颈问题方面具有重大潜力。

1.5 研究现状

近年来，将稀疏信号处理理论引入雷达成像成为国内外一批研究机构和科学家的研究热点。稀疏信号处理应用于雷达相关领域主要包括SAR、三维SAR（three dimensional SAR，3D-SAR）、逆SAR（inverse SAR，ISAR）、探地/穿墙雷达、宽角/圆迹SAR、运动目标检测、MIMO雷达等。

1. SAR

将正则化方法应用于SAR信号处理，可以获得特征增强的雷达图像（Çetin & Karl，2001；Çetin et al.，2003；Samadi et al.，2013；王正明等，2013；Bi et al.，2018；Xu et al.，2018a）。压缩感知是稀疏信号处理领域的重大进展，它指出利用信号的稀疏性，采集较少的测量数据，可利用正则化方法对原始信号进行重构（Donoho，2006；Candès & Tao，2006；Candès et al.，2006a，2006b）。Baraniuk和Steeghs（2007）提出可将压缩感知理论引入雷达成像中，点目标仿真结果验证了方法的合理性。

Patel等（2010）以聚束SAR为例，直接采用压缩感知方法对观测场景进行恢复，分析了不同的方位向采样策略，指出了压缩感知SAR成像方法在提升测绘带宽、减少数据存储压力方面的潜能。Varshney等（2008）、Samadi等（2011）、Batu和Çetin（2011）、Nozben和Çetin（2012）、Çetin等（2014）对基于压缩感知聚束SAR信号处理继续进行研究，探讨了其在宽角SAR成像、自聚焦、运动目标成像方面的原理方法。利用压缩感知方法可以对SAR原始数据进行压缩（Bhattacharya et al.，2007，2008），且可应用于低于奈奎斯特采样数据量的SAR成像（Yoon & Amin，2008；Kelly et al.，2012；Aberman & Eldar，2017）。Bae等（2015）将稀疏信号处理方法应用于存在缺失雷达散射截面积（radar cross section，RCS）数据的雷达图像重构。此外，稀疏信号处理还可用于SAR方位、距离模糊抑制（Fang et al.，2012；张冰尘等，2013）。

将稀疏信号处理应用于SAR大场景实际数据处理，存在计算量和内存要求大的困难。针对此问题，可对SAR原始数据进行脉冲压缩等预处理，然后利用正则化方法实现方位向成像（Alonso et al.，2010；Zhang B C et al.，2010；Jiang et al.，2011），但该方法不能降低系统复杂度和数据采样率，反而会增加雷达实现的复杂度。只有直接从原始数据域进行稀疏微波成像，才能真正降低微波成像系统的复杂度。基于回波模拟算子的方位距离解耦微波成像方法（吴一戎等，2011b；Zhang B C et al.，2012a；Fang et al.，2013；Jiang et al.，2014；徐宗本等，2018），可有效解决稀疏重构过程中带来计算量和内存存储需求大的问题，实现基于稀疏信号处理的 SAR 原始数据域成像，在满采样数据条件下使得现有 SAR 系统的成像质量显著提升，在欠采样数据条件下实现雷达图像的无模糊重构（Zhang B C et al.，2012a；吴一戎等，2014）。机载稀疏微波成像原理性验证飞行实验验证了基于回波模拟算子成像方法和三维相变图性能评估方法的有效性（Zhang B C et al.，2015）。目前，稀疏微波成像已成功应用于 ScanSAR、TOPS SAR（terrain observation by processive scans SAR）等工作模式（Bi et al.，2016a，2017a，2017b），以及一发多收宽测绘带雷达成像处理（Quan et al.，2016a，2016b）。

2. 3D-SAR

3D-SAR 将二维成像扩展到了三维（Knaell & Cardillo，1995；Reigber & Moreira，2000；Fornaro et al.，2003，2005），当目标散射特性在高程维具有稀疏特性时，稀疏信号处理可应用于高程向的成像（Austin et al.，2011；Budillon et al.，2011；Zhu & Bamler，2010，2012a，2012b；Bao et al.，2017）。目前，国内外研究机构将这种成像方法成功应用在 ERS1/2、TerraSAR-X、COSMO-SkyMed。将小波变换和压缩感知结合后，实现了森林区域的三维层析重构（Aguilera et al.，2012a，2012b，2013；Dalessandro & Tebaldini，2012；Li et al.，2015），获得了森林的树干、树冠等结构信息，为森林结构反演、生物量估计提供了有效手段。利用稀疏信号处理获得的星载 TomoSAR 稀疏成像结果如图 1.5.1 所示。

差分层析 SAR（differential SAR tomography，D-TomoSAR）技术是 TomoSAR 技术的拓展，它利用同一场景由不同时间、空间位置获得的多幅 SAR 图像，在 TomoSAR 成像基础上获取随时间形变的相位信息，实现对观测目标的方位-距离-高程-时间四维成像（Lombardini，2005）。这种待求解形变参量是稀疏的，因此稀疏信号处理方法也可应用于 D-TomoSAR（Zhu & Bamler，2010；Montazeri et al.，2016）。

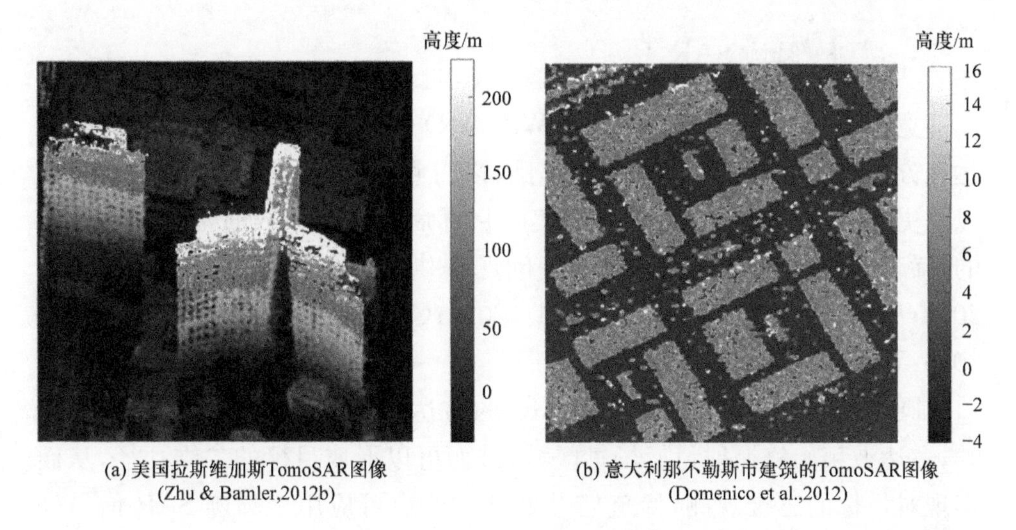

(a) 美国拉斯维加斯TomoSAR图像 (Zhu & Bamler,2012b)

(b) 意大利那不勒斯市建筑的TomoSAR图像 (Domenico et al.,2012)

图 1.5.1 TomoSAR 稀疏成像结果

3. ISAR

ISAR是指在观测过程中,雷达平台固定,而被观测的目标运动,其常用于观测海洋目标(如舰船)、天空目标(如飞机)等。这些目标相对于背景具有天然的稀疏性,因此稀疏信号处理理论可以很自然地应用于ISAR成像。研究者开展了基于压缩感知的ISAR超分辨成像方法方面的研究(Zhang L et al.,2009,2010,2012;Ender,2010,2013;Chen et al.,2016)。稀疏信号处理方法应用于ISAR实测数据成像结果如图1.5.2所示。

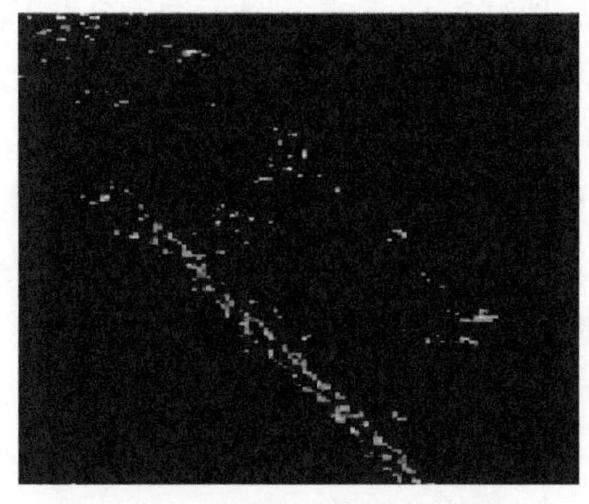

(a) TIRA卫星的ISAR图像(Ender,2013)

(b) TIRA卫星的ISAR图像(Zhang L et al.,2012)

图 1.5.2 TIRA 卫星的 ISAR 稀疏成像结果

4. 宽角/圆迹 SAR

宽角 SAR (wide angle SAR，WASAR)是指在数据采集过程中，使雷达在方位向跨越一个很宽的角度范围，以得到更多的目标方位角散射信息以及更高的方位向分辨率。因为实际目标后向散射系数通常是各向异性的，稀疏信号处理理论可以为这一问题提供解决思路(Stojanovic et al.，2008；Austin et al.，2011；Ash et al.，2014；Çetin et al.，2014；Jiang et al.，2015；Wei et al.，2016a，2016b)。

圆迹 SAR(circular SAR，CSAR)的雷达平台相对观测目标做圆周运动，雷达波束始终照射目标场景区域，进而可以形成目标的二维孔径，从而实现对目标的三维观测，稀疏信号处理方法也可应用于圆迹 SAR 信号处理(Lin et al.，2009；Ponce et al.，2014；Bao et al.，2016)。

多基线圆迹 SAR(multiple circular SAR，MCSAR)借助不同高度的多次圆迹观测在高程向形成合成孔径，使其既具有 CSAR 的应用优势又能获得高程向的高分辨率。利用稀疏信号处理方法对多条 CSAR 进行三维成像，抑制了旁瓣，获得目标的高分辨率成像结果，使目标轮廓更加清晰(Potter et al.，2010；Bao et al.，2017)。

5. 探地/穿墙雷达

探地雷达(ground penetrating radar，GPR)是一种地下目标高分辨率无损伤探测技术，其主要用于检测并定位地球表面下或一个不透明实体内的目标。地下目标在稀疏的条件下，可以将稀疏信号处理理论引入探地雷达成像(Gurbuz et al.，2007，2009a，2009b，2012；Suksmono et al.，2008，2010；Yang J et al.，2014；Amin，2015；Bouzerdoum et al.，2016)。穿墙雷达成像(through-the-wall radar imaging，TWRI)在原理上和探地雷达颇为接近，因此稀疏信号处理理论也可以应用于该领域(Huang et al.，2010；Amin，2015；Lagunas et al.，2015；Stiefel et al.，2016；Wang et al.，2017)。

6. 运动目标检测

运动目标检测是一种区分运动目标和静止背景的雷达工作模式。由于运动目标在速度/位置域具有稀疏性，可以应用稀疏信号方法进行运动目标检测及参数估计(Lin et al.,2010;Prünte,2012,2014,2016;Çetin et al.,2014)。通过基于冗余字典稀疏表征,将用于估计观测目标散射特性和运动速度的非线性问题线性化,利用满足稀疏约束的一致正则化方法进行运动目标成像(Stojanovic & Karl,2010)。

7. MIMO 雷达

MIMO 雷达是指通过多个发射天线发射相互正交的信号,并由多个接收天线同时接收回波信号的雷达(Li & Stoica,2009)。由于相互独立的回波可以增加雷达的接收增益,MIMO 技术可以增加雷达的目标识别能力和分辨率。在目标满足稀疏性的条件下,稀疏信号处理技术也可以应用于 MIMO 雷达(Berger et al.,2008;Yu et al.,2010,2011;杨俊刚等,2014;Gu et al.,2015;Hadi et al.,2015;Zhang & Hoorfar,2015)。

1.6　本书内容

本书共 6 章,在介绍 SAR 和稀疏信号处理的基础上,阐述稀疏微波成像的原理、方法和实验。有关稀疏微波成像在 TomoSAR 成像、阵列 3D-SAR 成像、多基线 CSAR 成像、WASAR 成像、运动目标检测、模糊抑制、图像增强等方面的应用研究可参考《稀疏微波成像应用》。

第 1 章介绍微波成像、稀疏信号处理、稀疏微波成像的概念;从国家重大需求、微波成像技术自身持续发展的需要、我国微波遥感系统规划的需要等三方面论述稀疏微波成像必要性;并简要介绍稀疏信号处理在 SAR、3D-SAR、ISAR、宽角/圆迹 SAR、探地/穿墙雷达、运动目标检测、MIMO 雷达等领域应用的研究现状。

第 2 章介绍雷达成像方面的基础知识。以条带 SAR 为例分析方位向合成孔径的原理,介绍距离多普勒算法、chirp scaling 算法等成像方法;从基本雷达方程出发推导 SAR 方程,介绍成像雷达中的信噪比指标;描述 SAR 成像中方位模糊和距离模糊的概念,指出星载 SAR 系统参数设计时需要考虑的脉冲重复频率、测绘带宽和模糊等要素。

第 3 章介绍稀疏信号处理方面的基础知识。在给出信号稀疏性定义的基础上,描述直接稀疏、变换稀疏和结构稀疏三种稀疏表征形式;简要阐述稀疏信号处理中非相关观测，以及观测矩阵的零空间性质(null space property，NSP)、约束等距性特性、相关性等概念；引入稀疏重构模型，介绍凸优化和非凸优化算法、贪婪算法、贝叶斯重构算法等典型的稀疏重构算法。

第 4 章阐述稀疏微波成像的原理。根据雷达成像原理和稀疏信号处理方法建立的稀疏微波成像模型，其观测方程由表示场景后向散射系数向量、回波数据向量、噪声向量以及观测矩阵构成，通过正则化方法对观测方程进行求解，求解模型中不同惩罚函数约束决定了重构图像的特性。根据场景特性和应用场合的不同，雷达图像的稀疏特性可分为空域稀疏、变换域稀疏以及结构稀疏。指出稀疏微波成像模型中的观测矩阵由雷达参数和几何关系决定，其组成元素取决于雷达波形、采样方式和成像几何关系，其构建形式则与天线足印、天线排列方式有关。简要说明稀疏微波成像重构方法的选择条件。给出稀疏微波成像中雷达系统和雷达图像两个方面的性能指标。

第 5 章阐述稀疏微波成像的快速重构方法。提出 SAR 原始数据域的稀疏微波成像方法，将稀疏信号处理与 SAR 解耦方法结合，利用成像算子替代稀疏重构中观测矩阵及其共轭转置，减少了内存需求，提高了计算效率，使稀疏信号处理可应用于大场景 SAR 成像。该方法不但适用于欠采样数据成像，使利用稀疏信号处理降低成像雷达系统复杂度真正成为可能，而且适用于满采样数据成像，提升现有 SAR 系统成像质量。该章首先以条带 SAR 为例，提出基于 chirp scaling 算法、距离多普勒算法、ω-k 算法以及后向投影(back projection，BP)算法的近似观测算子的构造方法。然后，在此基础上推导 ScanSAR、TOPS SAR、滑动聚束 SAR 等工作模式下稀疏微波成像重构方法，说明其可广泛应用于 SAR 不同成像工作模式的信号处理。最后，针对高分辨率宽测绘带 SAR 系统中经常采用的偏置相位中心天线(displaced phase center antenna，DPCA)技术，根据广义采样定理，将构建的 DPCA 处理算子与稀疏信号处理算法结合，实现了基于稀疏信号处理的一发多收 SAR 成像。

第 6 章阐述稀疏微波成像的实验验证以及初步系统设计。首先，在机载稀疏微波成像原理验证实验方面，构建基于航空平台的稀疏微波成像样机，开展航空飞行实验，验证稀疏微波成像原理样机和信号处理方法的有效性。详细分析并对比不同稀疏度、不同采样方式、不同降采样比、不同信噪比等条件下的重构图像性能。其次，通过实际数据的处理分析，从分辨能力、旁瓣抑制、方位模糊抑制、目标背景比提升等方面说明可利用稀疏微波成像方法提升现有雷达系统的成像性能。最后，在给出星载稀疏微波成像设计框图的基础上，根据稀疏场景可进行欠采样获得无模糊图像的原理，在不改变现有雷达硬件设备的条件下，可直接降低方位向采样频率，或者放宽星载多通道雷达成像系统设计中对 PRF 的约束条件，在同等分辨率条件下实现更大的测绘带宽。

第 2 章　雷达成像基础

2.1　雷达简介

雷达技术的发展始于第二次世界大战时期，起源于军事上检测跟踪飞机、导弹、车辆、舰船等目标的需求。雷达是用于检测和定位目标的电磁系统，它通过向空间发射电磁波并接收物体或目标反射的回波来进行工作。雷达接收的物体或目标反射的能量不仅可以探测目标的存在，而且可以通过比较其与发射信号的差异确定物体或目标的距离、方位、速度等信息。与光学和红外传感器相比，雷达可以实现全天时、全天候的工作，不受天气和时间的限制。

雷达原理框图如图 2.1.1 所示。雷达发射机产生电磁波，由雷达天线辐射到空间范围。发射的雷达信号一部分在遇到目标之后发生多方向的散射，向后散射的信号返回至雷达接收机，对接收到的信号进行处理从而确定目标的存在并获得其信息。雷达信号发生器生成的信号经过倍频、混频等过程后，达到所需的雷达发射频率和带宽，这时的雷达信号是一个小功率信号，无法满足远距离目标探测的需要。雷达发射机是一个信号功率放大器，由电源、射频功率源（放大器）和脉冲调制器等组成，将输入的小功率信号放大成大功率信号后，输出到天线，由天线将高功率电磁波辐射到空间。雷达接收机的主要功能是将雷达天线接收的“微弱”的目标回波进

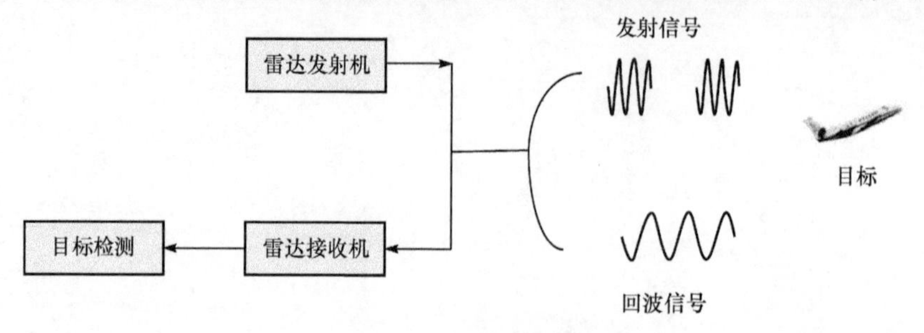

图 2.1.1　雷达原理框图

行放大，甚至进行匹配滤波等处理，提高信噪比，使目标信号可以被检测出来。

成像雷达的历史可追溯到20世纪50年代，美国固特异公司的Wiley发现，可以通过对多普勒频移处理来提高方位向的分辨率，可以利用脉冲压缩来提高距离向分辨率，从而实现二维高分辨率雷达成像（Wiley，1965）。这种通过信号处理方式构建等效长天线孔径的成像雷达称为SAR。SAR接收到的原始数据，需要经过处理才能得到聚焦的场景图像，目前基于匹配滤波的SAR成像算法有距离多普勒算法、chirp scaling算法（Raney et al.，1994）、ω-k算法（Bamler，1992）、SPECAN算法和后向投影算法等。在SAR系统设计时需要选择合适的雷达系统参数保证信噪比，还要综合考虑方位向和距离向模糊等因素。

2.2　合成孔径雷达成像原理

2.2.1　方位向合成孔径原理

以条带SAR为例，其几何模型如图2.2.1所示，沿着雷达视线方向，雷达到点目标的距离称为斜距，随着平台移动，雷达与目标的距离是变化的，当距离达到最小值时称为最短斜距或最近斜距；斜距在地面上的投影称为地距。

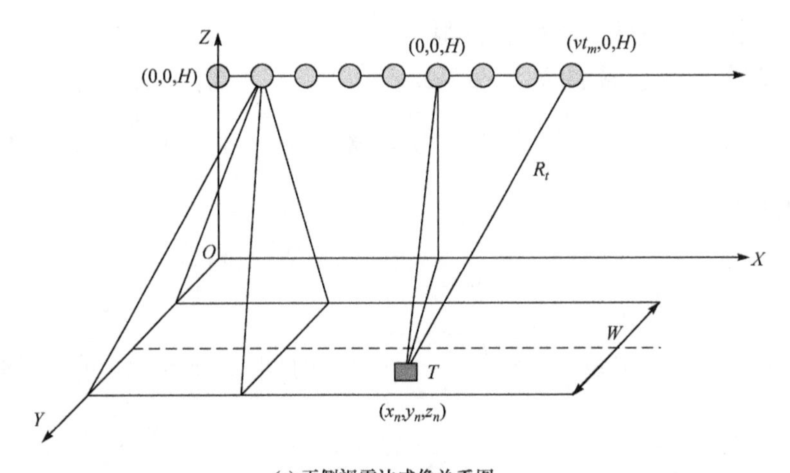

(a) 正侧视雷达成像关系图

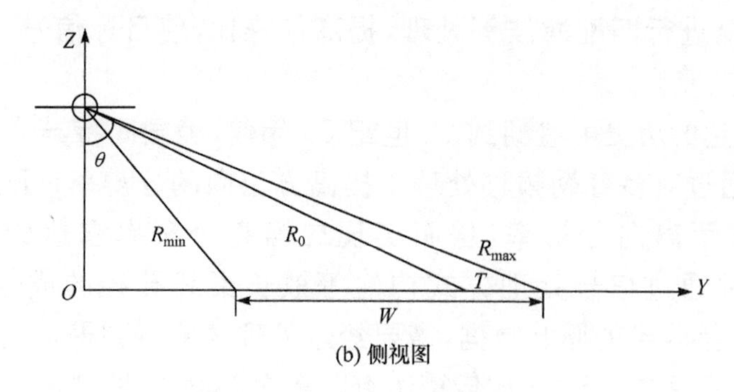

(b) 侧视图

图 2.2.1　SAR 成像示意图

假设雷达以速度 v 匀速直线前进，同时以固定的脉冲重复频率 PRF 发射并接收信号，如果把接收信号的幅度和相位信息存储起来并结合已接收到的信号，那么随着雷达的前进将形成等效的线性阵列天线，这就是孔径的合成过程。可以认为方位向是线性调频信号，采用脉冲压缩确定目标的方位向位置。

这里考虑正侧视 SAR，正侧视表示 SAR 波束中心和 SAR 平台运动方向垂直，如图 2.2.1 所示，选取直角坐标系 XYZ 为参考坐标系，XOY 平面为地平面；SAR 平台距地平面高 H，沿 X 轴正向以速度 v 匀速飞行；T 点为目标的位置矢量，设其坐标为 (x_n, y_n, z_n)。

t_m 时刻天线相位中心 $(vt_m, 0, H)$ 到第 n 个目标的斜距为

$$R_n(t_m)=\sqrt{y_n^2+H^2+(x_n-vt_m)^2}=\sqrt{R_0^2+(x_n-vt_m)^2} \tag{2.2.1}$$

式中，R_0 为雷达到目标的最近斜距。

若发射单频连续波为 $\exp(\mathrm{j}2\pi f_c t)$，则在 t_m 时刻该点目标回波为 $\exp\left[\mathrm{j}2\pi f_c\left(t-\frac{2R_n(t_m)}{c}\right)\right]$，其中，$f_c$ 为载频；c 为光速。通过相干检波，得到基频回波为

$$s_n(t_m)=\sigma_n\exp\left(\frac{-\mathrm{j}4\pi f_c R_n(t_m)}{c}\right) \tag{2.2.2}$$

将 $s_n(t_m)$ 的相位 $\varphi=\frac{-4\pi f_c R_n(t_m)}{c}$ 对慢时间 t_m 取导数，可得回波的多普勒频率为

$$f_D=\frac{1}{2\pi}\frac{\mathrm{d}\varphi}{\mathrm{d}t_m}=-\frac{2f_c}{c}\frac{\mathrm{d}R_n(t_m)}{\mathrm{d}t_m}=\frac{2vf_c}{c}\frac{x_n-vt_m}{\sqrt{R_0^2+(x_n-vt_m)^2}} \tag{2.2.3}$$

由于 $R_0 \gg x_n - vt_m$，式(2.2.3)可以近似写成

$$f_{\mathrm{D}}=\frac{1}{2\pi}\frac{\mathrm{d}\varphi}{\mathrm{d}t_m}=-\frac{2f_{\mathrm{c}}}{c}\frac{\mathrm{d}R_n(t_m)}{\mathrm{d}t_m}=\frac{2vf_{\mathrm{c}}}{c}\frac{x_n-vt_m}{R_0} \tag{2.2.4}$$

因此，当雷达对点目标的斜视角为 θ_n 时，回波的多普勒频率

$$f_{\mathrm{D}}=\frac{2vf_{\mathrm{c}}}{c}\sin\theta_n=\frac{2vf_{\mathrm{c}}}{c}\frac{x_n-vt_m}{\sqrt{R_0^2+(x_n-vt_m)^2}} \tag{2.2.5}$$

为非线性调频，若 θ_n 较小，可采用 $\sin\theta_n \approx \tan\theta_n$ 近似，则式(2.2.5)可以写成

$$f_{\mathrm{D}}=\frac{1}{2\pi}\frac{\mathrm{d}\varphi}{\mathrm{d}t_m}=-\frac{2f_{\mathrm{c}}}{c}\frac{\mathrm{d}R_n(t_m)}{\mathrm{d}t_m}=\frac{2vf_{\mathrm{c}}}{c}\frac{x_n-vt_m}{R_0} \tag{2.2.6}$$

从式(2.2.6)还可以得到回波的多普勒调频率为

$$K_{\mathrm{a}}=\frac{-2v^2f_{\mathrm{c}}}{cR_0}=\frac{-2v^2}{\lambda R_0} \tag{2.2.7}$$

所以多普勒带宽 $\Delta f_{\mathrm{D}}=\left|K_{\mathrm{a}}\frac{L_{\mathrm{s}}}{v}\right|=\frac{2vL_{\mathrm{s}}}{\lambda R_0}$，$L_{\mathrm{s}}$ 为合成孔径长度。由 $\theta_{\mathrm{BW}}=\frac{\lambda}{D}\approx\frac{L_{\mathrm{s}}}{R_0}$，其中，$\theta_{\mathrm{BW}}$ 和 D 分别为阵元的波束宽度和天线方位向孔径长度，可得

$$\Delta f_{\mathrm{D}}=\left|K_{\mathrm{a}}\frac{L_{\mathrm{s}}}{v}\right|=\frac{2vL_{\mathrm{s}}}{\lambda R_0}=\frac{2v}{D} \tag{2.2.8}$$

根据回波调频多普勒带宽，可以计算得到脉冲压缩后的时宽

$$\Delta T_{\mathrm{dm}}=\frac{1}{\Delta f_{\mathrm{D}}}=\frac{D}{2v} \tag{2.2.9}$$

将此时间长度乘以载机速度，可以得到方位向分辨率

$$\rho_{\mathrm{a}}=v\Delta T_{\mathrm{dm}}=\frac{D}{2} \tag{2.2.10}$$

由式(2.2.8)和式(2.2.10)可得到方位向多普勒带宽

$$B_{\mathrm{a}}=\Delta f_{\mathrm{D}}=\frac{v}{\rho_{\mathrm{a}}} \tag{2.2.11}$$

式(2.2.11)表明，合成孔径充分利用了阵列长度，方位向分辨率可达 $D/2$，并且与目标距离无关。这说明 SAR 条带观测模式中的最优分辨率由天线的方位向长度决定，为了提高天线的方位分辨率，须减小天线方位向尺寸。天线的尺寸越小，辐射的波束越宽，合成孔径越长，方位向分辨率越高。但天线的尺寸受测绘带宽、系统发射功率等因素的限制。

2.2.2 距离向脉冲压缩原理

脉冲压缩技术采用宽脉冲发射以提高发射的平均功率，保证足够大的作用距离；而接收时采用相应的脉冲压缩算法获得窄脉冲，以提高距离分辨率，较好地解决了雷达作用距离与距离分辨率之间的矛盾。假设基带的线性调频信号形式为

$$s(t)=\mathrm{rect}\left(\frac{t}{T_{\mathrm{p}}}\right)\exp(\mathrm{j}\pi K_{\mathrm{r}}t^2) \tag{2.2.12}$$

式中，T_{p} 为信号持续时间；rect(•)为矩形窗函数；K_{r} 为距离向调频率。

匹配滤波器的时域信号形式为

$$h(t)=s^*(-t) \tag{2.2.13}$$

式中，上角标 * 表示信号共轭。

$s(t)$经过系统 $h(t)$得到输出信号 $s_{\mathrm{o}}(t)$为

$$s_{\mathrm{o}}(t)=\int_{-\infty}^{\infty}s(u)h(t-u)\mathrm{d}u \tag{2.2.14}$$

输出信号近似为 sinc 函数。从频域来看，针对线性调频信号的匹配滤波实际上是在相位上消除频率的二次项。通常采用驻定相位原理(principle of stationary phase，PSP)得到频域的简单近似表达式。

设 $g(t)=a(t)\exp(\mathrm{j}\phi(t))$是一个调频信号，$a(t)$是缓变的实包络，$\phi(t)$是调制相位，则信号的频谱近似为

$$G(f)=CA(f)\exp\left[\mathrm{j}\left(\Theta(f)\pm\frac{\pi}{4}\right)\right] \tag{2.2.15}$$

式中，C 为常数；$A(f)=a(t(f))$为频域包络；$\Theta(f)=\theta(t(f))$为频域相位，其中时频关系有

$$\frac{\mathrm{d}\theta(t)}{\mathrm{d}t}=\frac{\mathrm{d}}{\mathrm{d}t}(\phi(t)-2\pi ft)=0 \tag{2.2.16}$$

利用上述驻定相位原理，可得式(2.2.12)和式(2.2.13)的频域表达式为

$$S(f)=\mathrm{rect}\left(\frac{f}{B_{\mathrm{r}}}\right)\exp\left(-\mathrm{j}\pi\frac{f^2}{K_{\mathrm{r}}}\right) \tag{2.2.17}$$

$$H(f)=\mathrm{rect}\left(\frac{f}{B_{\mathrm{r}}}\right)\exp\left(+\mathrm{j}\pi\frac{f^2}{K_{\mathrm{r}}}\right) \tag{2.2.18}$$

式中，B_{r} 为信号带宽。

回波信号通过匹配滤波器，时域上是信号卷积，频域上是频谱的相乘。数字脉冲压缩处理可以采用时域卷积处理的非递归滤波器法和使用频域分析的频域傅里叶变换法。

2.2.3　典型成像工作模式

SAR 常用工作模式有条带模式、聚束模式、扫描模式、滑动聚束模式(Mittermayer et al.，2003；Prats et al.，2010)、TOPS 模式(Zan & Guarnieri，2006；Meta et al.，2010)。

1. 条带 SAR

条带 SAR 是主要工作模式。在条带模式下，随着雷达运载平台的不断运动，天线波束方向与雷达航线的夹角始终保持不变，因而在雷达平台的移动过程中，天线波束扫过的范围为与雷达航线平行的条带区域，条带区域的大小与雷达平台飞行的距离和波束宽度有关。

2. 聚束 SAR

聚束 SAR 在雷达运载平台的运动过程中，天线波束随着载机位置的变化而变化，始终指向目标区域。在这种工作模式下，雷达的成像范围比较窄，为天线波束照射的区域，通过延长方位向照射时间，提高了雷达的方位向分辨率。

3. 扫描 SAR

扫描 SAR 在一个合成孔径时间内，天线波束沿着距离向进行多次扫描。这样虽然降低了方位向分辨率，但是获得了更宽的测绘带宽，能够对大的区域范围进行粗略成像。

4. 滑动聚束 SAR

滑动聚束 SAR 是介于条带和聚束之间的一种工作模式，其天线波束中心在整个回波接收时间内一直指向低于场景中心的虚拟点。滑动聚束模式的方位向分辨率比条带模式高，其测绘带宽比聚束模式大。

5. TOPS SAR

TOPS SAR 是一种宽测绘带 SAR 工作模式，它通过在不同子带之间周期性地旋转天线，以改变入射角来实现测绘带宽的提升。相较于 ScanSAR 工作模式，TOPS SAR 能够通过在航迹向上控制天线的波束实现对扇贝（scalloping）效应的有效抑制。

2.3 合成孔径雷达成像算法

SAR 成像算法是基于匹配滤波原理实现的（Soumekh，1999；Cumming & Wong，2005）。常见的匹配滤波算法有距离多普勒算法（range Doppler，RD）、chirp scaling 算法（Raney et al.，1994）、ω-k 算法（Bamler，1992）和后向投影算法等。这里将以条带式 SAR 距离多普勒算法和 chirp scaling 算法为例，介绍基于匹配滤波原理的 SAR 成像算法。

2.3.1 距离多普勒算法

距离多普勒算法是为处理 SEASAT SAR 数据而提出的。该算法每次操作在一个维度上进行，可以实现高效的模块化处理。距离多普勒算法的实现主要分为以下三个步骤：距离压缩、距离徙动校正（range cell migration correction，RCMC）和方位压缩，最终获取聚焦后的 SAR 图像。

在正侧视情况下，令场景中任一散射点经过混频处理后的回波信号为

$$s(t,\tau)=\sigma\omega_{\mathrm{a}}(t-t_{\mathrm{c}})\omega_{\mathrm{r}}\left(\frac{\tau-2R/c}{T_{\mathrm{p}}}\right)\exp\left[-\mathrm{j}\frac{4\pi f_{\mathrm{c}}R}{c}+\mathrm{j}\pi K_{\mathrm{r}}\left(\tau-\frac{2R}{c}\right)^{2}\right] \tag{2.3.1}$$

式中，σ 为该散射点后向散射系数；$\omega_{\mathrm{a}}(t)$ 为方位包络；$\omega_{\mathrm{r}}(\tau)$ 为距离包络；f_{c} 为载频；K_{r} 为距离向调频率；τ 为快时间；t 为慢时间；T_{p} 为脉冲持续时间；c 为光速；$R=\sqrt{R_0^2+v^2(t-t_{\mathrm{c}})^2}$ 为该散射点的瞬时斜距，其中，R_0 为该散射点最近斜距，v 为方位向速度，t_{c} 为该散射点零多普勒时刻。

对式（2.3.1）进行距离向傅里叶变换有

$$S_{\mathrm{r}}(t,f_\tau)=\int_{-\infty}^{+\infty}s(t,\tau)\exp(-\mathrm{j}2\pi f_\tau\tau)\mathrm{d}\tau \tag{2.3.2}$$

式中，f_τ 为距离向频率。

然后进行距离脉冲压缩，即乘以 $S_{\mathrm{rmf}}=\mathrm{rect}\left(\frac{f_\tau}{B_\mathrm{r}}\right)\exp\left(\mathrm{j}\pi\frac{f_\tau^2}{K_\mathrm{r}}\right)$，其中，$B_\mathrm{r}$ 是距离向带宽。此时有

$$S_{\mathrm{rc}}(t,f_\tau)=S_\mathrm{r}(t,f_\tau)S_{\mathrm{rmf}} \tag{2.3.3}$$

对式(2.3.3)进行距离向傅里叶逆变换有

$$\begin{aligned}s_{\mathrm{rc}}(t,\tau)&=\int_{-\infty}^{+\infty}S_{\mathrm{rc}}(t,f_\tau)\exp(\mathrm{j}2\pi f_\tau\tau)\mathrm{d}f_\tau\\&=\sigma\mathrm{sinc}\left[\pi B_\mathrm{r}\left(\tau-\frac{2R}{c}\right)\right]\omega_\mathrm{a}(t-t_\mathrm{c})\exp\left(-\frac{\mathrm{j}4\pi f_\mathrm{c}R}{c}\right)\end{aligned} \tag{2.3.4}$$

对式(2.3.4)进行方位向傅里叶变换有

$$\begin{aligned}S_{\mathrm{rd}}(f_t,\tau)&=\int_{-\infty}^{+\infty}s_{\mathrm{rc}}(t,\tau)\exp(-\mathrm{j}2\pi f_t t)\mathrm{d}t\\&=\sigma\mathrm{sinc}\left[\pi B_\mathrm{r}\left(\tau-\frac{2R(f_t)}{c}\right)\right]W_\mathrm{a}(f_t-f_{t_\mathrm{c}})\exp\left(-\frac{\mathrm{j}\pi f_\mathrm{c}R_0}{c}\right)\exp\left(\mathrm{j}\pi\frac{f_t^2}{K_\mathrm{a}}\right)\end{aligned} \tag{2.3.5}$$

式中，$K_\mathrm{a}=\frac{2v^2}{\lambda R_0}$ 为方位向调频率；$R(f_t)\approx R_0+\frac{v^2}{2R_0}\left(\frac{f_t}{K_\mathrm{a}}\right)^2$；$f_t$ 为方位向频率。

可以利用插值运算对式(2.3.5)进行距离徙动校正，校正后信号为

$$S_{\mathrm{rd}}(f_t,\tau)=\sigma\mathrm{sinc}\left[\pi B_\mathrm{r}\left(\tau-\frac{2R_0}{c}\right)\right]W_\mathrm{a}(f_t-f_{t_\mathrm{c}})\exp\left(-\frac{\mathrm{j}\pi f_\mathrm{c}R_0}{c}\right)\exp\left(\mathrm{j}\pi\frac{f_t^2}{K_\mathrm{a}}\right) \tag{2.3.6}$$

然后进行方位向脉冲压缩，即乘以 $S_{\mathrm{amf}}=\mathrm{rect}\left(\frac{f_t}{B_\mathrm{a}}\right)\exp\left(-\mathrm{j}\frac{\pi f_t^2}{K_\mathrm{a}}\right)$，有

$$S_{\mathrm{ra}}(f_t,\tau)=S_{\mathrm{rd}}(f_t,\tau)S_{\mathrm{amf}} \tag{2.3.7}$$

方位向傅里叶逆变换得到最终压缩结果为

$$\begin{aligned}s_\mathrm{o}(t,\tau)&=\int_{-\infty}^{+\infty}S_{\mathrm{ra}}(f_t,\tau)\exp(\mathrm{j}2\pi f_t t)\mathrm{d}f_t\\&=B_\mathrm{r}\mathrm{sinc}\left[\pi B_\mathrm{r}\left(\tau-\frac{2R_0}{c}\right)\right]B_\mathrm{a}\mathrm{sinc}[\pi B_\mathrm{a}(t-t_\mathrm{c})]\end{aligned} \tag{2.3.8}$$

忽略式(2.3.8)中的常数相位，在不加权的情况下，距离多普勒算法处理后的回波信号在方位向和距离向均为 sinc 函数。距离多普勒算法的匹配滤波器卷积可通过频域相乘实现，所有运算均可针对一维数据进行，处

理简单高效。

2.3.2 chirp scaling 算法

在大场景、高精度的雷达成像中通常采用 chirp scaling 算法(Raney et al.,1994)。它是一种同时具有距离多普勒域处理和二维频域处理特征的混合算法,利用原始数据的特殊性避免了距离徙动的插值操作,同时解决了二次距离压缩(secondary range compression,SRC)对方位频率的依赖问题,可以获得较高的处理精度。chirp scaling 算法主要包括四次傅里叶变换和三次相位相乘。其中,三次相位相乘分别用于距离多普勒域补余距离徙动校正,二维频域距离脉冲压缩与一致距离徙动校正,还有距离多普勒域方位脉冲压缩与相位校正。

在 chirp scaling 算法中,用于补余距离徙动校正的相位为

$$\Theta_{\mathrm{sc}}(f_t,\tau)=\exp\left[\mathrm{j}\pi K_{\mathrm{m}}(f_t)\left(\frac{D(f_{t_{\mathrm{ref}}},v_{\mathrm{ref}})}{D(f_t,v_{\mathrm{ref}})}-1\right)\left(\tau-\frac{2R_{\mathrm{ref}}}{cD(f_t,v_{\mathrm{ref}})}\right)^2\right] \tag{2.3.9}$$

用于距离向脉冲压缩和一致距离徙动校正的相位为

$$\Theta_{\mathrm{rc}}(f_t,f_\tau)=\exp\left(\mathrm{j}\pi\frac{D(f_t,v_{\mathrm{ref}})}{D(f_{t_{\mathrm{ref}}},v_{\mathrm{ref}})}\frac{f_\tau^2}{K_{\mathrm{m}}(f_t)}\right)\cdot\exp\left[\mathrm{j}4\pi\left(\frac{1}{D(f_t,v_{\mathrm{ref}})}-\frac{1}{D(f_{t_{\mathrm{ref}}},v_{\mathrm{ref}})}\right)\frac{R_{\mathrm{ref}}f_\tau}{c}\right] \tag{2.3.10}$$

用于方位向脉冲压缩的相位为

$$\Theta_{\mathrm{ac}}(f_t,\tau)=\exp\left(\mathrm{j}4\pi D(f_t,v_{\mathrm{ref}})\frac{R_0f_{\mathrm{c}}}{c}\right)\cdot\exp\left[\mathrm{j}4\pi\frac{1}{(D(f_t,v_{\mathrm{ref}}))^2}\left(\frac{D(f_t,v_{\mathrm{ref}})}{D(f_{t_{\mathrm{ref}}},v_{\mathrm{ref}})}-1\right)\frac{K_{\mathrm{m}}(f_t)(R_0-R_{\mathrm{ref}})^2}{c^2}\right] \tag{2.3.11}$$

式中,τ 为距离频率 f_τ 所对应的距离时间;t 为方位频率 f_t 所对应的方位时间;v_{ref} 为对应参考目标所在距离 R_{ref} 的雷达等效速度;f_{c} 为载波频率;c 为光速;$D(f_t,v_{\mathrm{ref}})$ 和 $K_{\mathrm{m}}(f_t)$ 分别为

$$D(f_t,v_{\mathrm{ref}})=\sqrt{1-\frac{c^2}{4f_{\mathrm{c}}^2}\frac{f_t^2}{v_{\mathrm{ref}}^2}} \tag{2.3.12}$$

$$K_{\mathrm{m}}(f_t)=\frac{K_{\mathrm{r}}}{1-K_{\mathrm{r}}\dfrac{cR_{\mathrm{ref}}f_t^2}{2v_{\mathrm{ref}}^2f_{\mathrm{c}}^3\,(D(f_t,v_{\mathrm{ref}}))^3}} \tag{2.3.13}$$

式中，K_{r} 为距离向调频率。

对解调后的回波信号 $s(t,\tau)$进行方位向傅里叶变换：

$$S_{\mathrm{rd}}(f_t,\tau)=\int_{-\infty}^{+\infty}s(t,\tau)\exp(-\mathrm{j}2\pi f_t t)\mathrm{d}t \tag{2.3.14}$$

补余距离徙动相位校正：

$$S_1(f_t,\tau)=S_{\mathrm{rd}}(f_t,\tau)\Theta_{\mathrm{sc}}(f_t,\tau) \tag{2.3.15}$$

距离向傅里叶变换：

$$S_2(f_t,f_\tau)=\int_{-\infty}^{+\infty}S_1(f_t,\tau)\exp(-\mathrm{j}2\pi f_\tau\tau)\mathrm{d}\tau \tag{2.3.16}$$

距离向压缩和一致距离徙动校正：

$$S_3(f_t,f_\tau)=S_2(f_t,f_\tau)\Theta_{\mathrm{rc}}(f_t,f_\tau) \tag{2.3.17}$$

距离向傅里叶逆变换：

$$S_4(f_t,\tau)=\int_{-\infty}^{+\infty}S_3(f_t,f_\tau)\exp(\mathrm{j}2\pi f_\tau\tau)\mathrm{d}f_\tau \tag{2.3.18}$$

方位向压缩及相位校正：

$$S_5(f_t,\tau)=S_4(f_t,\tau)\Theta_{\mathrm{ac}}(f_t,\tau) \tag{2.3.19}$$

方位向傅里叶逆变换：

$$s_0(t,\tau)=\int_{-\infty}^{\infty}S_4(f_t,\tau)\exp(\mathrm{j}2\pi f_t t)\mathrm{d}f_t \tag{2.3.20}$$

同样在不加权的条件下，chirp scaling 算法处理得到的点目标图像在方位向和距离向均为 sinc 函数。相比于距离多普勒算法，chirp scaling 算法避免了距离徙动时的插值运算，通过频域相乘处理减小了运算负担。chirp scaling 及其改进算法在目前 SAR 成像应用中最为常用。

2.4　合成孔径雷达方程

雷达方程是将雷达作用距离与发射机、接收机、天线、目标特性及环境因素关联起来的模型。下面从基本的雷达方程出发推导 SAR 方程：

$$(\mathrm{SNR})^{\mathrm{c}}=\frac{P_{\mathrm{t}}G^2\lambda^2\sigma}{(4\pi)^3R^4k_0T_0B_{\mathrm{n}}F_{\mathrm{n}}L_{\mathrm{s}}} \tag{2.4.1}$$

式中，$(\mathrm{SNR})^{\mathrm{c}}$ 为雷达接收机输出端的信噪比；上角标 c 表示单发单收雷达系统；R 为雷达与目标之间的距离；P_{t} 为发射脉冲信号的峰值功率；G 为天线增益；σ 为目标的雷达截面积；$k_0=1.38\times10^{-23}\,\mathrm{J/K}$ 为玻尔兹曼常量；T_0 为系统的热力学温度；B_{n} 为系统的等效噪声带宽；F_{n} 为系统的噪声系数；L_{s}为系统损耗。

SAR 通过距离向脉冲压缩的处理增益为

$$G_{\mathrm{pr}}=B_{\mathrm{r}}T_{\mathrm{p}} \tag{2.4.2}$$

式中，T_{p} 为发射信号的脉冲宽度。

SAR 方位向脉冲压缩相干积累的增益可表示为

$$G_{\mathrm{pa}}=T_{\mathrm{s}}\,\mathrm{PRF} \tag{2.4.3}$$

式中，T_{s} 为 SAR 系统的方位向合成孔径时间；PRF 为脉冲重复频率。

系统最小分辨单元的雷达截面积可以表示为

$$\sigma=\sigma_0\rho_{\mathrm{g}}\rho_{\mathrm{a}} \tag{2.4.4}$$

式中，σ_0 为归一化的后向散射系数；ρ_{g} 为地距分辨率；ρ_{a} 为方位向分辨率。

由式(2.2.8)和式(2.2.11)有

$$\frac{v}{\rho_{\mathrm{a}}}=K_{\mathrm{a}}T_{\mathrm{s}}=\frac{2v^2}{\lambda R}T_{\mathrm{s}}\Longrightarrow\rho_{\mathrm{a}}T_{\mathrm{s}}=\frac{\lambda R}{2v} \tag{2.4.5}$$

将式(2.4.2)～式(2.4.5)代入式(2.4.1)，可得

$$\begin{aligned}(\mathrm{SNR})_{\mathrm{out}}^{\mathrm{c}}&=(\mathrm{SNR})^{\mathrm{c}}G_{\mathrm{pr}}G_{\mathrm{pa}}\\&=\frac{P_{\mathrm{t}}G^2\lambda^2\sigma_0\rho_{\mathrm{g}}\rho_{\mathrm{a}}B_{\mathrm{r}}T_{\mathrm{p}}T_{\mathrm{s}}\,\mathrm{PRF}}{(4\pi)^3R^4k_0T_0B_{\mathrm{n}}F_{\mathrm{n}}L_{\mathrm{s}}}\\&=\frac{P_{\mathrm{t}}T_{\mathrm{p}}\,\mathrm{PRF}\,G^2\lambda^2\sigma_0\rho_{\mathrm{g}}\,\rho_{\mathrm{a}}T_{\mathrm{s}}}{(4\pi)^3R^4k_0T_0F_{\mathrm{n}}L_{\mathrm{s}}}\\&=\frac{P_{\mathrm{av}}G^2\lambda^3\sigma_0\rho_{\mathrm{g}}}{2\,(4\pi)^3R^3vk_0T_0F_{\mathrm{n}}L_{\mathrm{s}}}\end{aligned} \tag{2.4.6}$$

式中，$P_{\mathrm{av}}=P_{\mathrm{t}}T_{\mathrm{p}}\,\mathrm{PRF}$，为平均发射功率。

根据式(2.4.6)可以计算出平均发射功率一定时 SAR 系统输出信号的信噪比。

根据式(2.4.7)可以求出在要求的输出信噪比条件下需要的雷达平均

发射功率为

$$P_{\mathrm{av}}=\frac{2\,(4\pi)^3R^3 v k_0 T_0 F_{\mathrm{n}} L_{\mathrm{s}}}{G^2\lambda^3\sigma_0\rho_{\mathrm{g}}}(\mathrm{SNR})_{\mathrm{out}}^{\mathrm{c}} \tag{2.4.7}$$

雷达接收机输出的信噪比为

$$(\mathrm{SNR})_{\mathrm{out}}^{\mathrm{c}}=\frac{P_{\mathrm{t}}T_{\mathrm{p}}\,\mathrm{PRF}\,G_{\mathrm{t}}^{\mathrm{c}}A_{\mathrm{r}}^{\mathrm{c}}\sigma\lambda}{2\,(4\pi)^2\,k_0 T_0 F_{\mathrm{n}} L_{\mathrm{s}}\rho_{\mathrm{a}} v R^3} \tag{2.4.8}$$

式中，$A_{\mathrm{r}}^{\mathrm{c}}$ 为接收天线面积。

对于分布目标，每一分辨单元的后向散射面积为 $\sigma=\frac{\sigma_0\rho_{\mathrm{a}}\rho_{\mathrm{r}}}{\sin\eta}$，将其代入式(2.4.8)，可得分布目标的雷达方程为

$$(\mathrm{SNR})_{\mathrm{out}}^{\mathrm{c}}=\frac{P_{\mathrm{t}}T_{\mathrm{p}}\,\mathrm{PRF}\,G_{\mathrm{t}}^{\mathrm{c}}A_{\mathrm{r}}^{\mathrm{c}}\sigma_0\rho_{\mathrm{r}}\lambda}{2\,(4\pi)^2\,k_0 T_0 F_{\mathrm{n}} L_{\mathrm{s}} v R^3\sin\eta} \tag{2.4.9}$$

式中，η 为擦地角。

2.5　星载合成孔径雷达设计考虑

2.5.1　方位模糊和距离模糊

SAR 成像中方位模糊和距离模糊是影响图像质量的重要因素。方位模糊本质为成像中频谱的混叠，在图像中表现为虚假目标，它们影响了 SAR 图像的判读与识别。距离模糊信号是指来自测绘带以外的其他回波信号，其与测绘带内有用回波信号共同进入雷达接收机，造成雷达图像质量下降。

1. *方位模糊*

方位模糊产生原因如图 2.5.1 所示，非理想天线方向图的影响使得方位向脉冲重复频率小于实际的多普勒带宽，频率在 PRF 间隔之外的信号分量将折回到该频谱的主分量中，从而形成方位向模糊。

根据奈奎斯特采样定理，为了避免多普勒频率的模糊，PRF 必须大于多普勒带宽。方位模糊比可以由式(2.5.1)计算(Curlander & McDonough，1991)：

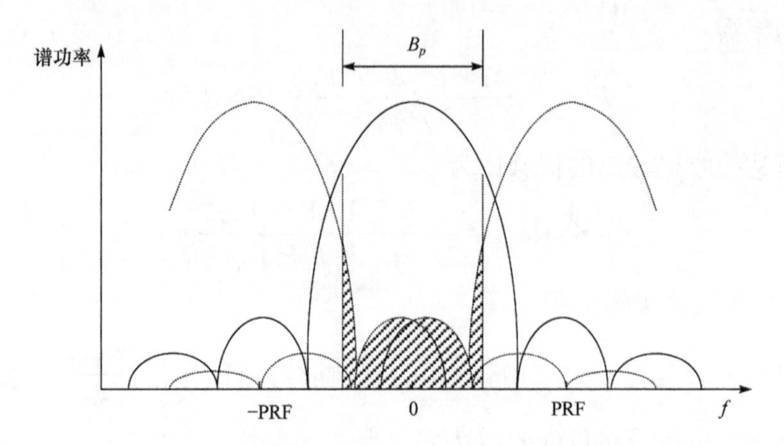

图 2.5.1　方位模糊原理图(Curlander & McDonough,1991)

$$\mathrm{AASR} \approx \frac{\sum\limits_{\substack{m \to -\infty \\ m \neq 0}}^{m \to +\infty} \int_{-B_p/2}^{B_p/2} G^2(f + m f_p) \mathrm{d}f}{\int_{-B_p/2}^{B_p/2} G^2(f) \mathrm{d}f} \tag{2.5.1}$$

式中,m 为模糊区的序号,m 为整数;B_p 为方位向频谱处理带宽;$G(\cdot)$为远场天线方位向方向图;f 为多普勒频率。

2. 距离模糊

如图 2.5.2 所示,对于星载 SAR,由于雷达平台工作距离远,在发射脉冲后一般要经过若干个脉冲重复周期才能收到回波。这样,对于某一脉冲的有用回波,可能会与远处先前发射脉冲的回波以及近处后续发射脉冲的回波同时到达雷达接收机,从而形成距离模糊。

设 W_r 是距离向测绘带宽,应当选择合适的脉冲重复间隔(pulse repetition interval,PRI)使得测绘带宽满足

$$W_r \leqslant (\mathrm{PRI} - T_p) \frac{c}{2} \tag{2.5.2}$$

式中,T_p 为脉冲持续时间;c 为光速。

星载 SAR 系统的距离模糊信号比为

$$\mathrm{RASR} = \frac{\sum\limits_{i=1}^{N} S_{a_i}}{\sum\limits_{i=1}^{N} S_i} \tag{2.5.3}$$

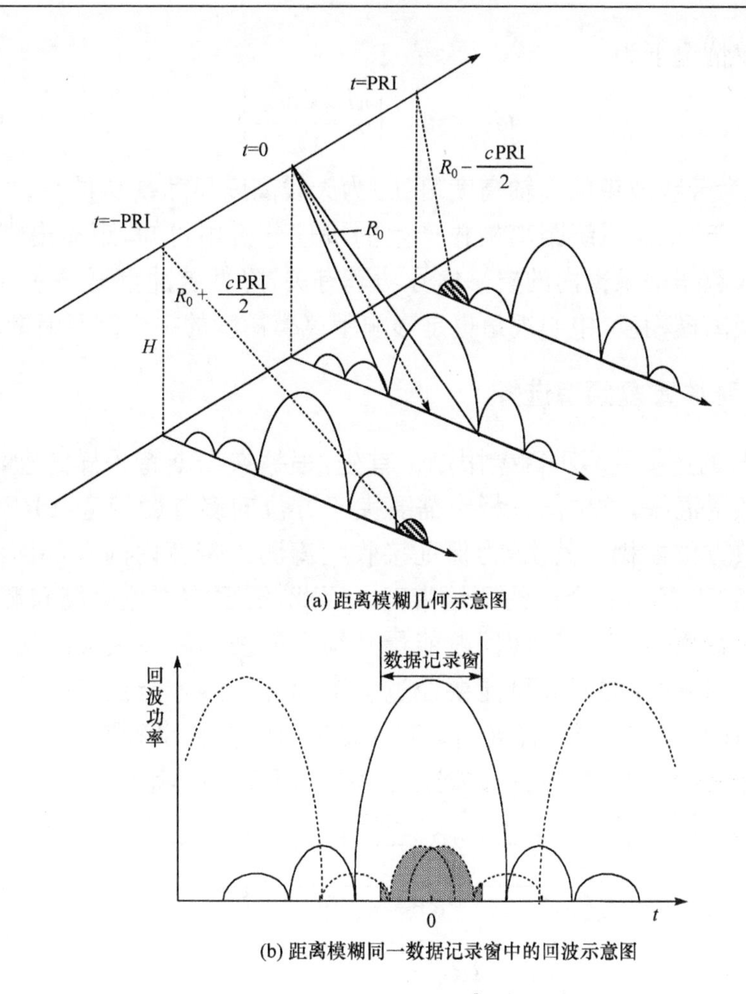

(a) 距离模糊几何示意图

(b) 距离模糊同一数据记录窗中的回波示意图

图 2.5.2　距离模糊原理图(Curlander & McDonough,1991)

式中,N 为数据记录窗内回波信号的采样数;S_i 为第 i 个时间间隔内接收机输出端有用信号功率;S_{a_i} 为第 i 个时间间隔内接收机输出端模糊信号功率。

$$S_i=\frac{\sigma_{ij}^0 G_{ij}^2}{R_{ij}^3 \sin\theta_{ij}},\quad j=0 \tag{2.5.4}$$

$$S_{a_i}=\frac{\sum\limits_{j\neq 0}\sigma_{ij}^0 G_{ij}^2}{R_{ij}^3 \sin\theta_{ij}},\quad j\neq 0 \tag{2.5.5}$$

式中,j 为脉冲号,$j=0,\pm 1,\pm 2,\cdots,j=0$ 表示有用脉冲;θ_{ij} 为雷达波束入射角;σ_{ij}^0 为在给定 θ_{ij} 时归一化后的后向散射系数;G_{ij} 为距离向天线方向图,

在不加权情况下为

$$G_{ij}=\mathrm{sinc}^2\left(\frac{\pi L_{\mathrm{el}}\sin\varphi_{ij}}{\lambda}\right) \tag{2.5.6}$$

式中，φ_{ij} 为天线波束的离轴高度角；L_{el}为天线高度尺寸；λ 为波长。

从关于 SAR 系统距离模糊产生的机理分析中可知，距离模糊度的大小与进入数据记录窗内的模糊信号功率有关，降低脉冲重复频率可以降低系统的距离模糊度，中心视角也是影响距离模糊度的一个重要因素。

2.5.2 脉冲重复频率选择

PRF 的选择受多种因素限制。首先，根据奈奎斯特采样定理，为避免方位向频谱混叠，方位向采样率需要大于方位向多普勒带宽，PRF 设置过低会导致方位模糊。其次，为保证接收距离测绘带宽内的全部回波，PRF 不能过高，PRF 过高会制约测绘带宽。因此，需要在方位模糊和测绘带宽之间进行权衡。最后，地面回波能量必须在回波间隔内被天线接收，对于星载情况，某脉冲的回波可能要经过多个脉冲间隔才能被接收，因此需要选择合适的 PRF 使得采样起始时间和结束时间在脉冲间隔内，即保证整个测绘带宽内的回波都在同一数据记录窗内，PRF 必须满足

$$\frac{\mathrm{Frac}\left(2R_0\dfrac{\mathrm{PRF}}{c}\right)}{\mathrm{PRF}}>\tau_{\mathrm{P}}+\tau_{\mathrm{RP}} \tag{2.5.7}$$

$$\frac{\mathrm{Frac}\left(2R_N\dfrac{\mathrm{PRF}}{c}\right)}{\mathrm{PRF}}<\frac{1}{\mathrm{PRF}}+\tau_{\mathrm{RP}} \tag{2.5.8}$$

$$\mathrm{Int}\left(2R_N\frac{\mathrm{PRF}}{c}\right)=\mathrm{Int}\left(2R_0\frac{\mathrm{PRF}}{c}\right) \tag{2.5.9}$$

式中，R_0 和 R_N 为测绘带斜距的最小值和最大值；c 为光速；Int(·)表示取其整数部分；Frac(·)表示取其分数部分；τ_{P} 为脉冲宽度；τ_{RP}是为了保证数据的有效记录在脉冲周期间隔内留出的时间间隔。

此外，星下点回波也是制约 PRF 的重要因素，星下点的入射角较小，且回波能量强，导致图像出现亮条纹。可以选择合适的 PRF 使得星下点回波不落在接收窗内，这对 PRF 的取值提出了限制：

$$\frac{2H}{c}+\frac{j}{\mathrm{PRF}}>\frac{2R_N}{c} \tag{2.5.10}$$

$$\frac{2H}{c}+2\tau_{P}+\frac{j-1}{PRF}<\frac{2R_{0}}{c} \tag{2.5.11}$$

式中，H 为卫星高度；j 为脉冲号，$j=0$ 时表示想要的脉冲，j 为正整数时表示（想要脉冲）之前的干扰脉冲，j 为负整数时表示（想要脉冲）之后的干扰脉冲。

由上述分析可以看出，星载 SAR 需要根据实际情况折中选取合适的 PRF，PRF 的选取应当在方位模糊、距离模糊和测绘带宽之间权衡。

2.6 本章小结

本章介绍了 SAR 成像原理，列举了其典型的成像工作模式。针对条带模式，介绍了基于匹配滤波器的距离多普勒成像算法和 chirp scaling 成像算法；根据雷达方程推导了 SAR 方程，给出了信噪比与作用距离、平均功率、分辨率等参数之间的关系；最后介绍了 SAR 方位模糊和距离模糊产生的原因以及星载 SAR 波位设计的要素。

第3章 稀疏信号处理基础

3.1 引言

稀疏信号处理是指从包含大量冗余信息的原始信号中利用尽可能少的采样数据，对原始信号进行有效逼近和恢复的信号与信息处理技术。由稀疏信号处理理论可知，若一个信号在某种变换域中是稀疏的，则这个信号可以用少量非零元素加以描述。

20世纪以来，稀疏信号处理理论主要研究对包含大量冗余信息的原始信号进行高效率数据压缩，以尽可能少的独立自由度表征原始信号。Santosa和Symes(1986)最早明确提出了稀疏信号的概念，即在某组基的线性表征下只包含少量非零元素。Donoho和Stark(1989)研究了不确定原理和基于ℓ_1正则化的信号重构方法。Mallat和Zhang(1993)提出超完备字典的概念并将其用于稀疏信号的表征，与小波表征相比，它能够更合理地表征可压缩信号。Chen等(1998)明确提出利用基于ℓ_1正则化的凸优化方法能有效寻找原始信号在超完备字典下的稀疏表征系数，之后Donoho和Huo(2001)给出了保证稀疏信号处理有效性的一个充分条件，这是稀疏信号处理算法理论分析的重要结果，也是稀疏信号处理领域里程碑式的进展。

21世纪以来，压缩感知成为稀疏信号处理研究的前沿方向，它的研究目标是从原始信号中提取尽可能少的观测数据，同时最大限度地保留原始信号中所含信息，对原始信号进行有效的逼近和恢复。Donoho(2006)明确使用了压缩感知的概念，采用特定的降维压缩采样、基于优化方法实现信号重构，将信号的采样、恢复及信息提取直接建立在信号稀疏特性表征的基础上。同时期，Candès等利用高维统计理论分析多种不同稀疏观测矩阵的稀疏采样性能，提出了压缩感知论中具有核心地位的约束等距性质(restricted isometric property, RIP)(Candès & Tao, 2005; Candès et al., 2006a; Candès & Romberg, 2007)。针对非理想稀疏与存在测量噪声的情况，Candès 和 Tao(2006)还证明了恢复信号的稳定性与观测矩阵约束等距性质之间的定量关系。上述工作基本奠定了压缩感知的理论基础。

时至今日，基于压缩感知框架的重构算法研究、采样理论研究、观测矩阵分析和重构误差研究，依然是应用数学和信号处理学界的研究热点(Elad，2010；Eldar & Kutyniok，2012)。压缩感知在图像处理、医学成像、模式识别、光学遥感成像、无线通信、水声通信等领域受到高度关注，它在核磁共振成像的成功应用(Lustig et al.，2007)以及在单像素相机等新概念设备的成功实验(Duarte et al.，2008)，使稀疏信号处理的应用更加广泛。近年来，国内外研究者持续开展了稀疏信号处理在雷达信号处理应用方面的研究，已成为新的研究热点。

3.2 稀疏性与稀疏表征

3.2.1 信号的稀疏性

考虑一个信号 $\boldsymbol{x}\in\mathbb{R}^N$ 或 $\boldsymbol{x}\in\mathbb{C}^N$，如果它仅有 K 个非零元素，那么称它为 K-稀疏。ℓ_0 范数定义为 $\boldsymbol{x}$ 中非零元素个数。定义 $\boldsymbol{x}$ 中非零元素的位置集合是 $\boldsymbol{x}$ 的支撑集，用 $\mathrm{supp}(\boldsymbol{x})$ 来表示，对于任意 $\boldsymbol{x}$，$|\mathrm{supp}(\boldsymbol{x})|=\|\boldsymbol{x}\|_0$。

ℓ_2 范数、ℓ_1 范数和 ℓ_q 范数($0<q\leqslant 1$)的定义为

$$\|\boldsymbol{x}\|_2=\sqrt{\sum_{n=1}^{N}|x_n|^2} \tag{3.2.1}$$

$$\|\boldsymbol{x}\|_1=\sum_{n=1}^{N}|x_n| \tag{3.2.2}$$

$$\|\boldsymbol{x}\|_q=\left(\sum_{n=1}^{N}|x_n|^q\right)^{\frac{1}{q}} \tag{3.2.3}$$

3.2.2 信号的稀疏表征

对于本身是稀疏或可压缩的信号，它们只包含少量的非零元素；另外一些信号只有通过稀疏基变换到合适的变换域才具有稀疏性，如图 3.2.1 所示。从傅里叶变换到小波变换再到后来兴起的多尺度几何分析(Mallat，2009)，学者都在研究如何在不同的函数空间为信号提供一种更加简洁、直接的分析方式。这些变换旨在发掘信号的特征并稀疏表示它们，或者说旨

在提高信号的非线性函数逼近能力，进一步研究用某空间的一组基表示信号的稀疏程度或分解系数的能量集中程度。

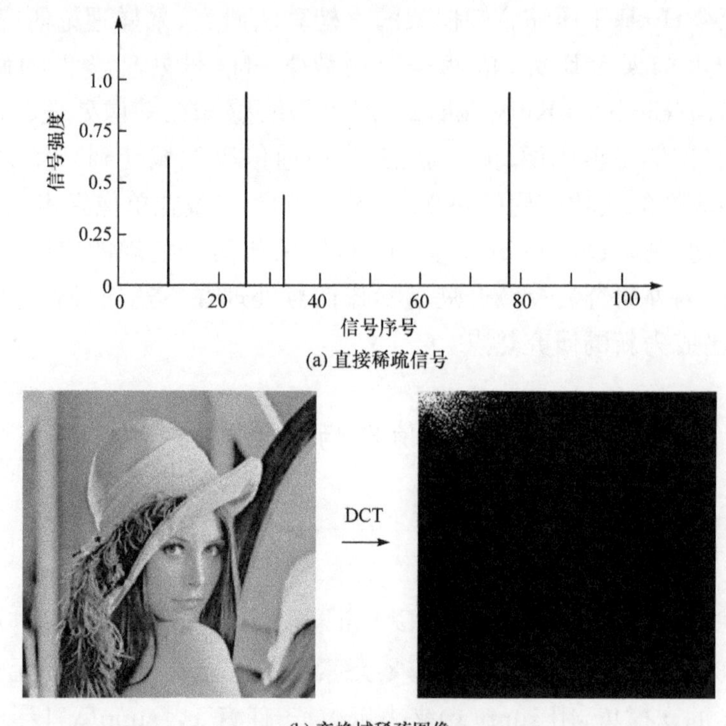

(a) 直接稀疏信号

(b) 变换域稀疏图像

图 3.2.1　信号的直接稀疏信号与变换域稀疏图像

对于一个离散信号 $\boldsymbol{x}$，把信号表示为一维向量的形式。假如信号是稀疏的，那么定义

$$\|\boldsymbol{x}\|_0=K\ll m \tag{3.2.4}$$

式中，m 为 $\boldsymbol{x}$ 的长度。

如果信号满足式(3.2.4)，那么信号 $\boldsymbol{x}$ 是 K 稀疏的，可称为直接稀疏。在某些情况下，信号 $\boldsymbol{x}$ 本身不直接稀疏，但它在某个特定的变换域下具有稀疏性，设变换基为 $\boldsymbol{\Psi}$，则

$$\boldsymbol{x}=\boldsymbol{\Psi}\boldsymbol{\alpha},\quad \|\boldsymbol{\alpha}\|_0=K\ll m \tag{3.2.5}$$

$\boldsymbol{\Psi}$ 也称为信号 $\boldsymbol{x}$ 的稀疏基或字典，此时可称为变换域稀疏。例如，通常光学图像直观上是不稀疏的，但是在离散余弦变换(discrete cosine transform，DCT)(Ahmed et al.，1974)或小波变换下可呈现稀疏性。可以认为直接稀疏信号的稀疏基 $\boldsymbol{\Psi}$ 为单位矩阵 $\boldsymbol{I}$。

稀疏信号在正交基下的表征可以简单表述如下：考虑一个信号 $\boldsymbol{x}\in\mathbb{R}^N$ 或 $\boldsymbol{x}\in\mathbb{C}^N$，如果存在一个基 $\boldsymbol{\Psi}$，只要 $K(K<N)$ 个非零的基向量就能表示它：

$$\boldsymbol{x}=\boldsymbol{\Psi}\boldsymbol{\alpha}=\sum_{n=1}^{N}\alpha_n\boldsymbol{\psi}_n=\sum_{l=1}^{K}\alpha_{n_l}\boldsymbol{\psi}_{n_l} \tag{3.2.6}$$

式中，$\boldsymbol{\Psi}=[\boldsymbol{\psi}_1\quad\boldsymbol{\psi}_2\quad\cdots\quad\boldsymbol{\psi}_N]$ 为 $\boldsymbol{x}$ 的稀疏基；$\boldsymbol{\alpha}$ 为一个 $N\times1$ 的列向量，它只有 K 个非零元素。

$\boldsymbol{\Psi}$ 可以是小波基(Emmanuel & Donoho，1999；Mallat，2009)、离散余弦基和傅里叶基等。稀疏信号在正交基下的表征可以由图 3.2.2 表示(Baraniuk，2007)。

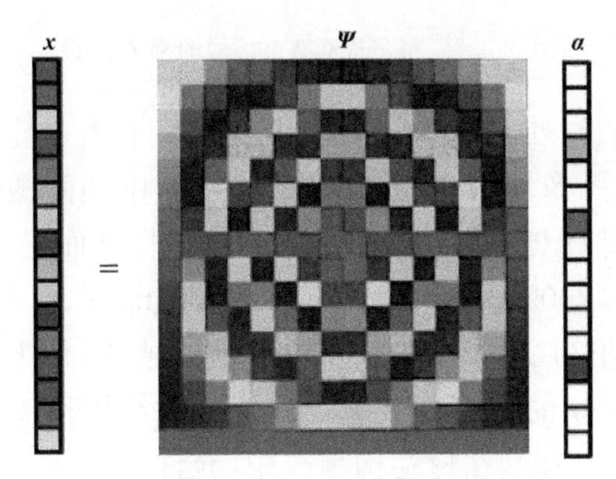

图 3.2.2　正交基下信号的稀疏表征

由相同物理机制产生的信号具有相似的内在结构，可以在同一表征下稀疏化；而现实中的真实信号往往由多种不同类型的信号组成，因此信号无法用单一的正交基稀疏表示。Olshausen 和 Field(1996)提出将多个不同类型的正交表征联合，扩展成超完备基，实现从属于不同类型的信号分量在各自相对应的正交表征下稀疏化。超完备基又称超完备框架，是对“基”概念的延伸。

超完备基不仅可以是不同正交基的组合，也可以包含更广泛的概念。相比于单一的基，超完备框架允许以更加紧凑的方式分解。超完备框架还具备可继承和可扩充的特点，例如，它可以合并其他的框架，还可以通过学习的方式，扩展并容纳更多的信号结构。超完备框架下信号的稀疏表征如图 3.2.3 所示，信号的稀疏表征表达式为

$$\boldsymbol{x}=\boldsymbol{\Psi}'\boldsymbol{\alpha}=\sum_{n=1}^{D}\alpha_n\boldsymbol{\psi}'_n \tag{3.2.7}$$

式中，D 为超完备框架中基的数量，且 $D>N$。

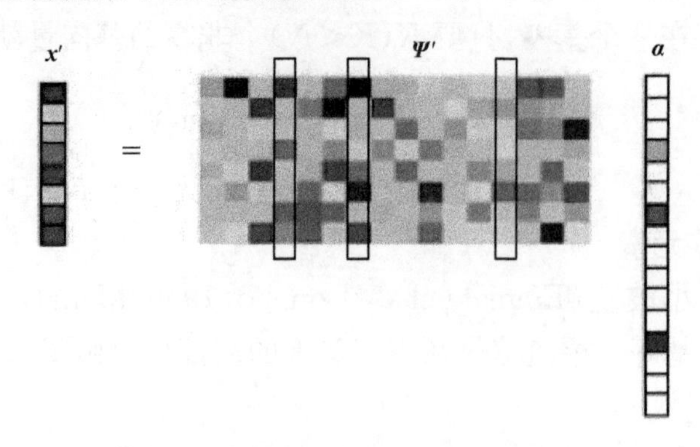

图 3.2.3　超完备框架下信号的稀疏表征

在某些实际信号处理实例中，输入信号之间存在一定的结构信息。例如，图像中相邻子图像块具有相似的特征、视频中帧间图像具有相似的背景。结构稀疏就是针对这种具有结构先验信息特性而提出的。其中，组稀疏(Duarte et al.，2005；Yuan & Lin，2006；Bengio et al.，2009；Eldar et al.，2010)考虑以组为变量，组与组不重叠但非独立，作为单位进行变量选择。为了处理更复杂的问题，组稀疏被推广到树结构稀疏(Jenatton et al.，2010；Bach et al.，2012)，在树结构稀疏中，允许组之间存在仅限于包含与被包含的重叠关系。更一般的结构稀疏则是有重叠结构的图稀疏(Mairal et al.，2011；Yuan et al.，2013)。

3.3　非相关观测

按照奈奎斯特采样定理获取稀疏信号，会有很大的冗余。由于一个稀疏信号大部分分量为零，若对其进行直接时域采样会有很高的概率采样到零点上，最后采样获取的数据中将不可避免含有大量零点。当采样的数据量较大时，便会对存储系统的存储空间造成浪费。此外，数据压缩算法的实现也会给数据处理器带来额外的系统损耗。为了降低冗余，通常是对采样数据进行压缩，这样仍然需要储存满采样结果，造成存储空间的浪费，并且需要压缩/解压缩，造成运算资源的浪费。

假如只采样稀疏信号中非零点，这样可使采样结果中冗余信息最少。但是这样的采样不再是非自适应的，在对不同的信号采样时，需同时记录下每一个非零点的位置，即信号的支撑集。一旦信号发生变化，采样策略就需要随之变化。

压缩感知采用非相关观测(incoherent measurement)或非相关采样(incoherent sampling)(Candès & Wakin, 2008)。对稀疏信号 $\boldsymbol{x}$ 进行非相关观测，其形式是一个内积：

$$y_i = \langle \boldsymbol{\phi}_i, \boldsymbol{x} \rangle = \langle \boldsymbol{\phi}_i, \boldsymbol{\Psi\alpha} \rangle \tag{3.3.1}$$

式中，$\boldsymbol{\phi}_i$ 称为一个感知向量(sensing vector)；y_i 则称为原信号 $\boldsymbol{x}$ 的一次观测或一次采样。

可以看出非相关观测具有以下特点：它是一种全局采样处理，不是对局部空间/时间上的某个点进行采样，而是通过内积操作，所有的非零分量对于采样结果都有贡献，不需记录稀疏信号的支集结构仍可获取所有非零分量的信息；对任何形式稀疏信号都使用相同的采样策略，是非自适应的，采样器可以一次设计多处使用；如果 $\boldsymbol{\phi}_i$ 是一个冲激向量，那么这个非相关采样就退化为一般时间采样，可以认为一般时间采样是非相关采样的一个特例。

如此的采样进行 n 次，则所有的采样结果组成了一个采样值的向量 $\boldsymbol{y}$，可以表示为

$$\boldsymbol{y} = [y_1 \quad y_2 \quad \cdots \quad y_n]^{\mathrm{T}} \tag{3.3.2}$$

$$\boldsymbol{y} = \boldsymbol{\Phi x} = \boldsymbol{\Phi\Psi\alpha} = \boldsymbol{A\alpha} \tag{3.3.3}$$

式中，$\boldsymbol{\Phi}$ 为所有的 $\boldsymbol{\phi}_i$ 排成的观测矩阵；$\boldsymbol{A} = \boldsymbol{\Phi\Psi}$ 为存在稀疏表征基的观测矩阵。

观测矩阵 $\boldsymbol{\Phi}$ 和稀疏表征基 $\boldsymbol{\Psi}$ 之间的相关性表示为

$$\mu(\boldsymbol{\Phi}, \boldsymbol{\Psi}) = \sqrt{n} \max_{1 \leqslant k, j \leqslant n} |\langle \boldsymbol{\varphi}_k, \boldsymbol{\psi}_j \rangle| \tag{3.3.4}$$

式(3.3.4)中的相关性可以理解为观测矩阵 $\boldsymbol{\Phi}$ 与稀疏表征基 $\boldsymbol{\Psi}$ 之间的相似程度。为了在稀疏信号重构过程中实现高效率采样，需要对稀疏信号进行非相关观测。在进行非相关观测时，要求 $\boldsymbol{\Phi}$ 和 $\boldsymbol{\Psi}$ 不相关或相关性很小，这种通过随机采样获取测量值的方式在稀疏信号重构时是最优化的，即所需采样数较少。

3.4 观测矩阵

3.4.1 零空间性质

考虑观测矩阵 $\boldsymbol{\Phi}$ 的零空间，即

$$\mathcal{N}(\boldsymbol{\Phi})=\{\boldsymbol{x}:\boldsymbol{\Phi x}=0\} \tag{3.4.1}$$

对于任意两个不同的稀疏信号 $\boldsymbol{x}$ 和 $\boldsymbol{x}'$，为了能够将它们分别重构出来，那么要求 $\boldsymbol{\Phi x}\neq\boldsymbol{\Phi x}'$。此时，零空间 $\mathcal{N}(\boldsymbol{\Phi})$ 不包含稀疏信号。有很多等效的定义都规定了观测矩阵的这种性质，其中比较常用的是观测矩阵 $\boldsymbol{\Phi}$ 的 spark 参数(Donoho & Elad，2003)，spark($\boldsymbol{\Phi}$)等于以其列向量构成的极大线性相关组中元素数目的最小值。

当未知信号稀疏时，spark 参数提供了该信号能够被精确重构的标准；另外，当未知量属于可压缩信号/近似稀疏信号时，需要考虑对观测矩阵施加更为严格的约束以满足精确重构的需要。假定 $\Lambda\subset\{1,2,\cdots,N\}$ 是向量 $\boldsymbol{x}$ 索引的子集，其补集 $\Lambda^c\subset\{1,2,\cdots,N\}\backslash\Lambda$，当且仅当存在一个常数 C，使得对于所有的 $\boldsymbol{x}\in\mathcal{N}(\boldsymbol{\Phi})$ 以及索引 Λ，$|\Lambda|\leqslant k$，都有

$$\|\boldsymbol{x}_\Lambda\|_2\leqslant C\frac{\|\boldsymbol{x}_{\Lambda^c}\|_1}{\sqrt{k}} \tag{3.4.2}$$

成立。

零空间性质(Donoho & Elad，2003)规定了观测矩阵 $\boldsymbol{\Phi}$ 零空间元素的索引不能集中在局部区域。零空间性质成立时，$\mathcal{N}(\boldsymbol{\Phi})$ 上唯一的 k 稀疏信号就是 0。记 $\Delta:\mathbb{R}^M\rightarrow\mathbb{R}^N$ 表示稀疏重构算法，则主要考虑式(3.4.3)的理论保证：

$$\|\Delta(\boldsymbol{\Phi x})-\boldsymbol{x}\|_2\leqslant C\frac{\sigma_k(\boldsymbol{x})_1}{\sqrt{k}} \tag{3.4.3}$$

式中，

$$\sigma_k(\boldsymbol{x})_q=\min_{\hat{x}\in\Sigma_k}\|\hat{\boldsymbol{x}}-\boldsymbol{x}\|_q^q \tag{3.4.4}$$

式(3.4.4)描述了重构算法对未知信号的精确重构。采用 ℓ_1 范数作为误差下界是最稳妥的理论保证，需要对观测数据进行遍历采样才能获得，实际上很难实现。对于可以实用的重构算法，具有 $2k$ 阶零空间性质的观测矩阵

能够获得上述理论保证。

3.4.2　约束等距性质

零空间性质是保证明确稀疏以及非稀疏信号在无噪声情况下得到完整重构的充分必要条件。零空间性质难以计算，需要考虑更为稳健的约束等距性质(Candès & Tao，2005)。

对于一个矩阵 $\boldsymbol{\Phi}$，存在常数 $\delta_k \in (0,1)$，使得

$$(1-\delta_k)\|\boldsymbol{x}\|_2^2 \leqslant \|\boldsymbol{\Phi x}\|_2^2 \leqslant (1+\delta_k)\|\boldsymbol{x}\|_2^2 \tag{3.4.5}$$

对于所有的 k 稀疏信号 $\boldsymbol{x}$ 都成立时，称该矩阵具有 k 阶限制等距常数 $\delta_k(k=1,2,\cdots)$。这表明任何两个 k 稀疏的向量都保持一定的距离，因此对于噪声具有一定的鲁棒性。上述定义中对 $\boldsymbol{\Phi}$ 进行尺度变换就可使得上下界是任意的正数且不对称。

令 $\boldsymbol{\Phi}:\mathbb{R}^N \to \mathbb{R}^M$ 表示观测矩阵，$\Delta:\mathbb{R}^M \to \mathbb{R}^N$ 表示重构算法。当 $x \in \mathbb{R}^N$ 时，任意 $\|\boldsymbol{x}\|_0 \leqslant k$ 和 $\boldsymbol{e} \in \mathbb{R}^M$ 都满足

$$\|\Delta(\boldsymbol{\Phi x}+\boldsymbol{e})-\boldsymbol{x}\|_2 \leqslant C\|\boldsymbol{e}\|_2 \tag{3.4.6}$$

该定义中，$\boldsymbol{\Phi x}$ 表示理想的观测数据，$\boldsymbol{e}$ 表示观测的噪声误差，$\Delta(\boldsymbol{\Phi x}+\boldsymbol{e})$ 表示观测数据的重构结果，$\|\Delta(\boldsymbol{\Phi x}+\boldsymbol{e})-\boldsymbol{x}\|_2$ 表示观测结果的重构误差，式(3.4.6)说明观测结果的重构误差与观测的噪声误差密切相关，观测结果的重构误差可以控制在观测噪声误差的一定范围内。约束等距性质具有理论上的指导意义，由于 δ_k 很难直接计算，实际中可通过统计工具进行判断(Eldar & Kutyniok，2012)。

3.4.3　相关性

定义观测矩阵 $\boldsymbol{\Phi}$ 的第 n 列与第 n' 列之间的相关系数：

$$\mu_{nn'}(\boldsymbol{\Phi})=\frac{|\boldsymbol{\phi}_{n'}^{\mathrm{T}}\boldsymbol{\phi}_n|}{\sqrt{\boldsymbol{\phi}_n^{\mathrm{T}}\boldsymbol{\phi}_n\boldsymbol{\phi}_{n'}^{\mathrm{T}}\boldsymbol{\phi}_{n'}}} \tag{3.4.7}$$

式中，向量 $\boldsymbol{\phi}_n$ 表示矩阵 $\boldsymbol{\Phi}$ 的第 n 列。

观测矩阵 $\boldsymbol{\Phi}$ 的相关性 $\mu(\boldsymbol{\Phi})$ 为 $\boldsymbol{\Phi}$ 的任意两列 $n\neq n'$ 元素 $\boldsymbol{\phi}_n$ 和 $\boldsymbol{\phi}_{n'}$ 内积绝对值的最大值(Donoho，2006)：

$$\mu(\boldsymbol{\Phi})=\max_{n\neq n'}\mu_{nn'}(\boldsymbol{\Phi}) \tag{3.4.8}$$

并且当 $N\gg M$ 时，可以证明(Strohmer & Heath，2003；Rosenfeld，2013)

$\mu(\boldsymbol{\Phi})\geqslant\frac{1}{\sqrt{M}}$。

稀疏信号处理中存在许多具有良好重构性质的观测矩阵，例如，由 M 个常量构建出来的 Vandermonde 矩阵 $\boldsymbol{\Phi}_{\mathrm{v}}\in\mathbb{R}^{M\times N}$ 满足 $\mathrm{spark}(\boldsymbol{\Phi}_{\mathrm{v}})=M+1$ (Cohen et al.，2009)，由 Alltop 序列产生的 Gabor 矩阵 $\boldsymbol{\Phi}_{\mathrm{g}}\in\mathbb{R}^{M\times M^2}$ 满足 $\mu(\boldsymbol{\Phi}_{\mathrm{g}})=\frac{1}{\sqrt{M}}$ (Herman & Strohmer，2009)等。对于给定稀疏度 k，其最小采样数 $M=O(k^2\log N)$，这些矩阵对采样数的要求过高。相比而言，随机矩阵(其元素独立同分布)在最小采样数方面具有良好的性质，随机矩阵可以由高斯、Bernoulli 或 sub-Gaussian 分布构建(Candès & Romberg，2007)，例如，从 sub-Gaussian 分布中构建的 $M=O\left(\frac{k\log(N/k)}{\delta_{2k}^2}\right)$ 的观测矩阵依概率 $1-2\exp(-c_1\delta_{2k}^2M)$ 满足 $2k$ 阶的 RIP 性质、均值为 0(方差有限)随机矩阵的相关性可以渐近收敛到 $\mu(\boldsymbol{\Phi})=\sqrt{\frac{2\log N}{M}}$。

3.5 稀疏重构

3.5.1 稀疏重构模型

稀疏重构问题描述了未知量的稀疏性，求解该问题可以获得未知量的稀疏解。求解稀疏解的过程可以等效为线性规划问题，ℓ_q 范数最优化过程产生稀疏解几何示意图如图 3.5.1 所示，求解最优化问题的过程可等价为在图中所示直线上找到某一点，使得 ℓ_q 球的半径最小。当 $0<q<1$ 时，ℓ_q 球是凹的，若球半径逐渐增大，其与直线的交点将位于坐标轴上，也就得到了稀疏解。ℓ_1 球作为一种特殊情况，在一定条件下也会产生稀疏解；当 $q>1$ 时，ℓ_q 球外凸，其与直线的交点无法位于坐标轴，此时会产生非稀疏解，ℓ_2 球作为与直线相切的一种特殊情况，如图 3.5.1(c)所示。

当式(3.3.3)为欠定方程时，其解有无穷多个。根据稀疏信号处理理论，当待重构信号具有稀疏性时，可以将欠定方程求解问题转化为稀疏约束下的优化问题进行求解：

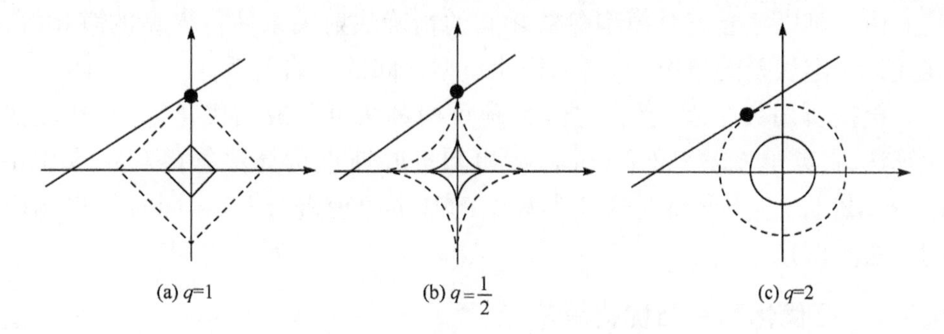

图 3.5.1　ℓ_q 范数稀疏解几何示意图

$$\hat{\boldsymbol{x}}_\sigma=\arg\min_{\boldsymbol{x}}\|\boldsymbol{x}\|_0 \quad \text{s.t.} \quad \|\boldsymbol{\Phi x}-\boldsymbol{y}\|_2\leqslant\varepsilon \tag{3.5.1}$$

式中，$\|\cdot\|_0$和$\|\cdot\|_2$分别表示向量的 ℓ_0 范数和 ℓ_2 范数；ε 表示加性噪声的功率上限，即 $\|\boldsymbol{n}\|_2\leqslant\varepsilon$。

因为式(3.5.1)是一个 ℓ_0 范数问题，对于这种组合优化问题的求解通常是“NP-hard”(non-deterministic polynomial-time hard，NP-hard)的，所以需要将其进一步化为求解的等价问题。参照 Donoho(2006)、Candès 和 Tao(2006)在压缩感知领域的研究工作，利用凸松弛技术，在特定条件下可以将式(3.5.1)转化为等价的 ℓ_1 范数问题，又称为基追踪去噪：

$$\hat{\boldsymbol{x}}_\sigma=\arg\min_{\boldsymbol{x}}\|\boldsymbol{x}\|_1 \quad \text{s.t.} \quad \|\boldsymbol{\Phi x}-\boldsymbol{y}\|_2\leqslant\varepsilon \tag{3.5.2}$$

式中，ε 表示加性噪声的功率上限。

拉格朗日乘子理论表明，可以通过解决一个无约束优化问题得到与式(3.5.1)相同的解：

$$\hat{\boldsymbol{x}}_\lambda=\arg\min_{\boldsymbol{x}}\{\lambda\|\boldsymbol{x}\|_1+\|\boldsymbol{\Phi x}-\boldsymbol{y}\|_2\} \tag{3.5.3}$$

式中，λ 表示正则化参数，其作用是用来调节最小二乘拟合与解的稀疏性之间的权重。

同样可以构建一个约束条件为 ℓ_1 正则项的 LASSO(least absolute shrinkage and selection operator)模型(Tibshirani，1996)：

$$\hat{\boldsymbol{x}}_\sigma=\arg\min_{\boldsymbol{x}}\|\boldsymbol{\Phi x}-\boldsymbol{y}\|_2 \quad \text{s.t.} \quad \|\boldsymbol{x}\|_1\leqslant\tau \tag{3.5.4}$$

式中，τ 为阈值调节参数。

由于难以建立三个模型参数之间的精确映射关系使得模型的解相等，在允许一定误差的情况下，可以构建模型之间的粗略关系。

根据所用数学理论的差异，稀疏重构算法可分成凸优化算法、非凸优化算法、贪婪追踪算法(Tropp，2004)和贝叶斯重构算法等(Eldar & Kutyniok，2012)。下面将对这几类算法的基本原理进行介绍，同时给出相应的算法实例。

3.5.2 凸优化和非凸优化算法

利用松弛理论，可以将压缩感知问题转化成凸优化或非凸优化问题进行求解，由此，便形成了稀疏重构算法中的凸优化算法(Beck & Teboulle，2009)和非凸优化算法(Chartrand，2007；Xu et al.，2010，2012)。

1. 凸优化算法

在稀疏信号处理理论中，ℓ_1 范数最小化算法可以用来求解与 ℓ_0 问题等效的凸优化问题，如式(3.5.5)所示：

$$\begin{aligned} \hat{\boldsymbol{x}} &= \arg\min_{\boldsymbol{x}} \|\boldsymbol{x}\|_1 \\ \text{s.t.} &\quad \|\boldsymbol{\Phi x}-\boldsymbol{y}\|_2 \leqslant \varepsilon \end{aligned} \tag{3.5.5}$$

式中，$\boldsymbol{y}\in\mathbb{R}^M$ 为观测信号；$\boldsymbol{x}\in\mathbb{R}^N$ 为待重构的稀疏信号；$\boldsymbol{\Phi}\in\mathbb{R}^{M\times N}$ 为观测矩阵，且 $M<N$；$\varepsilon\geqslant 0$ 为由加性噪声强度决定的参量。

通常，该类算法还可以进一步细分为两类：一类是内点法(interior point method，IPM)，其典型代表有基追踪(basis pursuit，BP)(Chen et al.，1998)、ℓ_1 正则化最小二乘(ℓ_1-regularized least squares，ℓ_1-LS)(Kim et al.，2007)、ℓ_1-magic 算法(Candès & Romberg，2005)等。尽管此类算法属于重构精度较高的高阶算法，但是它们对高维问题的求解效率很低。另一类是一阶算法，这类算法主要包括梯度投影(gradient projection for sparse reconstruction，GPSR)算法(Figueiredo et al.，2007)、迭代软阈值(iterative soft thresholding，IST)算法(Daubechies et al.，2004)、两步迭代软阈值(two-step iterative soft thresholding，TwIST)算法(Bioucas-Dias & Figueiredo，2007)、快速迭代软阈值(fast iterative soft thresholding，FIST)算法(Beck & Teboulle，2009)、Bregman 算法(Yin et al.，2008)、不动点延拓(fixed-point continuation，FPC)(Hale et al.，2008)、不动点延拓-有效集(fixed-point continuation and active set，FPC-AS)(Hale et al.，2009)、基于

Nesterov 理论的算法(Nesterov based algorithm, NESTA)(Becker et al., 2011a)、一阶锥求解器算法(templates for first-order conic solvers, TFOCS)(Becker et al., 2011b),以及交替方向法(alternating direction method, ADM)(Yang & Zhang, 2011; Lu et al., 2012)等。与内点法相比,因为一阶算法只需计算优化目标的梯度,所以它们对高维问题的求解非常有效。从现有的研究成果来看,ℓ_1 范数最小化算法已被证明可以用来重构稀疏性较差的信号,且此类算法对加性噪声具有良好的鲁棒性。

2. 非凸优化算法

与上述凸优化算法类似,非凸优化算法用来求解与 ℓ_0 问题等效的非凸优化问题。现在研究较多的是基于迭代重加权原理的算法与基于 $\ell_q(0<q<1)$ 正则化理论的算法。基于迭代重加权原理的算法是在优化最小法(majorization minimization)框架下推导而来的。其基本思想是利用与未知信号相关的加权矩阵,来求解一个优化问题序列,而加权矩阵通常可以由前一步的迭代运算获得。此类算法的典型代表有迭代重加权最小二乘(iterative reweighted least squares, IRLS)和 FOCUSS(focal undetermined system solver)算法。基于 $\ell_q(0<q<1)$ 正则化理论的算法所要求解问题的一般表达式为

$$\hat{\boldsymbol{x}}=\arg\min_{\boldsymbol{x}}\{\|\boldsymbol{\Phi x}-\boldsymbol{y}\|_2^2+\lambda\|\boldsymbol{x}\|_q^q\} \tag{3.5.6}$$

式中,$\|\cdot\|_q^q$ 表示取向量的 $\ell_q(0<q<1)$ 伪范数;$\lambda>0$ 为正则化参数。

针对式(3.5.6)所示问题,$\ell_{1/2}$ 正则化问题和 $\ell_{2/3}$ 正则化问题是具有解析式的,其对应的典型算法分别为 $\ell_{1/2}$ 阈值迭代算法和 $\ell_{2/3}$ 阈值迭代算法。相比 ℓ_1 范数最小化方法,非凸优化算法通常对稀疏信号的重构精度更高,然而若参数选择不合适,极易收敛到局部极小值,导致信号重构结果出现偏差。

下面将就上述两类算法给出其典型算法的具体实现。IST 算法的一般表达式为

$$\hat{\boldsymbol{x}}^{k+1}=H_{\lambda,\mu,q}[\hat{\boldsymbol{x}}^k-\mu\boldsymbol{\Phi}^{\mathrm{H}}(\boldsymbol{\Phi}\hat{\boldsymbol{x}}^k-\boldsymbol{y})] \tag{3.5.7}$$

式中,μ 为用来控制梯度下降算法收敛速度的参量,其取值范围为 $\mu\in(0,\|\boldsymbol{\Phi}\|_2^{-2})$;上角标 H 表示取矩阵的共轭转置;$H_{\lambda,\mu,q}$ 表示阈值算子,其具体的表示形式为

$$H_{\lambda,\mu,q}(\boldsymbol{z})=[\eta_{\lambda,\mu,q}(z_1)\quad\cdots\quad\eta_{\lambda,\mu,q}(z_N)]^{\mathrm{T}},\quad\forall\boldsymbol{z}\in\mathbb{C}^N \tag{3.5.8}$$

在阈值算子 $H_{\lambda,\mu,q}$ 中，阈值函数 $\eta_{\lambda,\mu,q}$ 根据 ℓ_q 正则化模型的不同会有所变化。对于 IST 算法，因为它是基于 ℓ_1 正则化模型推导而来的，所以其阈值函数为

$$\eta_{\lambda,\mu,1}(z_i)=\begin{cases}\operatorname{sign}(z_i)\left(|z_i|-\dfrac{\lambda\mu}{2}\right), & |z_i|>\dfrac{\lambda\mu}{2}\\ 0, & \text{其他}\end{cases} \tag{3.5.9}$$

式中，sign(·)表示取复数相位的函数。$\ell_{1/2}$ 阈值迭代算法的阈值函数为

$$\eta_{\lambda,\mu,\frac{1}{2}}(z_i)=\begin{cases}f_{\lambda,\mu,\frac{1}{2}}(z_i), & |z_i|>\dfrac{\sqrt[3]{54}}{4}(\lambda\mu)^{\frac{2}{3}}\\ 0, & \text{其他}\end{cases} \tag{3.5.10}$$

式中，

$$f_{\lambda,\mu,\frac{1}{2}}(z_i)=\frac{2}{3}z_i\left[1+\cos\left\{\frac{2\pi}{3}-\frac{2}{3}\arccos\left[\frac{\lambda\mu}{8}\left(\frac{|z_i|}{3}\right)^{-\frac{3}{2}}\right]\right\}\right] \tag{3.5.11}$$

由式(3.5.11)可知，IST 算法和 $\ell_{1/2}$ 阈值迭代算法的伪代码如表 3.5.1 所示。其中，q 取 1 时，表示的是 IST 算法；q 取 $\frac{1}{2}$ 时，表示的是 $\ell_{1/2}$ 阈值迭代算法。

表 3.5.1 阈值迭代算法伪代码

输入	y、$\boldsymbol{\Phi}$、λ 与 μ
初始化	$\hat{\boldsymbol{x}}^0=\boldsymbol{0}$
迭代过程	for $k=0$ to $k_{\max}$ $\boldsymbol{z}^{k+1}=\hat{\boldsymbol{x}}^k-\mu\boldsymbol{\Phi}^{\mathrm{H}}(\boldsymbol{\Phi}\hat{\boldsymbol{x}}^k-\boldsymbol{y})$ $\hat{\boldsymbol{x}}^{k+1}=H_{\lambda,\mu,q}(\boldsymbol{z}^{k+1})$ end
输出	$\hat{\boldsymbol{x}}^{k_{\max}+1}$

3.5.3 贪婪追踪算法

贪婪追踪算法是一类搜索算法，此类算法主要由两个步骤组成，即支集选择和系数更新。现有的各种贪婪追踪算法大多由匹配追踪(matching pursuit，MP)(Mallat & Zhang，1993)和正交匹配追踪(orthogonal matching pursuit，OMP)(Tropp & Gilbert，2007)改进而来。例如，通过调整正交匹配追踪的迭代策略，可以推导出像阶梯正交匹配追踪(stagewise orthogonal matching pursuit, StOMP)(Donoho et al. ,2012)、梯度追踪(Blumensath & Davies,2008)、子空间追踪(Dai & Milenkovic,2009)、正则化正交匹配追踪(regularized orthogonal matching pursuit, ROMP)(Needell & Vershynin, 2010)和 CoSaMP(compressive sampling matching pursuit)(Needell D & Tropp, 2009)等算法。另外,迭代硬阈值(iterative hard thresholding, IHT)算法(Blumensath & Davies, 2009)也被认为是一种贪婪追踪算法。此类算法的优势是在稀疏性较强时,能够迅速地重构出所需的信号。当信号稀疏性较弱或测量值存在噪声时,它们不但运算效率低,而且重构结果与真实值之间会存在很大的偏差。下面以正交匹配追踪为例介绍这类算法的实现。

正交匹配追踪的基本思想是,将观测矩阵 $\boldsymbol{\Phi}$ 的每一列均作为潜在的基向量,然后搜索追踪,找出能够用这些基向量来表征观测向量 $\boldsymbol{y}$ 的系数向量 $\boldsymbol{x}$。而在正交匹配追踪的每一步迭代过程中,中间量 $\boldsymbol{z}^k$ 可以由残差项 $\boldsymbol{y}-\boldsymbol{\Phi}\hat{\boldsymbol{x}}^k$ 和观测矩阵的共轭转置 $\boldsymbol{\Phi}^{\mathrm{H}}$ 相乘获得,然后确定中间量 $\boldsymbol{z}^k$ 中模值最大的元素所处的位置,并将其位置加入前一步迭代获得的支集 Γ^k 中,由此得到新的支集为 Γ^{k+1},最后通过由支集 Γ^{k+1} 选出的基向量所构成矩阵的伪逆,求得待重构信号的估计 $\hat{\boldsymbol{x}}^{k+1}$。值得注意的是,正交匹配追踪的迭代次数是由待重构稀疏信号中非零元素的个数确定的。正交匹配追踪算法的伪代码如表 3.5.2 所示。

表 3.5.2 正交匹配追踪算法伪代码

输入	y、$\boldsymbol{\Phi}$ 和非零元素个数 K
初始化	$\hat{\boldsymbol{x}}^0=\boldsymbol{0}, \Gamma^0=\varnothing$
迭代过程	for $k=1$ to K $\quad \boldsymbol{z}^k=\boldsymbol{\Phi}^{\mathrm{H}}(\boldsymbol{y}-\boldsymbol{\Phi}\hat{\boldsymbol{x}}^k)$ $\quad \Gamma^{k+1}=\Gamma^k \cup \arg\min\limits_i \lvert z_i^k \rvert$ $\quad \hat{\boldsymbol{x}}^{k+1}=(\boldsymbol{\Phi}_{\Gamma^{k+1}}^{\mathrm{H}}\boldsymbol{\Phi}_{\Gamma^{k+1}})^{-1}\boldsymbol{\Phi}_{\Gamma^{k+1}}^{\mathrm{H}}\boldsymbol{y}$ end
输出	$\hat{\boldsymbol{x}}^{K+1}$

3.5.4 贝叶斯重构算法

贝叶斯重构算法(Ji et al. ,2008)是通过将信号的稀疏性与先验信息关联，从概率论的角度来求解稀疏信号的一类算法。在这类算法中，较为典型的是基于稀疏性的贝叶斯学习（也可称为贝叶斯压缩感知）和基于图模型的信息传递算法。近似信息传递算法来自图模型中的置信传播算法，因其收敛速度快、误差较小而得以广泛应用。原始的近似信息传递算法适用于实数域，Anitori 等(2013)和 Maleki 等(2013)将近似信息传递推广到复数域，提出了复近似信息传递(complex approximate message passing，CAMP)算法。CAMP 算法具有收敛速度快、重构精度高、恢复信号所需采样率低等诸多优点，该算法具有适于雷达信号处理的优良性质，因而具有广泛的应用前景(Bi et al.，2016b，2017c)。

下面以 CAMP 算法为例，介绍该算法的实现。CAMP 算法是对消息传递算法进行近似得到的，相比于消息传递算法，该算法的计算量要小得多，并且在一定的条件下仍然具有足够的精度。其迭代过程可简记为

$$\hat{\boldsymbol{x}}^k = H_{\lambda,\mu,1}(\boldsymbol{\Phi}^* \boldsymbol{z}^{k-1} + \hat{\boldsymbol{x}}^{k-1}) \tag{3.5.12}$$

$$\boldsymbol{z}^k = \boldsymbol{y} - \boldsymbol{\Phi}\hat{\boldsymbol{x}}^k + \boldsymbol{z}^{k-1}\frac{1}{2\delta}\left[\left\langle \frac{\partial H^{\mathrm{R}}_{\lambda,\mu,1}}{\partial x^{\mathrm{R}}}(\boldsymbol{\Phi}^* \boldsymbol{z}^{k-1} + \hat{\boldsymbol{x}}^{k-1})\right\rangle + \left\langle \frac{\partial H^{\mathrm{I}}_{\lambda,\mu,1}}{\partial x^{\mathrm{I}}}(\boldsymbol{\Phi}^* \boldsymbol{z}^{k-1} + \hat{\boldsymbol{x}}^{k-1})\right\rangle\right] \tag{3.5.13}$$

式中，$H_{\lambda,\mu,1}$是以 $\tau=\lambda\mu>0$ 为阈值的软阈值算子，由 $\eta_{\lambda,\mu,1}$组成，其表达式见式(3.5.9)，输入为 $a+ib$；$H^{\mathrm{R}}_{\lambda,\mu,1}$和 $H^{\mathrm{I}}_{\lambda,\mu,1}$分别为软阈值函数的实部和虚部；$\frac{\partial H^{\mathrm{R}}_{\lambda,\mu,1}}{\partial a}$和$\frac{\partial H^{\mathrm{I}}_{\lambda,\mu,1}}{\partial b}$分别为 $H^{\mathrm{R}}_{\lambda,\mu,1}$关于复输入实部 a 的偏导数和 $H^{\mathrm{I}}_{\lambda,\mu,1}$关于复输入虚部 b 的偏导数；$\langle\cdot\rangle$表示求解向量元素均值的运算。阈值在每次迭代时更新为 $\tau^k=\mu\hat{\sigma}_k$，$\hat{\sigma}_k$ 为 $\tilde{\boldsymbol{x}}^k-\boldsymbol{x}$ 的标准差估计。

$\hat{\boldsymbol{x}}^k$ 是第 k 次迭代时$\boldsymbol{x}$的稀疏估计。若恰当地选取了参数 μ，则当 $k\to\infty$ 时 $\hat{\boldsymbol{x}}^k\to\hat{\boldsymbol{x}}(\lambda)$。$\lambda$ 与 μ 的关系可以表示为

$$\lambda \overset{\text{def}}{=\!=} \mu\sigma_*\left\{1-\frac{1}{2\delta}E\left[\frac{\partial H^{\mathrm{R}}_{\lambda,\mu,1}}{\partial x^{\mathrm{R}}}(X+\sigma_* Z)+\frac{\partial H^{\mathrm{I}}_{\lambda,\mu,1}}{\partial x^{\mathrm{I}}}(X+\sigma_* Z)\right]\right\} \tag{3.5.14}$$

式中，$X\sim p_x$，$Z\sim\mathrm{CN}(0,1)$，且 X 与 Z 相互独立；σ_* 为状态演进的不动点。

若按式(3.5.14)选择 μ，则在渐近情况下，采用阈值 τ 的 CAMP 算法可以求解正则化参数为 λ 的 LASSO 模型；$\tilde{\boldsymbol{x}}^k$ 为 $\boldsymbol{x}$ 的非稀疏有噪估计。定义第 k 次 CAMP 迭代的“噪声”矢量为 $\boldsymbol{w}^k=\tilde{\boldsymbol{x}}^k-\boldsymbol{x}$；$\sigma_k$ 是$\boldsymbol{w}^k$ 的标准差。

CAMP 算法首先求出信号的有噪估计 $\tilde{\boldsymbol{x}}^k$。因为该估计并不是稀疏的，所以对其应用软阈值函数以得到稀疏估计$\hat{\boldsymbol{x}}^k$。CAMP 算法的伪代码如表 3.5.3 所示，表中 median(·)为中值滤波函数。

表 3.5.3　CAMP 算法伪代码

输入	y、$\boldsymbol{\Phi}$ 和 μ
初始化	$\hat{\boldsymbol{x}}^0=\boldsymbol{0}, \boldsymbol{z}^0=\boldsymbol{y}$
迭代过程	for $k=0$ to $k_{\max}$ $\tilde{\boldsymbol{x}}^{k+1}=\hat{\boldsymbol{x}}^k+\boldsymbol{\Phi}^{\mathrm{H}}\boldsymbol{z}^k$ $\hat{\sigma}_{k+1}=\dfrac{\mathrm{median}(\mid\tilde{\boldsymbol{x}}^{k+1}\mid)}{\sqrt{\ln 2}}$ $\tau^{k+1}=\mu\hat{\sigma}_{k+1}$ $\gamma^{k+1}=\dfrac{N}{2M}\left[\left\langle\dfrac{\partial H^{\mathrm{R}}_{\lambda,\mu,1}}{\partial a}(\tilde{x}_i^{k+1})\right\rangle+\left\langle\dfrac{\partial H^{\mathrm{I}}_{\lambda,\mu,1}}{\partial b}(\tilde{x}_i^{k+1})\right\rangle\right]$ $\boldsymbol{z}^{k+1}=\boldsymbol{y}-\boldsymbol{\Phi}\hat{\boldsymbol{x}}^k+\boldsymbol{z}^k\gamma^{k+1}$ $\hat{\boldsymbol{x}}^{k+1}=H_{\lambda,\mu,1}(\tilde{\boldsymbol{x}}^{k+1})$ end
输出	$\hat{\boldsymbol{x}}^{k_{\max}+1}$

3.6　本章小结

本章首先给出了信号的稀疏性与稀疏表征的相关概念，以及非相关观测的含义，然后介绍了观测矩阵的零空间性质、约束等距性质和相关性，最后根据稀疏信号处理理论，介绍了凸优化算法、非凸优化算法、贪婪追踪算法和贝叶斯重构算法等重构方法，给出了每一类算法相应的实例。在后续章节中将采用阈值迭代算法、CAMP 算法等进行稀疏微波成像重构。

第4章 稀疏微波成像原理

4.1 引 言

稀疏微波成像是指将稀疏信号处理理论引入微波成像并有机结合形成的微波成像新理论、新体制和新方法，它涉及稀疏表征、观测约束、重构方法以及性能评估等方面的内容(吴一戎等，2011a)。

观测对象的可稀疏表征是实现欠采样条件下无模糊成像的前提，它可以是在空域、变换域的稀疏，也可以是结构稀疏。例如，SAR 成像中的海面舰船目标、3D-SAR 成像中城市建筑目标在高程向的散射点(Zhu & Bamler，2010；Budillon et al.，2011)、ISAR 成像中的空间目标属于空域稀疏(Zhang L et al.，2009，2010；Ender，2010)；3D-SAR 成像中森林区域的高程向散射系数在小波变换域是稀疏的(Aguilera et al.，2013)；地面运动目标检测中的运动信息(Lin et al.，2010；Zhang B C et al.，2012b；Prünte，2012，2014，2016)、多时相场景变化信息(吴一戎等，2011c；Lin et al.，2012)、宽角 SAR 成像中目标散射特性随角度变化信息(Potter et al.，2010；Jiang et al.，2015；Wei et al.，2016a)、SAR 成像中的方位模糊信息具有结构稀疏的特征(Zhang B C et al.，2012a，2013)。

微波成像稀疏观测约束是指根据观测对象的稀疏特性建立的稀疏微波成像模型，基于观测对象与获取数据之间的映射机理构建观测矩阵。观测矩阵的组成元素和构建形式决定了稀疏微波成像雷达系统的性能(Zhang B C et al.，2012a)：观测矩阵的组成元素取决于雷达波形、采样方式和成像几何关系；观测矩阵的构建形式则与天线足印、天线排列方式有关。由此可见，稀疏微波成像的优化需要综合考虑雷达体制和稀疏信号处理理论两方面的因素。

稀疏微波成像非模糊重构方法是指根据雷达系统原理，利用稀疏信号处理方法实现对观测对象的非模糊成像。与常用微波成像中的匹配滤波方法不同，稀疏微波成像采用的是稀疏信号处理方法，如 $\ell_q(0<q\leqslant 1)$ 正则

化(Zhang B C et al.,2012a;Zeng et al.,2012)。只有实现基于稀疏信号处理的 SAR 降采样原始数据域成像,才会使降低系统复杂度真正成为可能。因此,在算法选择时需根据成像雷达数据的特点,兼顾重构的效率和精度。此外,研究结果还表明在满采样的情况下,利用稀疏微波成像方法可显著提升现有 SAR 系统的成像质量(Zhang B C et al.,2012a)。关于稀疏微波成像重构方法的内容将在第5章进行详细介绍。

稀疏微波成像性能评估包括系统性能评估和图像性能评估(Zhang B C et al.,2012a)。在系统性能评估方面,虽然零空间性质(Donoho & Elad,2003)、相关系数(Donoho et al.,2006;Candès & Romberg,2007)、约束等距性质(Candès & Tao,2005)、RIPless(Candès & Plan,2011;Kueng & Gross,2014)等可以在一定程度上反映观测矩阵的性质,信息论、凸优化方法在理论上可定性地分析信噪比因素,但迄今为止尚不能将它们直接应用于稀疏微波成像的性能评估。目前,综合考虑稀疏度、欠采样比、信噪比因素的三维相变图是常用的稀疏微波成像系统性能评估方法(Tian et al.,2011),它可定量反映稀疏重构条件下场景稀疏度和雷达系统之间的关系。在图像性能评估方面,即使考虑到无误差条件下稀疏目标重构结果为冲激函数,分辨能力(distinguish ability)、峰值旁瓣比(peak sidelobe ratio,PSLR)、积分旁瓣比(integrated sidelobe ratio,ISLR)、方位模糊信号比(azimuth ambiguity-to-signal ratio,AASR)、距离模糊信号比(range ambiguity-to-signal ratio,RASR)等在稀疏微波成像的图像性能评估中仍有一定的参考意义(Oliver & Quegan,2004;Massonnet & Souyris,2008;Zhang B C et al.,2012a);目标背景比(target to background ratio,TBR)则很好地反映稀疏重构对旁瓣和噪声的抑制能力;检测概率/虚警概率、均方误差(mean square error,MSE)、相对均方误差(relative mean square error,RMSE)等指标反映了稀疏重构方法与信噪比对稀疏微波成像雷达图像的影响。

本章将首先介绍稀疏微波成像模型,然后分别阐述稀疏微波成像中涉及的稀疏表征、观测约束、重构方法以及性能评估。

4.2 稀疏微波成像模型

微波成像系统获取观测场景后向散射系数的过程可以用线性时不变系统表示:

$$\boldsymbol{y}=\boldsymbol{\Theta x}+\boldsymbol{n} \tag{4.2.1}$$

式中，$\boldsymbol{x}\in\mathbb{C}^{N\times 1}$、$\boldsymbol{y}\in\mathbb{C}^{M\times 1}$以及$\boldsymbol{n}\in\mathbb{C}^{M\times 1}$分别为场景后向散射系数向量、回波数据向量以及噪声向量（包含系统热噪声、量化噪声等加性噪声），其中，N为场景的采样点数，由观测场景区域大小与离散网格尺寸决定，M为回波数据采样点数，由雷达分辨理论和奈奎斯特采样定理决定；需要特别指出的是，这里的$\boldsymbol{x}$可以表示一维场景后向散射系数，也可以表示经过一维重排后的二维/三维场景后向散射系数；$\boldsymbol{\Theta}\in\mathbb{C}^{M\times N}$为观测矩阵，由雷达参数和成像几何关系决定，可视为"回波字典"，字典中的每一个元素向量是观测场景中特定位置单位后向散射系数的回波序列，有关观测矩阵的构建详见4.4节的分析。

稀疏微波成像模型如图4.2.1所示（吴一戎等，2011a；Zhang B C et al.，2012a），其中，$\boldsymbol{H}\in\mathbb{C}^{M'\times M}$为稀疏微波成像降采样矩阵，$M'$为稀疏微波成像回波数据采样点数；$\boldsymbol{\Psi}\in\mathbb{C}^{N\times N'}$为稀疏变换矩阵，$\boldsymbol{x}=\boldsymbol{\Psi\alpha}$，$N'$为$\boldsymbol{\alpha}$的维度，当$\boldsymbol{\alpha}$中的"显著"非零元素个数远小于其维度时，则认为$\boldsymbol{x}$是稀疏的。

$$\boldsymbol{y}=\boldsymbol{H\Theta\Psi\alpha}+\boldsymbol{n}=\boldsymbol{\Phi\alpha}+\boldsymbol{n} \tag{4.2.2}$$

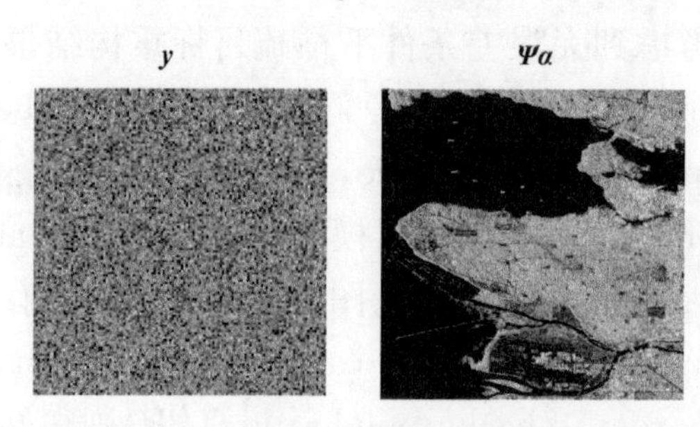

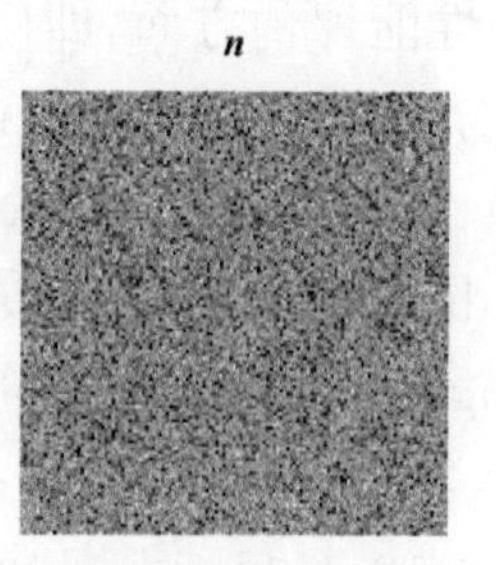

图 4.2.1 稀疏微波成像模型

式(4.2.2)可以通过正则化方法求解：

$$\hat{\boldsymbol{\alpha}}=\arg\min_{\boldsymbol{\alpha}}\{\|\boldsymbol{y}-\boldsymbol{\Phi\alpha}\|_2^2+\lambda\phi(\boldsymbol{\alpha})\} \tag{4.2.3}$$

式中，λ为正则化参数；$\phi(\cdot)$为惩罚函数，它给予重构结果一定的约束。

式(4.2.4)所示的$\ell_q(0<q\leqslant 1)$范数反映了观测对象在变换域上的稀疏特性。

$$\hat{\boldsymbol{\alpha}}=\arg\min_{\boldsymbol{\alpha}}\{\|\boldsymbol{y}-\boldsymbol{\Phi\alpha}\|_2^2+\lambda\|\boldsymbol{\alpha}\|_q^q\} \tag{4.2.4}$$

式(4.2.5)所示的全变差(total variation，TV)范数(Rudin et al.，1992)反映了观测对象在一定区域范围内分布式目标后向散射系数的连续性，该约束可用于相干斑抑制。

$$\hat{\boldsymbol{\alpha}}=\arg\min_{\boldsymbol{\alpha}}\{\|\boldsymbol{y}-\boldsymbol{\Phi\alpha}\|_2^2+\lambda\mathrm{TV}(|\boldsymbol{\Psi\alpha}|)\} \tag{4.2.5}$$

当观测场景为二维时，有

$$\mathrm{TV}(|x|)=\sum_{i,j}|\nabla(|\boldsymbol{x}|)|[i,j] \tag{4.2.6}$$

式中，

$$|\nabla(|\boldsymbol{x}|)|[i,j]=\sqrt{(D_{\mathrm{h}}|\boldsymbol{x}|)^2+(D_{\mathrm{v}}|\boldsymbol{x}|)^2} \tag{4.2.7}$$

$$D_{\mathrm{h}}|\boldsymbol{x}|=|\boldsymbol{x}[i+1,j]|-|\boldsymbol{x}[i,j]| \tag{4.2.8}$$

$$D_{\mathrm{v}}|\boldsymbol{x}|=|\boldsymbol{x}[i,j+1]|-|\boldsymbol{x}[i,j]| \tag{4.2.9}$$

式中，$[i,j]$表示矩阵的第i行第j列。

式(4.2.10)综合了这两种约束(Çetin et al.，2014)：

$$\hat{\boldsymbol{\alpha}}=\arg\min_{\boldsymbol{\alpha}}\{\|\boldsymbol{y}-\boldsymbol{\Phi\alpha}\|_2^2+\lambda_1\|\boldsymbol{\alpha}\|_q^q+\lambda_2\mathrm{TV}(|\boldsymbol{\Psi\alpha}|)\} \tag{4.2.10}$$

式中，λ_1和λ_2为正则化参数。

当稀疏变换矩阵$\boldsymbol{\Psi}$为单位矩阵时，基于稀疏信号处理的方位向多视图像重构模型可写为(Fang et al.，2014)

$$\hat{\boldsymbol{x}}=\arg\min_{\boldsymbol{x}_1,\boldsymbol{x}_2,\cdots,\boldsymbol{x}_L}\{\|\boldsymbol{y}-\boldsymbol{\Phi}(\boldsymbol{F}_{\mathrm{a}}^{\mathrm{H}}\boldsymbol{x}_{\mathrm{f}})\|_2^2+\lambda\|\boldsymbol{z}\|_1^1\} \tag{4.2.11}$$

$$\|\boldsymbol{z}\|_1^1=\sum_j\sqrt{\sum_{l=1}^{L}|\boldsymbol{x}_l(j)|^2} \tag{4.2.12}$$

$$\boldsymbol{x}_{\mathrm{f}}=\begin{bmatrix}\boldsymbol{F}_{\mathrm{a}}\boldsymbol{x}_1\\\boldsymbol{F}_{\mathrm{a}}\boldsymbol{x}_2\\\vdots\\\boldsymbol{F}_{\mathrm{a}}\boldsymbol{x}_L\end{bmatrix} \tag{4.2.13}$$

式中，$\boldsymbol{F}_{\mathrm{a}}$为方位向傅里叶矩阵；上角标H表示共轭转置；$\boldsymbol{F}_{\mathrm{a}}\boldsymbol{x}_l(l=1,2,\cdots,L)$为第$l$视频谱；$\boldsymbol{x}_f$为$L$视频谱向量。

从上面不同惩罚函数约束选择中可以看出，当变换矩阵为单位矩阵时，式(4.2.4)中ℓ_q范数约束强调的是点目标特征增强，式(4.2.5)中TV范数约束和式(4.2.11)中正则化方式强调的是分布式目标的连续性。虽然式(4.2.10)中的约束条件综合了上述两者的特征，但对于特定观测场景，同时增强其点目标特征和分布式目标连续性特征存在一定的矛盾。本书后续章节的主要内容为根据观测对象的稀疏性，利用稀疏信号处理方法进行重构，没有特别指出时，均采用式(4.2.3)中变换矩阵为单位矩阵的重构模型。

4.3 雷达图像稀疏表征

雷达图像的稀疏特性可分为空域稀疏、变换域稀疏以及结构稀疏。空域稀疏是指信号中非零元素(强目标点)数目远小于信号本身向量维度;变换域稀疏是指信号经过正交基/混合基/冗余字典变换后可获得稀疏表征;结构稀疏是指在信号表示过程中由信号之间相关性带来的结构特征稀疏性。在本书中没有特别指出时,所提到的稀疏均为空域稀疏。

1. 空域稀疏

在空域稀疏场景中,少数强目标的雷达散射截面积远大于作为背景的自然场景雷达散射截面积,其雷达图像表现为明显的稀疏性。典型例子有普通海况下对海洋场景进行 SAR 成像时的海面舰船目标,对空进行 ISAR 成像时的空中飞行目标,如图 4.3.1 所示。空域稀疏的稀疏度可定义为

$$\rho_{\mathrm{est}}=\frac{|\mathcal{T}|}{N} \tag{4.3.1}$$

式中,$\mathcal{T}$为目标像素点集合,$|\mathcal{T}|$为目标像素点的个数;N 为场景总像素点个数。

(a) RadarSat-1海面舰船雷达图像

(b) Yak-42空中飞行目标雷达图像

图 4.3.1 空域稀疏雷达图像

稀疏度也可以通过估计场景图像中强散射点目标幅度的 ℓ_2 范数占整个场景幅度 ℓ_2 范数的比例来确定,目标像素点集合 $\mathcal{T}$的确立满足

$$\mathcal{T}:\{|x_1|>|x_2|\,|x_1\in X_{\mathcal{T}},x_2\in X_{\mathcal{T}^c}\}\tag{4.3.2}$$

式中，$X_{\mathcal{T}}$ 为目标集合；$X_{\mathcal{T}^c}$ 为背景杂波集合。

2. 变换域稀疏

正交基、混合基和冗余字典都可以作为变换基，从某种意义上来说，空域稀疏可认为是一种特殊的变换域稀疏，其变换矩阵为单位矩阵。在不考虑噪声、降采样矩阵为单位矩阵、变换矩阵不为单位矩阵的情况下，稀疏微波成像示意图如图 4.3.2 所示。

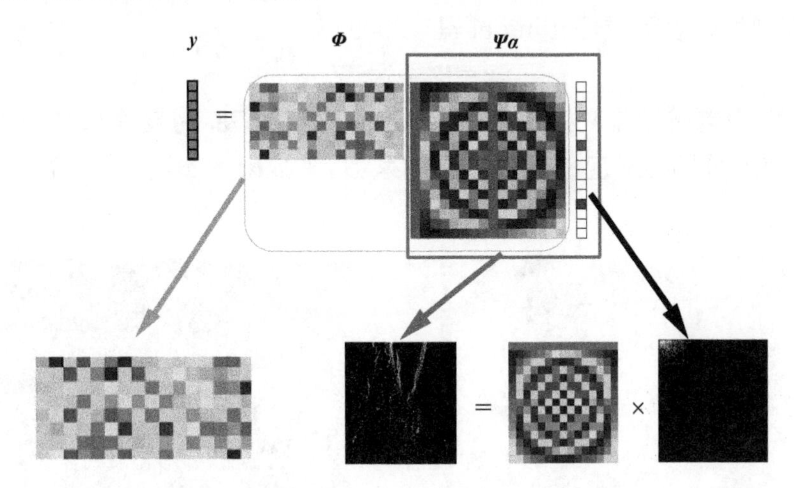

图 4.3.2　不考虑噪声、降采样矩阵为单位矩阵、变换矩阵不为单位矩阵时的稀疏微波成像示意图

正交基是基底元素之间相互正交的稀疏表示方式，其中离散余弦变换基、正交小波基是几种常见的正交基。离散余弦变换是一种与傅里叶变换相关的变换，只使用实数。它除具有一般的正交变换性质之外，其变换矩阵的基向量近似于 Toeplitz 矩阵的特征向量。小波变换有良好的时频局部化特性(Mallat，2009)，它广泛地应用于光学图像的稀疏分解，已经成为《静态图像压缩编码国际标准》(JPEG—2000)的理论基础。小波变换只对信号的低频部分进行分解，对高频部分，即信号的细节部分不再继续分解。因此小波变换能够表征以低频信息为主要成分的信号，不能很好地分解和表示包含大量细节信息的遥感图像。小波包是一种函数族，它是小波函数的推广。由小波包可以选出多组标准正交基构造标准正交基库，正交小波基是其中一种。与小波变换不同的是，小波包变换可以对高频部分进行更

精细的分解，对包含大量中、高频信息的信号进行更好的时频局部化分析。因为 SAR 场景主要为包含了大量细节信息的地物地貌，所以小波包变换能够较好地表示包含大量细节信息的 SAR 复杂场景。

对 3D-SAR 成像而言，实验结果表明，森林区域高程向后向散射系数在小波域是稀疏的(Aguilera et al.，2012b，2013)。

雷达图像可以认为是由强目标及背景杂波组成的，其中强目标个数是少量的，可以认为是空域稀疏，弱背景杂波则可用变换域稀疏表示，如图 4.3.3 所示。对雷达图像进行混合域稀疏表征，目标函数矢量 $\boldsymbol{x}$ 的稀疏表征模型可以表示成(Rilling et al.，2009)

$$\boldsymbol{x}=\boldsymbol{\Psi}_{\mathrm{s}}\boldsymbol{\alpha}_{\mathrm{s}}+\boldsymbol{\Psi}_{\mathrm{t}}\boldsymbol{\alpha}_{\mathrm{t}} \tag{4.3.3}$$

式中，$\boldsymbol{\Psi}_{\mathrm{s}}$ 为空域稀疏变换矩阵，此时为单位矩阵；$\boldsymbol{\Psi}_{\mathrm{t}}$ 为变换域稀疏变换矩阵；$\boldsymbol{\alpha}_{\mathrm{s}}$ 和 $\boldsymbol{\alpha}_{\mathrm{t}}$ 分别为对应的变换域下的系数，系数 $\boldsymbol{\alpha}_{\mathrm{s}}$ 和 $\boldsymbol{\alpha}_{\mathrm{t}}$ 中所包含的非零数目最少。

(a) 陆地场景雷达图像

(b) 离散余弦变换域

图 4.3.3　变换域稀疏雷达图像(高分三号 SAR 卫星图像)

图 4.3.4 是混合稀疏雷达图像，将 SAR 图像数据矩阵(图 4.3.4(a))分解为空域稀疏矩阵(图 4.3.4(b))和变换域稀疏矩阵(图 4.3.4(c))，其中变换域矩阵在小波域进行稀疏表征。利用 2%空域矩阵系数和 8%小波域矩阵系数组成的混合矩阵进行重构。由图 4.3.4(d)可以看出，稀疏重构后的图像较好地保留了原始图像中的特征。

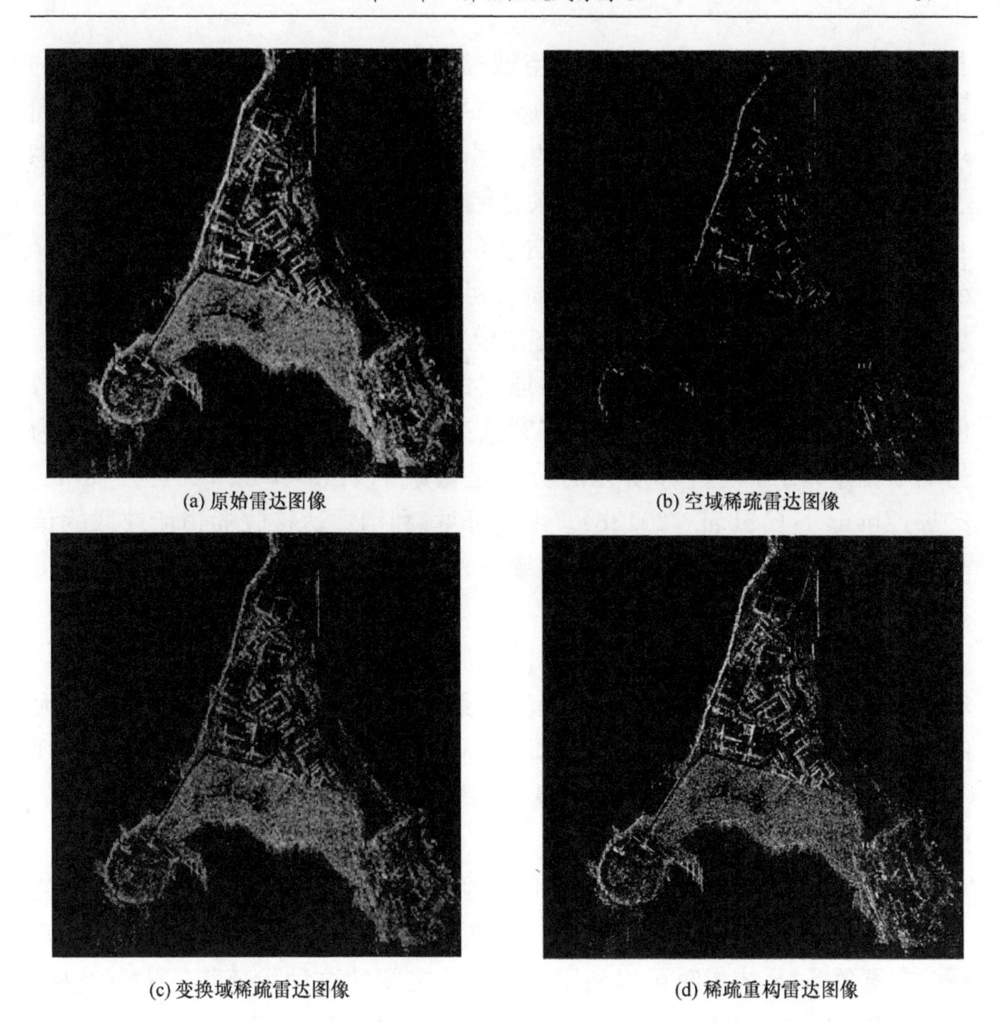

图 4.3.4　混合稀疏雷达图像(TerraSAR-X 图像)

稀疏基元学习模型目标是给定大量同类信号,通过机器学习的方式得到可以稀疏线性表达原信号的冗余字典。它可认为是“最”稀疏的线性表达方式,舍弃正交性,允许过完备。稀疏线性表示是其唯一目标,在一定意义上可以验证某类信息是否可以被稀疏表征。自适应机器学习在光学图像中已获得成功应用(Olshausen & Field,1996),但它尚不能直接应用于一般微波复图像的稀疏表征(Zhang B C et al. ,2012a)。

3. 结构稀疏

结构稀疏(Duarte & Eldar,2011)是指信号表示过程中由信号之间的相关性带来的结构特征稀疏性。空域稀疏和变换域稀疏直接考虑信号的稀疏性表征，这种稀疏性不具备一定的平滑特性，即稀疏优化问题的惩罚项并未对未知量和非零元素之间的关系做进一步约束，而结构稀疏则考虑了信号内和信号间的相关信息。联合稀疏是结构稀疏中的一种特殊形式，它根据观测对象共同分量和更新分量的特性差异建立了三种模型(Baron et al.,2009)。在成像雷达中联合稀疏可用于多通道运动目标检测、多时相场景变化检测、宽角SAR成像和方位模糊抑制等的建模和求解。

在多通道运动目标检测中，各通道的运动目标背景可能是不稀疏的，但是其杂波背景是相同的，如果将背景杂波作为一个分量，运动目标作为另一个分量，则运动目标所在的分量是稀疏的(Lin et al.,2010;Prünte,2012;Zhang B C et al.,2012b)。由此可见，利用雷达接收通道所获取的信号之间的相关信息，在同样的数据率下，利用联合稀疏模型和求解方法可提升运动目标的检测性能。

在多时相场景变化检测中，多次观测的场景之间具有很大的相关性。场景中的变化部分往往是少的，观测场景大部分区域是不变的，存在很大的冗余性(Lin et al.,2012)。此时可以利用联合稀疏进行建模，将首次观测场景中的不变部分视为共同分量，将其余时刻观测场景相对于首次观测的变化部分视为更新分量。

在宽角SAR中，当雷达位于不同方位观测时，虽然目标的后向散射系数呈现各向异性，但是目标的支撑集出现在相同的位置，可以用结构稀疏来表征。在宽角SAR成像时可以利用不同方位之间的这种稀疏特征进行建模，从而提高重构精度(Potter et al.,2010;Jiang et al.,2015;Wei et al.,2016a)。

在SAR成像中，主视分量和由脉冲重复频率欠采样引起的模糊分量相位和幅值可能不同，但是它们应该在场景相同的位置，即具有共同稀疏支撑，这种特征可以用结构稀疏中的组稀疏来表征(Jiang et al.,2015)。

4.4 合成孔径雷达观测矩阵

稀疏微波成像中的观测矩阵是指将地面场景后向散射系数映射为回波数据的变换矩阵，与雷达系统参数和成像几何关系密切相关，其性质决定了稀疏微波成像的性能。下面以脉冲压缩为例，说明观测矩阵的构建。假设发射信号为线性调频信号：

$$s(t)=\text{rect}\left(\frac{t}{T_{\text{p}}}\right)\exp(\text{j}\pi K_{\text{r}}t^{2}),\quad t\in\left[-\frac{T_{\text{p}}}{2},\frac{T_{\text{p}}}{2}\right] \tag{4.4.1}$$

式中，t 为时间变量；K_{r} 为线性调频率；T_{p} 为脉冲宽度；rect(·)为矩形窗函数。

一维观测矩阵可写为

$$\boldsymbol{\Phi}=\begin{bmatrix}\varphi_{1,1} & \varphi_{1,2} & \cdots & \varphi_{1,N}\\ \varphi_{2,1} & \varphi_{2,2} & \cdots & \varphi_{2,N}\\ \vdots & \vdots & & \vdots\\ \varphi_{M,1} & \varphi_{M,2} & \cdots & \varphi_{M,N}\end{bmatrix} \tag{4.4.2}$$

$$\varphi_{m,n}=s(t_{m}-\tau_{n})=\text{rect}\left(\frac{t_{m}-\tau_{n}}{T_{\text{p}}}\right)\exp[\text{j}\pi K_{\text{r}}(t_{m}-\tau_{n})t^{2}] \tag{4.4.3}$$

式中，t_m 为第 m 个离散采样点时刻；τ_n为第 n 个点目标处的时间延迟。

脉冲压缩的观测矩阵组成示意图如图 4.4.1 所示。观测矩阵的元素是线性调频信号，矩阵每一行和每一列的有效元素长度为其脉冲宽度。矩阵每一行是对特定回波采样点所覆盖场景的权值信息，而每一列是离散场景在观测值中的权值信息。从这里可以看出观测矩阵的组成元素与雷达参数、时延有关。

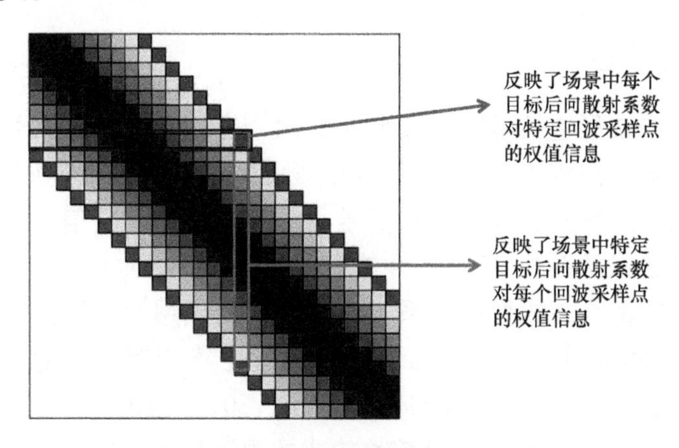

图 4.4.1　脉冲压缩的观测矩阵组成示意图

4.4.1 节将根据雷达设备对观测矩阵的影响进行分析，4.4.2 节将对各种 SAR 工作模式下观测矩阵的构建进行详细介绍。

4.4.1　影响因素

由稀疏微波成像模型和稀疏信号处理理论可知，观测矩阵性质直接影响稀疏重构性能。数学研究结果表明，高斯随机矩阵、伯努利矩阵有良好的 RIP 性质(Candès & Wakin，2008)，但它们不能直接应用于雷达成像。稀疏微波成像观测矩阵的组成元素取决于雷达波形、采样方式、天线排列方式和成像几何关系；观测矩阵的构建形式则与采样方式、天线足印、天线排列方式有关。雷达系统框图如图 4.4.2 所示，其中灰色方框部分可根据稀疏微波原理进行优化。

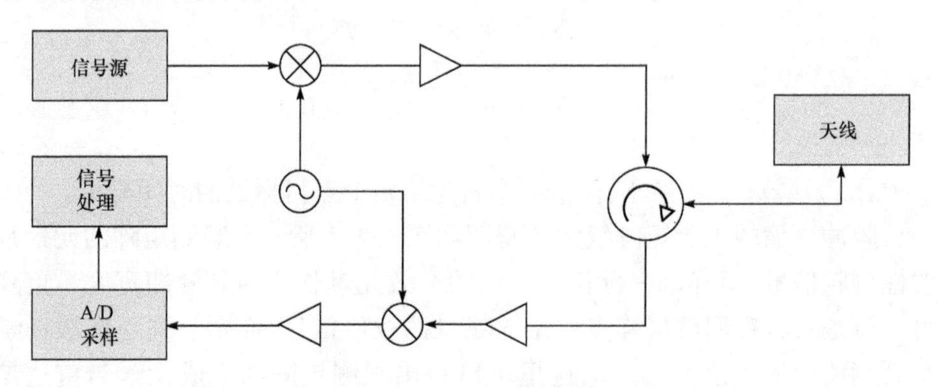

图 4.4.2　雷达系统框图

1. 雷达波形

雷达信号波形包括带宽和波形形式两个方面：一方面，信号带宽越大，对应观测矩阵的非相关性越强，其组成观测矩阵重构性能越好；另一方面，雷达常用的波形形式有线性调频信号、步进频信号、正交信号等，它们均可用于稀疏微波成像系统，其重构性能有所差别。

线性调频信号在成像雷达系统中得到广泛应用，它具有良好的匹配滤波性能，多普勒敏感度较低。虽然目前没有完善的数学理论支撑，但是大量的实测数据分析结果表明(Alonso et al.，2010；Jiang et al.，2011；Zhang B C et al.，2012a)，由线性调频信号构成的观测矩阵可成功重构雷达图像。步进频信号由一串载频不同的单频脉冲构成，由它组成的观测矩阵为傅里叶矩阵，具有良好的 RIP 性质。由正交信号构成的观测矩阵具有较高的非相关性和良好的重构能力。正交信号以信号族的形式出现，可表示为

$$\int_0^T p_i(\tau) p_j^*(\tau) \mathrm{d}\tau = \begin{cases} 1, & i = j \\ 0, & i \neq j \end{cases} \tag{4.4.4}$$

式中,i 和 j 为信号族索引;$[0,T)$为信号族的定义域。

随机噪声信号和正交频分复用(orthogonal frequency division multiplexing,OFDM)信号均为常见的正交信号,它们的模糊函数均是理想"图钉形"(Bahai et al.,2004)。基于稀疏信号处理的随机噪声成像雷达研究指出,其观测矩阵具有很好的稀疏重构性能,可以利用较少回波数据对可稀疏表示的场景目标进行成像(Jiang et al.,2010;江海等,2011;Shastry et al.,2010,2012,2015)。

2. 采样方式

稀疏微波成像的数据获取可以采用均匀采样、随机采样和随机调制积分采样(Laska et al.,2007)等方式,它影响了观测矩阵组成元素和构建形式,进而影响重构性能(Zhang B C et al.,2012a)。

1) 均匀采样

对于 SAR 系统,方位向和距离向的数据获取均可采用均匀采样。图 4.4.3 为均匀降采样示意图,它会造成观测矩阵重构性能的下降,在降采样比过大时,其重构图像会存在由频谱混叠导致的周期性虚假目标。

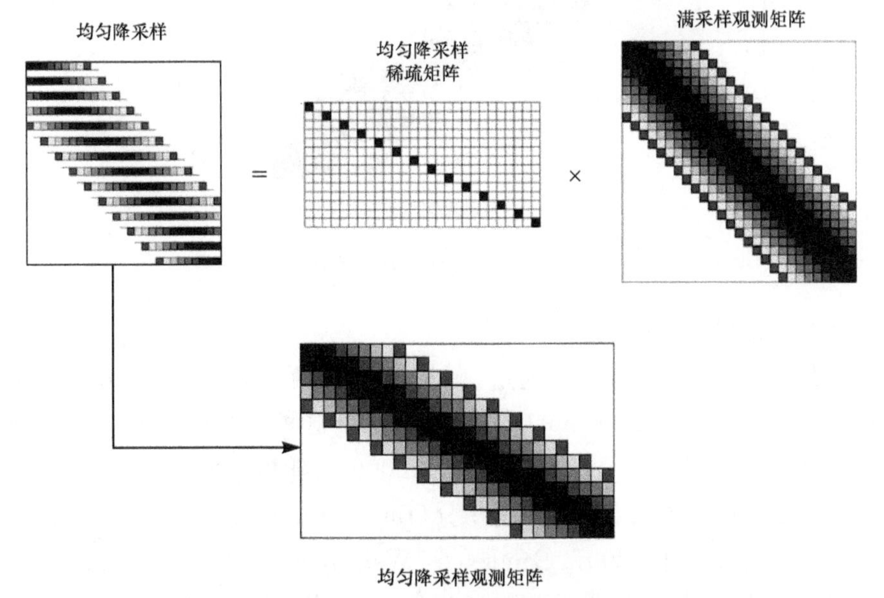

图 4.4.3　均匀降采样示意图

2）随机采样

随机采样是在稀疏信号处理中性能较优的采样策略，随机采样示意图如图 4.4.4 所示。与任意时间间隔的随机采样不同，随机抖动采样（Balakrishnan，1962）可以保持发射脉冲之间的最小间隔，适用于脉冲方式工作的 SAR 系统（Sun et al.，2012）。但是在平均采样率低于奈奎斯特采样率时，可能存在低于奈奎斯特采样定理要求的采样间隔，其瞬时采样率仍有可能较高。在进行稀疏重构时，其重构误差表现为噪声分布在整个场景，而不会表现为周期虚假目标，重构性能较好。实验结果表明，在同样的降采样比和信噪比的条件下，随机采样信号的稀疏重构性能优于均匀采样（Zhang B C et al.，2012a，2015；蒋成龙等，2015）。

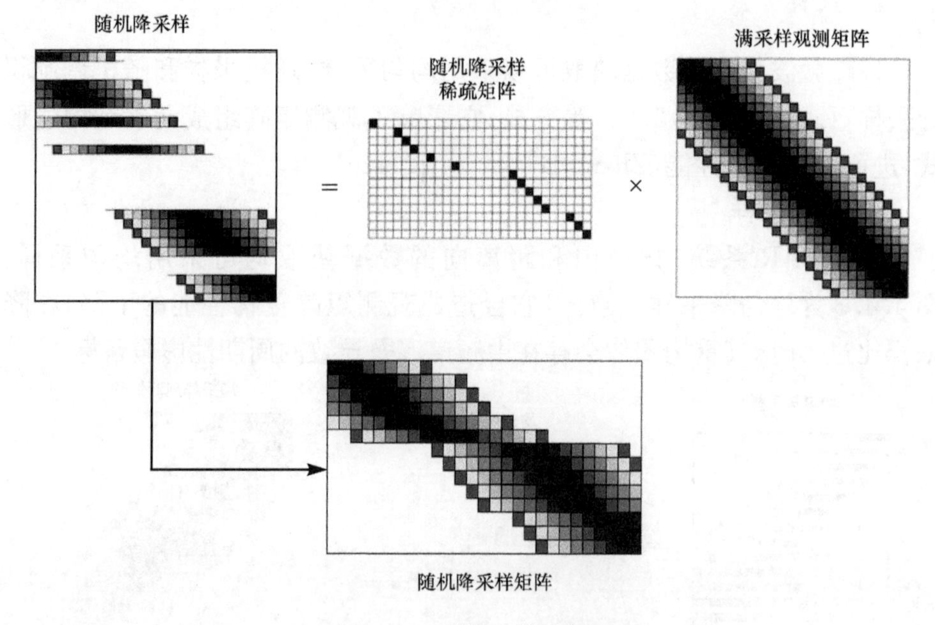

图 4.4.4　随机采样示意图

3）随机调制积分采样

根据稀疏信号理论，可以通过“模拟信息转换”（analog to information，A2I）（Healy，2007）实现更低的采样速率，基于这种理念的采样方法包括随机滤波（random filtering）（Tropp et al.，2006）、随机卷积（random convolution）（ Romberg，2009）、随机调制积分（random modulation preintegration，RMPI）（Laska et al.，2007；Candès & Wakin，2008；Tropp et al.，2010）、Xampling 方法（Mishali & Eldar，2010；Mishali et at.，2011a，2011b）等。

下面主要介绍随机调制积分方法，其示意图如图 4.4.5 所示，由随机调制器、低通滤波器和低速率的模数转换器(analog to digital converter，ADC)构成。输入带宽为 B_r 的信号 $x(t)$ 首先被由 ± 1 组成的伪随机信号 $p_c(t)$ 所调制，为了保证 $x(t)$ 中的信息在后面的处理中不被破坏，要求 $p_c(t)$ 的最高变化频率大于等于 $2B_r$。调制后的信号通过低通滤波器后由低速 ADC 采样量化，采样率为 $\mathcal{M}$，即实现了对 $x(t)$ 的模拟-信息转换。

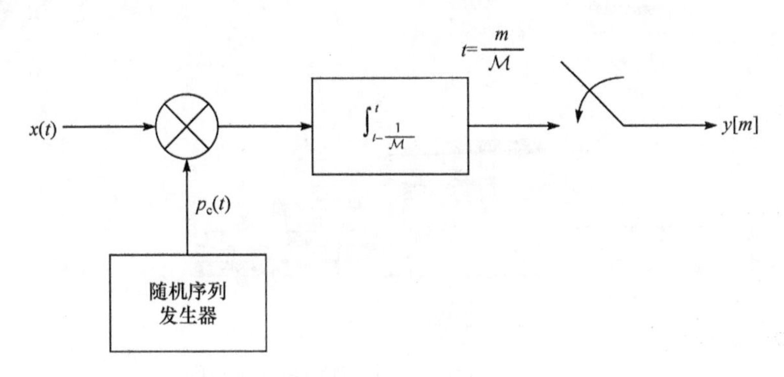

图 4.4.5　随机调制积分采样示意图(Laska et al.，2007)

假设模拟信号 $x(t)$ 可以由有限个连续基底表示：

$$x(t) = \sum_{n=1}^{N} \alpha_n \psi_n(t) \tag{4.4.5}$$

式中，$\alpha_n \in \mathbb{R}$。

根据图 4.4.6 及式(4.4.5)可以得到测量数据 $y[m]$ 的表达式为

$$\begin{aligned} y[m] &= \int_{-\infty}^{\infty} x(\tau) p_c(\tau) h(t-\tau) \mathrm{d}\tau \Big|_{t=m\Delta T} \\ &= \int_{-\infty}^{\infty} \sum_{n=1}^{N} \alpha_n \psi_n(\tau) p_c(\tau) h(m\Delta T-\tau) \mathrm{d}\tau \\ &= \sum_{n=1}^{N} \alpha_n \int_{-\infty}^{\infty} \psi_n(\tau) p_c(\tau) h(m\Delta T-\tau) \mathrm{d}\tau \end{aligned} \tag{4.4.6}$$

式中，$\Delta T = \dfrac{1}{\mathcal{M}}$为低速 ADC 的采样间隔。

式(4.4.6)用矩阵表示为

$$y = \sum_{n=1}^{N} \alpha_n \boldsymbol{\theta}_n = \boldsymbol{\Theta\alpha} \tag{4.4.7}$$

式中，观测矩阵的第 i 个列向量 $\boldsymbol{\theta}_i = [\theta_i(1) \quad \cdots \quad \theta_i(M)]^{\mathrm{T}}$；$M$ 为 $\boldsymbol{x}$ 离散化维度，元素值为

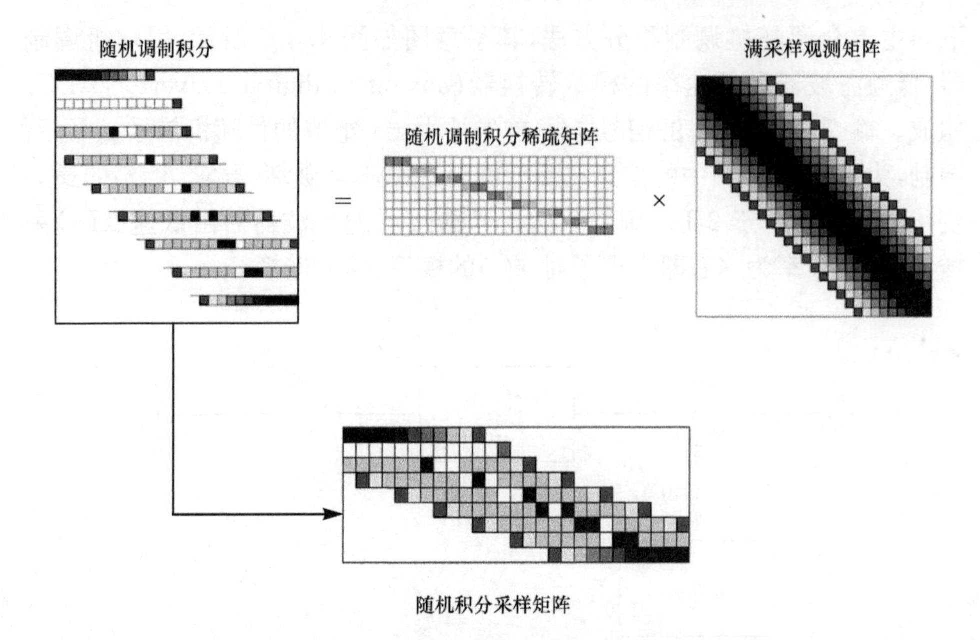

图 4.4.6　随机调制积分观测矩阵示意图

$$\theta_i(m) = \int_{-\infty}^{\infty} \psi_i(\tau) p_c(\tau) h(m\Delta T - \tau) \mathrm{d}\tau \tag{4.4.8}$$

随机调制积分采样的重构性能接近随机采样，它避免了随机采样中非均匀采样间隔的问题，可适用于 SAR 距离向采样，但并不适用于采用脉冲体制的 SAR 方位向降采样。

3. 天线排列方式

天线排列方式影响子天线相位中心与目标之间的瞬时距离，进而影响观测矩阵的组成元素和构建形式。一发多收、多发多收、三维阵列雷达观测矩阵是单发单收雷达观测矩阵的组合，同样条件下其观测矩阵性能优于单发单收雷达的观测矩阵。一发多收 SAR 利用多相位中心为系统提供了更多的空间、频率维度的自由度，提升观测矩阵性能；多发多收、三维阵列在垂直于雷达平台运动方向和/或信号收发方向的跨航向上布置多个收发天线，发射单一/不同波形信号并接收回波，为系统提供了更多的空间、时间、频率等维度的自由度，提升观测矩阵性能。

4. 天线足印

天线足印由平台运动状态和天线波束扫描确定，它决定了观测矩阵的构建形式。条带 SAR、聚束 SAR、ScanSAR、TOPS SAR 及滑动聚束 SAR 等工作模式，均适用于稀疏微波成像。此外，当观测对象满足稀疏条件时，采用分布式雷达天线发射接收正交信号，如果精确记录每个采样点的准确位置、速度和平台姿态信息，即使天线足印处于非均匀、非线性甚至是静止的运动状态，也可以构造相应的测量矩阵并恢复场景(Zhang Z et al.，2012a，2012b)。

4.4.2 观测矩阵构建

本节给出常用星载 SAR 工作模式下稀疏微波成像观测矩阵的构建。首先介绍条带 SAR 稀疏微波成像观测矩阵的构建，该模式能够进行大面积连续成像，很好地平衡测绘宽度与分辨率，是使用最为广泛的 SAR 观测模式之一；然后简要给出其他常见 SAR 观测模式的稀疏微波成像观测矩阵构建，包括：聚束 SAR，该模式下通过对场景的连续观测，可以达到很高的方位分辨率；TOPS SAR(Zan & Guarnieri，2006)模式下利用方位向天线波束扫描加快数据获取，提高测绘带宽度的同时降低 ScanSAR 的扇贝效应，提高观测效率。

1. 条带 SAR 观测矩阵构建

条带 SAR 成像示意图如图 4.4.7 所示。条带 SAR 的天线波束指向在其观测时间内始终固定，在脉冲体制下，雷达根据预先设定的脉冲重复间隔周期性地发射一定带宽和脉冲持续时间的电磁波信号照射目标区域。然后关闭发射通道，切换到接收通道接收来自目标反射的回波信号。雷达波束随着运载平台的飞行轨迹移动，天线足印在地面上形成一个条带。

忽略雷达接收信号过程中的位移，在满足窄带信号、远场条件的情况下，来自观测场景 C 中所有目标的回波可以用双重积分表示，其基带形式如下：

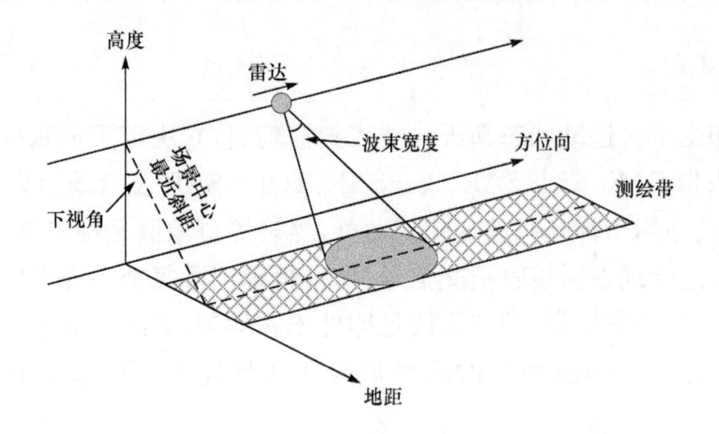

图 4.4.7　条带 SAR 成像示意图

$$y(t,\tau)=\iint_{(p,q)\in C}x(p,q)\omega_{\mathrm{a}}\left(t-\frac{p}{v}\right)\exp\left(-\mathrm{j}4\pi f_{\mathrm{c}}\frac{R(p,q,t)}{c}\right)\cdot s\left(\tau-\frac{2R(p,q,t)}{c}\right)\mathrm{d}p\mathrm{d}q \tag{4.4.9}$$

式中，t 为方位向时间；τ 为距离向时间；p 为目标的方位向位置；q 为目标的地距；$x(\cdot)$为目标的散射函数；$\omega_{\mathrm{a}}(\cdot)$为天线的方位向加权；$v$ 为平台相对于观测场景的等效速度；c 为光速；$s(\cdot)$为发射信号；f_{c} 为发射信号载频；$R(p,q,t)$为位于(p,q)处的目标在方位时间 t 时刻与雷达之间的瞬时斜距：

$$R(p,q,t)=\sqrt{H^2+q^2+(vt-p)^2} \tag{4.4.10}$$

式中，H 为 SAR 平台相对地面高度。

SAR 中常用线性调频信号作为基带发射信号：

$$s(\tau)=\mathrm{rect}\left(\frac{\tau}{T_{\mathrm{p}}}\right)\exp(\mathrm{j}\pi K_{\mathrm{r}}\tau^2) \tag{4.4.11}$$

式中，K_{r} 为距离向调频率；T_{p} 为脉冲持续时间；$\mathrm{rect}(\cdot)$为矩形窗函数。

为叙述方便，令

$$\theta(p,q,t,\tau)=\omega_{\mathrm{a}}\left(t-\frac{p}{v}\right)\exp\left(-\mathrm{j}4\pi f_{\mathrm{c}}\frac{R(p,q,t)}{c}\right)s\left(\tau-\frac{2R(p,q,t)}{c}\right) \tag{4.4.12}$$

式(4.4.9)表明了回波与观测场景目标的反射函数之间的关系，目标反射函数与 SAR 二维冲激响应函数卷积后相干叠加即得到回波。为了推导观测模型，首先需要对回波与目标反射函数进行离散化，这里从数学角度讨论，在此基础上给出观测模型。

第一步是对场景进行离散化。实际遥感观测应用中，观测场景是连续的，意味着场景中任意连续位置处都存在一个对应的反射中心，因此为了实现场景离散化，有必要将场景 C 人为地分割成许多小单元，以 $C_n(n=1,2,\cdots,N)$ 表示，C_n 满足 $C=\bigcup_n C_n$，并且 $\bigcap_n C_n=\varnothing$。令 x_n 表示单元 C_n 内的散射系数平均值，则

$$y(t,\tau)=\sum_{n=1}^{N} x_n \iint_{C_n} \theta(p,q,t,\tau)\mathrm{d}p\mathrm{d}q \tag{4.4.13}$$

由于函数 $\theta(p,q,t,\tau)$ 在 $(p,q)\in C_n$ 上是光滑连续的，根据积分均值定理，存在一个 C_n 上的点 (p_n,q_n)，满足 $\|C_n\|=\iint_{C_n}\theta(p,q,t,\tau)\mathrm{d}p\mathrm{d}q$，其中 $\|C_n\|$ 是单位 C_n 的有效面积。因此式(4.4.13)可以表示为

$$y(t,\tau)\cong\sum_{n=1}^{N} x_n\theta(p_n,q_n,\tau,t) \tag{4.4.14}$$

式中，符号$\cong$表示忽略归一化系数。

推导稀疏微波成像观测模型的第二步是离散化回波信号。回波的获取过程大致描述如下：首先，接收到的回波按照时间划分为若干时间片段，每一个时间片段中的回波被特定的函数加权并求积分；然后，系统采样并记录积分后的结果，将该结果存储到系统存储器中。如上所述，时间序列可划分为 $T_m(m=1,2,\cdots,M)$，其中，$T=\bigcup_m T_m$，且 $\bigcap_m T_m=\varnothing$。然后在时刻 T_m 内利用窗函数 $h_m(t,\tau)$ 对回波信号加权，在时刻 (t_m,τ_m) 采样。结果可表示为

$$y(t_m,\tau_m)=\sum_{m=1}^{M}\sum_{n=1}^{N}\phi(m,n)x_n \tag{4.4.15}$$

式中，

$$\phi(m,n)\cong\iint_{(t,\tau)\in T_m}\theta(p_n,q_n,t,\tau)h_m(\tau,t)\mathrm{d}\tau\mathrm{d}t \tag{4.4.16}$$

将 $\phi(m,n)$ 按照方位向/距离向的先后顺序排列起来，即可得到条带 SAR 模式下的稀疏微波成像观测矩阵：

$$\boldsymbol{\Phi}=\begin{bmatrix}\phi(1,1) & \phi(1,2) & \cdots & \phi(1,N)\\ \phi(2,1) & \phi(2,2) & \cdots & \phi(2,N)\\ \vdots & \vdots & & \vdots\\ \phi(M,1) & \phi(M,2) & \cdots & \phi(M,N)\end{bmatrix}\in\mathbb{C}^{M\times N} \tag{4.4.17}$$

此外，还需要考虑接收机的热噪声等噪声，假定噪声为加性高斯白噪声，在式(4.4.15)中加入噪声项，则条带SAR稀疏微波成像观测模型可表示为

$$\boldsymbol{y}=\boldsymbol{\Phi}\boldsymbol{x}+\boldsymbol{n} \tag{4.4.18}$$

式中，回波信号矢量 $\boldsymbol{y}\in\mathbb{C}^{M\times 1}$；目标散射函数矢量 $\boldsymbol{x}\in\mathbb{C}^{N\times 1}$；接收机噪声矢量 $\boldsymbol{n}\in\mathbb{C}^{M\times 1}$。

特别地，当场景方位/距离向为均匀离散，采样核函数为 $h_m(t,\tau)=\delta(\tau_m,t_m)$，$t$ 和 τ 的采样间隔满足方位向和距离向雷达分辨理论、奈奎斯特采样定理时，有

$$\phi(m,n)\cong C_n\theta(p_n,q_n,t_m,\tau_m) \tag{4.4.19}$$

此时，稀疏微波成像观测矩阵 $\boldsymbol{\Phi}\in\mathbb{C}^{M\times N}$ 可以分离为稀疏降采样矩阵 $\boldsymbol{H}\in\mathbb{C}^{M\times M'}$ 和SAR成像观测矩阵 $\boldsymbol{\Theta}\in\mathbb{C}^{M'\times N}$。

条带SAR的观测矩阵 $\boldsymbol{\Theta}$ 属于类Toeplitz矩阵。对于在不同方位向位置、相同斜距位置的场景目标，得到方位向观测矩阵 $\boldsymbol{\Theta}_{\mathrm{a}}=\{\theta_{\mathrm{a}}(m,n)\}_{M'_{\mathrm{a}}\times N_{\mathrm{a}}}$，其元素 $\theta_{\mathrm{a}}(m,n)$ 为

$$\theta_{\mathrm{a}}(m,n)=\omega_{\mathrm{a}}\left(t_m-\frac{p_n}{v}\right)\exp\left(-\mathrm{j}4\pi f_{\mathrm{c}}\frac{R(p_n,t_m)}{c}\right) \tag{4.4.20}$$

方位向观测矩阵 $\boldsymbol{\Theta}_{\mathrm{a}}$ 中的元素经过归一化后，如图4.4.8(a)所示，横纵坐标表示采样点数。图4.4.8(a)中给出归一化后方位向观测矩阵的实部，并且假定天线方位向加权为矩形窗函数，持续时间等于方位向天线的主瓣宽度对应的合成孔径时间。横坐标代表不同的离散方位向位置，纵坐标代表方位向采样。矩阵的每列元素是相应离散场景点的方位向信号；矩阵的每行元素是方位向波束照射范围内回波的叠加信号。对于相同方位位置、不同斜距位置的场景目标，考虑雷达在特定位置接收的回波，得到距离向观测矩阵 $\boldsymbol{\Theta}_{\mathrm{r}}=\{\theta_{\mathrm{r}}(m,n)\}_{M'_{\mathrm{r}}\times N_{\mathrm{r}}}$，其元素 $\theta_{\mathrm{r}}(m,n)$ 为

$$\theta_{\mathrm{r}}(m,n)=\mathrm{rect}\left(\frac{\tau_m-2R_0/c}{T_{\mathrm{w}}}\right)s\left(\tau_m-\frac{2R(q_n)}{c}\right) \tag{4.4.21}$$

式中，T_{w} 为接收窗口持续时间；R_0 为最近斜距。

距离向观测矩阵 $\boldsymbol{\Theta}_{\mathrm{r}}$ 中的元素经过归一化后，如图4.4.8(b)所示，横纵坐标表示采样点数。图中给出归一化后距离向观测矩阵的实部，横坐标表示不同的离散斜距向位置，纵坐标表示距离向采样。矩阵的每列元素是相

应离散场景点的距离向信号；矩阵的每行元素是距离向特定回波点所覆盖场景的权值信息。

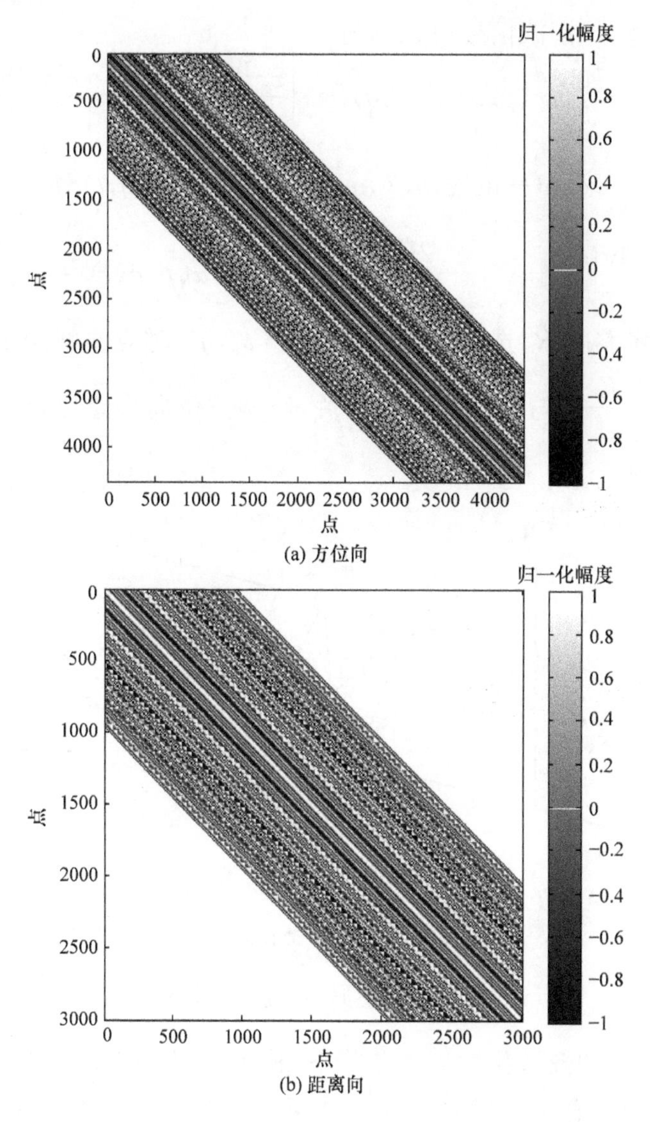

图 4.4.8　条带 SAR 一维观测矩阵实部示意图

2. 聚束 SAR 观测矩阵构建

聚束 SAR 成像示意图如图 4.4.9 所示。聚束 SAR 中雷达会随着平台运动按照相同速率调整天线的方位向指向，天线波束始终固定指向特定观测区域（Munson et al.,1983;Carrara et al.,1995;Jakowatz et al.,1996;Thompson et al.,1996)。假定窄带、远场条件，经过去斜、低通滤波，基带形式的聚束 SAR 回波信号可表示为

$$y(t,\tau)\cong\iint_{(p,q)\in C}x(p,q)\omega_{\mathrm{a}}(p,q)\operatorname{rect}\left[\frac{\tau-2R_{\mathrm{c}}/c}{T_{\mathrm{w}}}\right]\operatorname{rect}\left[\frac{\tau-2R(p,q,t)/c}{T_{\mathrm{p}}}\right]$$
$$\cdot\exp\left(-\mathrm{j}\Omega(\tau)u(p,q,t)-\frac{4\pi K_{\mathrm{r}}}{c^{2}}u^{2}(p,q,t)\right)\mathrm{d}p\mathrm{d}q \tag{4.4.22}$$

式中，$\Omega(\tau)=\frac{4\pi}{c}\left[f_{\mathrm{c}}+K_{\mathrm{r}}\left(\tau-\frac{2R_{\mathrm{c}}}{c}\right)\right]$；相对斜距 $u(p,q,t)=R(p,q,t)-R_{\mathrm{c}}$；解调频的参考斜距 R_{c} 选为观测场景中心$(p_{\mathrm{c}},q_{\mathrm{c}})$对应的斜距 $R(p_{\mathrm{c}},q_{\mathrm{c}},t)$；二次相位项$\frac{4\pi K_{\mathrm{r}}u^{2}}{c^{2}}$与方位向时间有关，影响方位向聚焦，可以在后续信号处理中进行补偿。

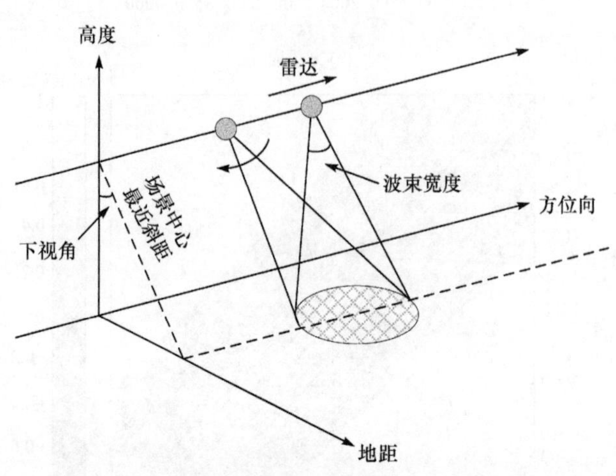

图 4.4.9　聚束 SAR 成像示意图

聚束 SAR 的离散化过程与条带 SAR 类似，如图 4.4.10 所示，假定天线波束范围外没有反射信号。需要注意的是其距离向采样率需要满足测绘带内解调频后的总信号带宽，得到聚束 SAR 模式下的稀疏微波成像观测矩阵 $\boldsymbol{\Phi}=\{\phi(m,n)\}_{M\times N}$：

$$\phi(m,n)\cong\iint_{(t,\tau)\in T_{m}}\omega_{\mathrm{a}}(p,q)\operatorname{rect}\left[\frac{\tau-2R_{\mathrm{c}}/c}{T_{\mathrm{w}}}\right]\operatorname{rect}\left[\frac{\tau-2R(p,q,t)/c}{T_{\mathrm{p}}}\right]$$
$$\cdot\exp(-\mathrm{j}\Omega(\tau)u(p,q,t))h_{m}(t,\tau)\mathrm{d}t\mathrm{d}\tau \tag{4.4.23}$$

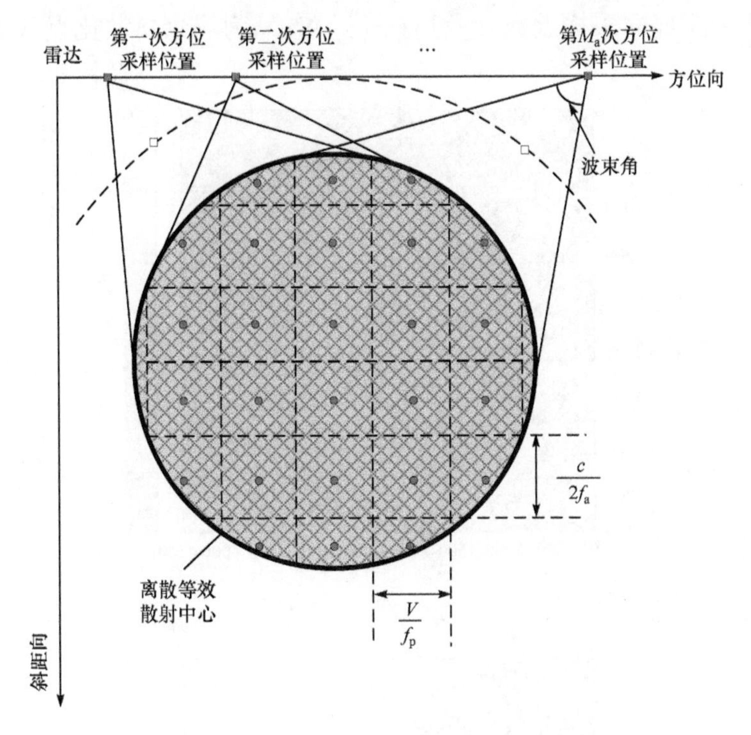

图 4.4.10　聚束 SAR 观测矩阵构建示意图

与条带 SAR 下稀疏微波成像观测矩阵相同，聚束 SAR 下的稀疏微波成像观测矩阵同样可以分解为雷达矩阵 $\boldsymbol{\Theta}$ 与稀疏降采样矩阵 $\boldsymbol{H}$。聚束 SAR 观测矩阵 $\boldsymbol{\Theta}$ 的元素 $\theta(m,n)$ 可表示为

$$\theta(m,n) \cong \text{rect}\left[\frac{\tau_m - 2R_c/c}{T_w}\right]\text{rect}\left[\frac{\tau_m - 2R/c}{T_p}\right]\exp(-j\Omega(\tau_m)u_{m,n}) \tag{4.4.24}$$

聚束 SAR 的雷达矩阵属于类傅里叶矩阵，给定方位向某次观测 t_m，场景中具有相同相对斜距 $u_{m,n}$ 的目标信号通过式(4.4.24)将被映射到同一频率 $\frac{2K_r u_{m,n}}{c}$ 处。由目标散射函数映射到(解调频后的)回波信号的过程可以用傅里叶变换表示。图 4.4.11 给出聚束 SAR 单次观测的雷达矩阵 $\boldsymbol{\Theta} \in \mathbb{C}^{M_r' \times N}$，其元素经过归一化，横纵坐标表示采样点数。其中，时间 T_w 应保证容纳下观测场景内所有目标的回波信息。此时，有

$$M_r' = f_s \max\left\{T_r - 4\min\frac{u_{m,n}}{c}, T_p + 4\max\frac{u_{m,n}}{c}\right\} \tag{4.4.25}$$

式中，M_r'为距离向采样点数，一般有 $M_r'>N$；N 为场景离散化点数。

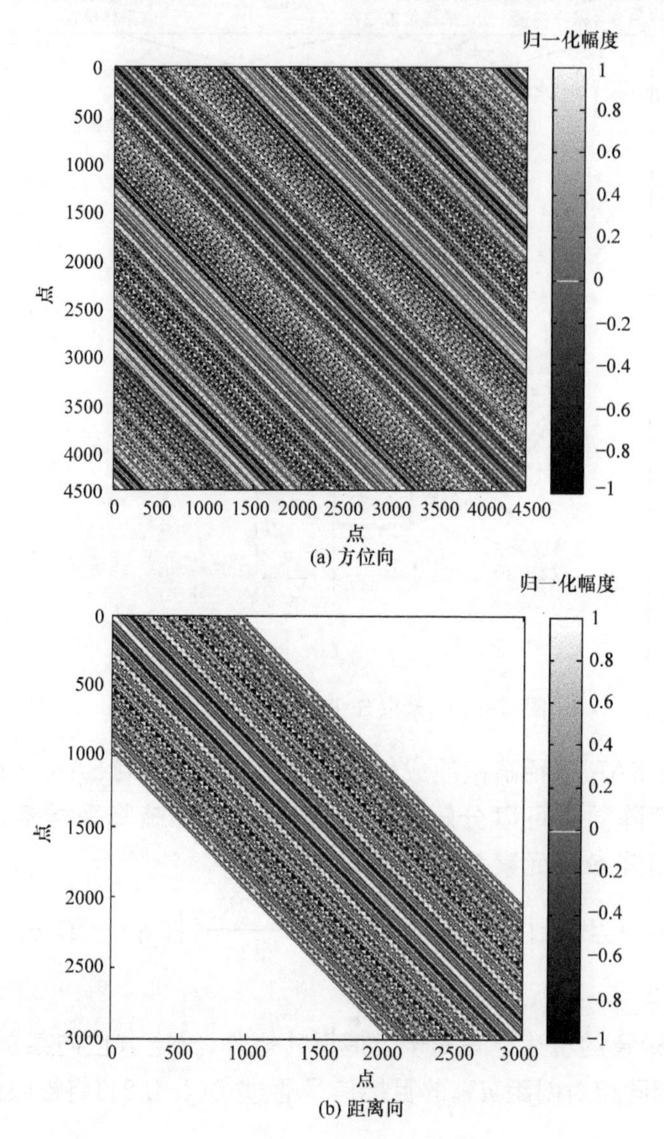

图 4.4.11 聚束 SAR 一维观测矩阵实部示意图

3. TOPS SAR 观测矩阵构建

TOPS SAR 是现代宽幅成像 SAR 常用的工作模式，它采用 burst 工作模式(Zan & Guarnieri，2006)，雷达周期性工作在各子测绘带中，通过方位向波束主动扫描加快雷达获取地面信息的速度，从而实现宽测绘带观测能力，并基本消除由方位天线加权引起的扇贝效应（Meta et al.，2008）。TOPS SAR 成像示意图如图 4.4.12 所示，TOPS SAR 将一个 burst 内的观测数据视为信号处理基本单元。以一个 burst 内天线转动中心为坐标原点建立坐标系，则 burst 数据块内获得的基带回波信号可以表示为

$$y_{\mathrm{b}}(t,\tau)=\iint_{(p,q)\in C^{\mathrm{b}}} x(p,q)\mathrm{rect}\left[\frac{t}{T_{\mathrm{b}}}\right]\omega_{\mathrm{a}}\left[\frac{t-p/v-t_{\mathrm{c}}(t)}{T_{\mathrm{s}}}\right] \cdot \exp\left[-\mathrm{j}\frac{4\pi f_{\mathrm{c}}R(p,q,t)}{c}\right]s\left[\tau-\frac{2R(p,q,t)}{c}\right]\mathrm{d}p\mathrm{d}q \tag{4.4.26}$$

式中，T_{b} 为 burst 持续时间；$T_{\mathrm{s}}=\frac{\lambda\sqrt{H^2+q^2}}{Dv_{\mathrm{g}}}$ 为合成孔径时间；D 为天线方位向真实孔径；$v_{\mathrm{g}}=\alpha v$ 为波束在地面的扫描速率，因子 $\alpha=1-\frac{k_{\psi}\sqrt{H^2+q^2}}{v}>1$，$k_{\psi}$ 为天线转动角频率，定义 $k_{\psi}=\frac{v}{r_{\mathrm{rot}}}<0$ 时天线由后往前扫描；$t_{\mathrm{c}}(t)\approx\frac{r_0k_{\psi}t}{v}$ 为 t 时天线的波束中心穿越时刻。

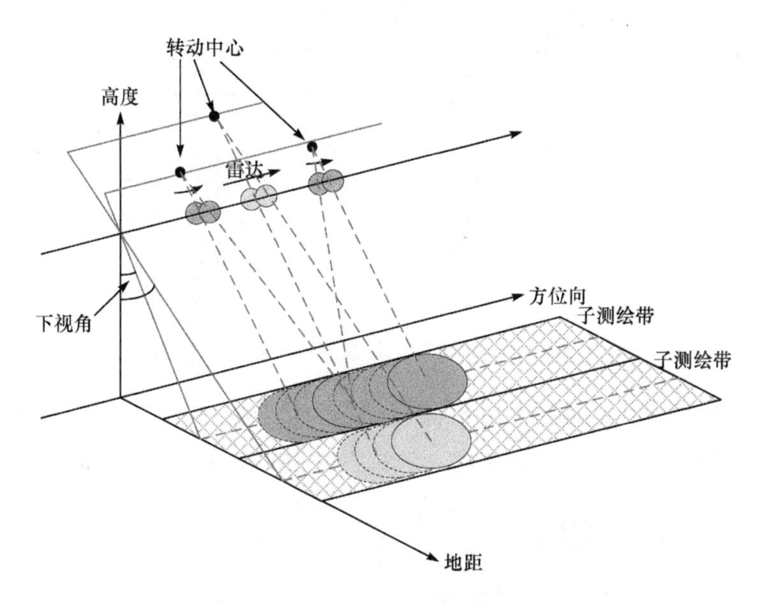

图 4.4.12　TOPS SAR 成像示意图

天线的转动缩短了目标的观测时间，使 TOPS SAR 在方位向观测时间

T_{b} 内能够观测到位于该范围以外的信息，即 $p \leqslant T_{\mathrm{obs}} v_{\mathrm{r}}$，$T_{\mathrm{obs}} = \left(k_{\psi} T_{\mathrm{b}} + \frac{\lambda}{D}\right) \frac{\sqrt{H^2+q^2}}{v} + T_{\mathrm{b}}$，其中，分布在 $\left[-\frac{T_{\mathrm{se}}}{2}, +\frac{T_{\mathrm{se}}}{2}\right]$ 内的目标具有完全孔径数据，$T_{\mathrm{se}} = T_{\mathrm{obs}} - \frac{2\lambda R}{Dv}$。对场景与回波进行离散化，如图 4.4.13 所示，得到一个 burst 内的 TOPS SAR 稀疏微波成像观测矩阵 $\boldsymbol{\Phi}_{\mathrm{b}} = \{\phi_{\mathrm{b}}(m,n)\}_{M \times N}$，其中：

$$\phi_{\mathrm{b}}(m,n) \cong \iint_{(t,\tau) \in T_m^b} \operatorname{rect}\left(\frac{t}{T_{\mathrm{b}}}\right) \omega_{\mathrm{a}}\left(\frac{(t-p/v)-t_{\mathrm{c}}(t)}{T_{\mathrm{s}}}\right) \exp\left(-\mathrm{j}\,\frac{4\pi f_{\mathrm{c}} R(p,q,t)}{c}\right) \cdot s\left(\tau - \frac{2R(p,q,t)}{c}\right) h_m(t,\tau)\,\mathrm{d}t\,\mathrm{d}\tau \tag{4.4.27}$$

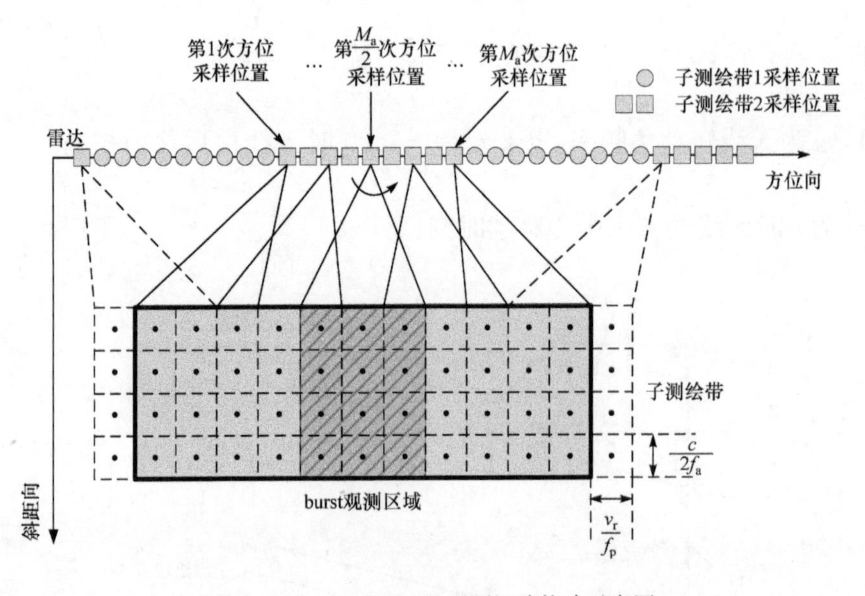

图 4.4.13　TOPS SAR 观测矩阵构建示意图

同样作为一个特例，当 $h_m(t,\tau) = \delta(t_m, \tau_m)$ 时，TOPS SAR 稀疏微波成像观测矩阵可以分解为稀疏降采样矩阵 $\boldsymbol{H}_{\mathrm{b}}$ 和 TOPS SAR 观测矩阵 $\boldsymbol{\Theta}_{\mathrm{b}}$：

$$\theta_{\mathrm{b}}(m,n) \cong \operatorname{rect}\left(\frac{t_m}{T_{\mathrm{b}}}\right) \omega_{\mathrm{a}}\left(\frac{(t_m - p_n/v) - t_{\mathrm{c}}(t_m)}{T_{\mathrm{s}}}\right) \cdot \exp\left(-\mathrm{j}\,\frac{4\pi f_{\mathrm{c}} R(p_n,q_n,t_m)}{c}\right) s\left(\tau_m - \frac{2R(p_n,q_n,t_m)}{c}\right) \tag{4.4.28}$$

TOPS SAR 的观测矩阵属于类 Toeplitz 阵。TOPS SAR 方位向一维观测矩阵$\boldsymbol{\Theta}_{\mathrm{b,a}}$中第 m 行第 n 列上的元素为

$$\theta_{\mathrm{b,a}}(m,n) \cong \mathrm{rect}\left[\frac{t_m}{T_{\mathrm{b}}}\right]\omega_{\mathrm{a}}\left[\frac{t_m - p_n/v - t_{\mathrm{c}}(t_m)}{T_{\mathrm{s}}}\right]\exp\left[-\mathrm{j}\frac{4\pi f_{\mathrm{c}} R(p_n, t_m)}{c}\right] \tag{4.4.29}$$

由式(4.4.29)可知，矩阵$\boldsymbol{\Theta}_{\mathrm{b,a}}$对角元素相对于同等参数的条带 SAR 的一维观测矩阵存在一个与天线波束扫描速率相关的转动角度，如图 4.4.14

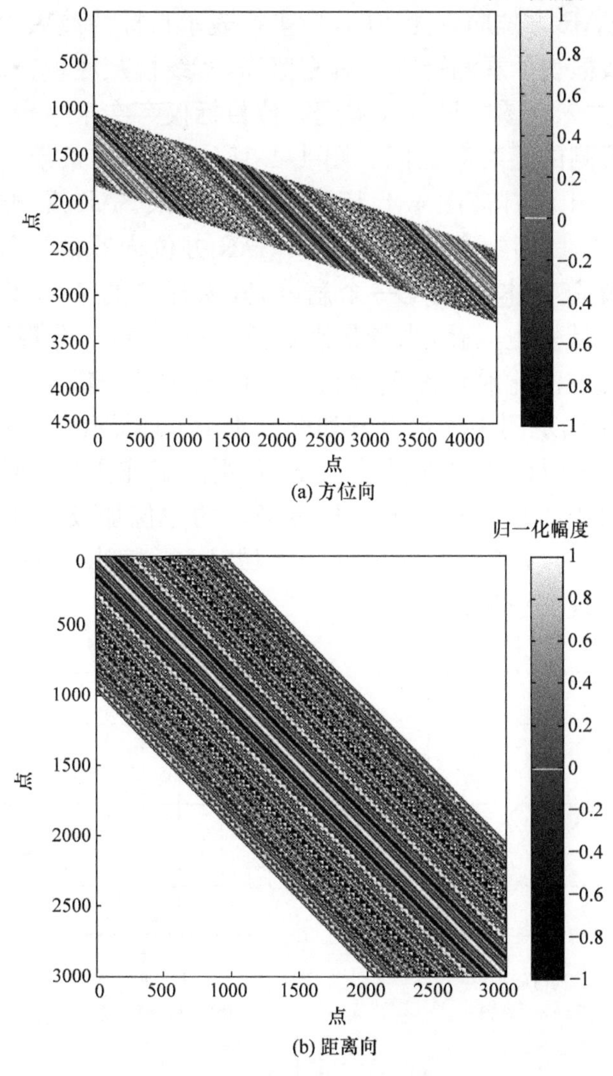

(a) 方位向

(b) 距离向

图 4.4.14　TOPS SAR 方位向一维观测矩阵实部示意图

所示，其元素经过归一化，横纵坐标表示采样点数。可以看出，在 burst 持续时间 T_b 内，由于波束扫描，所观测到的场景时间长度 T_s 大于回波持续长度，相比于条带模式的观测矩阵，满采样 TOPS SAR 的观测矩阵更具有欠定性，常规算法需要在聚焦后进行方位时域解折叠。

以上分析可推广到滑动聚束 SAR 观测矩阵构建。滑动聚束 SAR 模式和 TOPS SAR 模式都是通过旋转天线获得数据，而滑动聚束 SAR 天线旋转方向和 TOPS SAR 旋转方向相反，其观测矩阵形式可做相似分析。

图 4.4.15 比较了 SAR 不同工作模式方位向观测矩阵，雷达为正侧视，纵坐标表示 SAR 方位向观测时间，横坐标表示目标的波束中心穿越时刻，大的方形虚线框表示观测矩阵的填充范围，实线框灰底填充表示方位向信号(天线加权并未在图中显示)，假定方位目标仅存在于平台开始观测的零时刻与结束观测的零时刻之间。图 4.4.15(a)所示的条带 SAR 方位向观测矩阵是 Toeplitz 方阵；图 4.4.15(b)所示的聚束 SAR 观测矩阵属于类傅里叶矩阵；图 4.4.15(c)所示的 TOPS SAR 方位向观测矩阵相比于条带 SAR 的观测矩阵其本身就是一个扁阵，其未知量的个数多于测量数，直接求解会在时域发生混叠，当场景满足稀疏特性时，构造观测矩阵并利用稀疏微波成像方法能够正确重构出目标的支撑域与散射信息；滑动聚束 SAR 模式方位向观测矩阵示意图如图 4.4.15(d)所示；图 4.4.15(e)所示的 ScanSAR 方位向观测矩阵是条带 SAR 观测矩阵在方位时间上的截取，此时不同波束中心穿越时刻上的目标经历的方位加权不同，会导致扇贝效应，并且两边有较长的不完全孔径区域，burst 间直接补零后使用匹配滤波算法会出现方位调制。

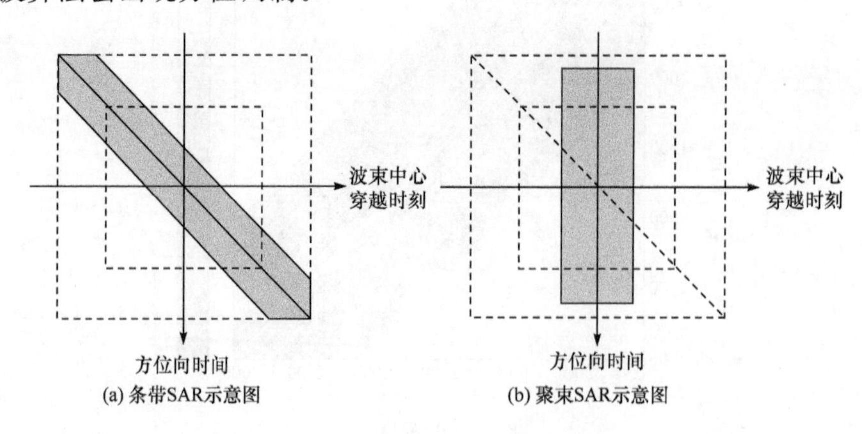

(a) 条带SAR示意图　　(b) 聚束SAR示意图

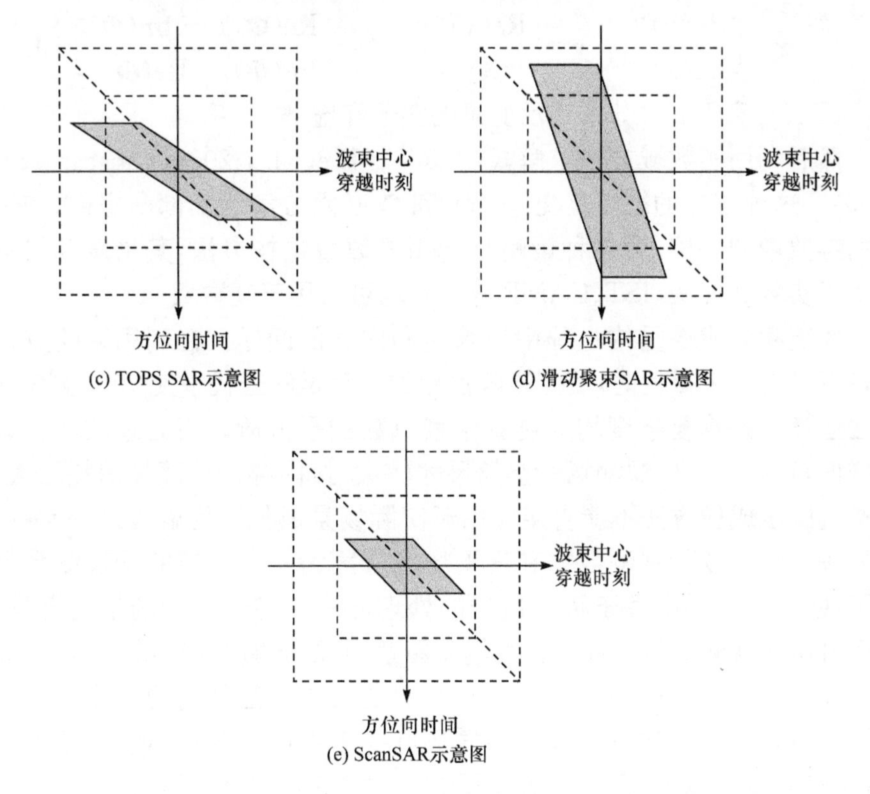

图 4.4.15　SAR 不同工作模式方位向观测矩阵示意图

4.5　稀疏微波成像重构方法

稀疏微波成像重构方法的选择需要考虑以下条件：首先，选择可进行复数域重构的方法，虽然这不是必要条件，但复数域重构方法的精度和灵活性均优于实数域求解方法；其次，由于对地观测雷达图像尺度较大，利用稀疏重构方法进行成像时，需要考虑计算量和内存占用的条件；最后，在特定的雷达应用场合，所选择的重构方法得到的图像幅度/相位须满足一定的要求。

根据所用数学原理的差异，稀疏重构方法可分为凸优化算法、非凸优化算法、贪婪追踪算法和贝叶斯重构算法等。有些稀疏重构方法的对象为实数域，而雷达数据通常为复数。针对复数域的应用，可采用两种策略，第一种策略是将复数域问题转化为实数域问题，然后用实数域的方法求解。例如，对于雷达观测中的变量 $\boldsymbol{x}$、$\boldsymbol{y}$ 和 $\boldsymbol{\Phi}$，可以分解为

$$\hat{\boldsymbol{x}}=\begin{bmatrix}\mathrm{Re}(\boldsymbol{x})\\\mathrm{Im}(\boldsymbol{x})\end{bmatrix},\quad \hat{\boldsymbol{y}}=\begin{bmatrix}\mathrm{Re}(\boldsymbol{y})\\\mathrm{Im}(\boldsymbol{y})\end{bmatrix},\quad \hat{\boldsymbol{\Phi}}=\begin{bmatrix}\mathrm{Re}(\boldsymbol{\Phi}) & -\mathrm{Im}(\boldsymbol{\Phi})\\\mathrm{Im}(\boldsymbol{\Phi}) & \mathrm{Re}(\boldsymbol{\Phi})\end{bmatrix} \tag{4.5.1}$$

式中，Re(·)和 Im(·)分别表示变量的实部和虚部。

然后利用实数域方法求解式(4.5.1)(Ji et al.，2008；Babacan et al.，2009)。这种方法的缺点是变量 $\boldsymbol{x}$、$\boldsymbol{y}$ 和 $\boldsymbol{\Phi}$ 必须分解为实部和虚部，使未知数的维数增加一倍；第二种策略是选用复数域重构方法，其精度和灵活性均优于实数域方法，IST、CAMP 等方法均可适用于复数域。

稀疏微波成像重构过程中计算量和内存的问题。在利用稀疏重构算法进行微波图像重构时，观测矩阵占用的内存量和迭代中使用的矩阵-向量乘法运算的计算复杂度均为场景像素点数的平方阶。当处理的回波数据采样值较多、重构的观测场景空间尺寸较大时，内存和计算量消耗巨大，导致稀疏微波成像方法不能直接应用于实际场景成像。为解决这一问题，一种方法是将大场景观测数据和观测场景分割为一一对应的子观测数据块和子观测场景，利用基于稀疏信号的处理方法对各子观测场景进行重构，然后拼接子观测场景从而获得大场景雷达图像(向寅等，2013；Yang et al.，2013；洪文等，2014；Qin et al.，2014)，但是由该方法得到的雷达图像存在分块效应，计算量依然很大；另一方法可基于雷达成像中回波数据解耦原理，构建回波模拟算子及其逆算子(吴一戎等，2011c；Zhang B C et al.，2012a；Fang et al.，2014；Jiang et al.，2014)，来替代稀疏重构算法中包含观测矩阵的矩阵-向量乘法运算，降低原算法计算复杂度，减小内存使用量。回波模拟算子可以在不改变算法重构性能的情况下，将原稀疏重构算法的算法复杂度由平方阶减小到线性对数阶，内存使用量由平方阶降低到线性阶。因此，这类稀疏微波成像重构方法广泛应用于基于原始数据的稀疏微波成像中，相关内容将在后续章节详细阐述。

采用合适的稀疏重构方法保证重构图像幅度精度、相位/相位差精度，以满足特定的应用需求。在利用稀疏微波成像方法进行雷达散射截面积测量时，需要选择高精度无偏估计的稀疏重构算法(Wei et al.，2018)；在利用稀疏微波成像方法进行相位/相位差计算时，如 InSAR 处理，既要求保持背景区域成像，又要求采用联合稀疏方法保持不同通道重构结果支撑集一致(Wu et al.，2017，2018)。

4.6 性能评估

稀疏微波成像性能指标包括雷达系统和雷达图像两个方面。在雷达系统性能指标方面，稀疏微波成像雷达的性能受到功率、作用距离、脉冲重复频率、信噪比等因素的影响，还与观测场景的稀疏度有关。在雷达图像性能指标方面，通过稀疏重构得到的雷达图像，在理想条件下为冲激响应，可采用分辨能力、峰值旁瓣比、积分旁瓣比、模糊比、目标背景比等指标评价强点目标的重构性能；结合稀疏重构方法的特点利用检测概率/虚警概率评估支撑集恢复的准确度；将均方误差作为评价稀疏重构精度的指标。

4.6.1 系统性能

1. 三维相变图

稀疏微波成像的重构性能取决于观测对象的稀疏度、观测矩阵的性质及信噪比。在数学上用于度量观测矩阵性质的方法包括零空间性质、约束等距性质、RIPless 以及相关性条件。

考虑观测矩阵的零空间，对于任意两个不同的稀疏信号，为了能够将它们分别重构出来，零空间必须为空集。有很多等效的定义都规定了观测矩阵的这种性质，如观测矩阵的 spark 参数(Donoho & Elad，2003)，当未知信号是明确稀疏时，spark 参数提供了该信号能够被精确重构的标准。观测矩阵满足零空间性质是保证稀疏信号以及非稀疏信号在无噪声情况下得到成功重构的充分必要条件。

当观测矩阵存在量化噪声、观测存在热噪声时，需要考虑更为稳健的约束等距性质(Candès & Tao，2006)。它表明任何两个不同空间 k 稀疏的向量都保持一定的欧氏距离，即对于噪声具有一定的鲁棒性。需要特别指出的是，观测矩阵满足约束等距是成功重构的充分条件，并不是必要条件，由线性调频信号构建的观测矩阵在进行稀疏微波成像时，可获得较好的结果，目前尚无该矩阵约束等距性质的理论推导。

RIPless 理论将压缩感知推广到更一般的条件(Candès & Plan，2011；Kueng & Gross，2014)，如果观测矩阵中的行向量是对一个概率分布的随机独立抽取,并且该概率分布满足完备性条件和不相干条件,则可以利用少量观测数据恢复稀疏信号。与约束等距性质相比,RIPless 所要求的重构条件易于验证并且理论界更优,该理论还可对 Toeplitz 矩阵形式的观测矩阵恢复性能进行分析。由于条带成像雷达的观测矩阵通常为 Toeplitz 矩阵,可以利用 RIPless 理论分析不同波形构成的观测矩阵性质(赵曜等,2013)。

观测矩阵的相关系数也可以在一定程度上反映观测矩阵的性质。当未知信号的稀疏度与观测矩阵最大相关系数满足一定关系时,通过求解 ℓ_1 最小化问题能在无噪条件下精确地或噪声条件下稳健地重构出该信号(Donoho et al.,2006;Ben-Haim et al.,2010)。在稀疏信号处理应用于雷达方面,Patel 等(2010)利用点扩展函数分析聚束 SAR 中不同降采样方式对稀疏重构结果中虚假目标严重程度的影响,其点扩展函数的定义与最大相关系数等价。Yu 等(2011)提出了基于平均相关系数和信噪比组合的优化准则,进行多发多收雷达采样方式的优化,并分析了不同降采样方式下检测概率与虚警概率的曲线关系。Stojanovic 等(2013)在研究多站聚束 SAR 的稀疏重构时提出采用 $t\%$平均相关系数判别稀疏重构质量。蒋成龙等(2015)利用相关系数进行稀疏采样优化设计,但相关系数指标并不能定量反映 SAR 重构性能,它只具有一定参考性,并且从相关系数本身来说,它不能直接反映重构性能和信噪比的关系。

NSP 条件是充分必要条件,RIP 是充分条件,但是它们都难以计算;虽然 RIPless 要求重构条件易于验证,但它不能对雷达参数进行定量分析;相关性条件计算较为简单,但是其重构条件对成像雷达的观测矩阵来说过于严格,并且本身与信噪比无关。从压缩感知信息论理论角度(Sarvotham et al.,2006;Aeron et al.,2010)可对稀疏微波成像雷达观测和重构过程进行解析和验证(Guo et al.,2015)。但是上述理论和方法均难以对稀疏微波成像的性能进行定量分析。

相变图的概念来源于物理学中的热力学,是一种用来描述材料热力学性能的类型图表,稀疏信号处理中借用相变边界曲线来精细刻画 ℓ_0 与 ℓ_1 的等价性条件。一个处于热力学平衡状态的物质系统,可以由若干个有边界可分部分组成,每一个部分称为一个相,不同相之间发生的转变称为相变(Stanley & Wong,1971)。

Donoho 等将相变图引入稀疏信号处理理论(Donoho & Stodden,2006;Donoho & Tanner,2009),来衡量在不同欠采样比和稀疏度条件下系统的恢复能力。在线性模型选择、鲁棒数据拟合以及压缩感知重构当中，如果模型的复杂性超过一定的门限，会出现重构失败，即发生了相变。对稀疏信号处理而言，这些门限决定了在欠采样情况下欠采样-稀疏度折中的边界。

稀疏信号处理中的相变图是二维的，假设观测矩阵 $\boldsymbol{\Phi}\in\mathbb{C}^{M'\times N'}$，其中一维坐标轴为 $\delta=\frac{M'}{N'}$，代表欠采样比，式中 N' 为场景 $\boldsymbol{\alpha}$ 的维度。$\delta=1$ 表示观测矩阵 $\boldsymbol{\Phi}$ 是一个方阵，$\delta<1$ 表示观测矩阵 $\boldsymbol{\Phi}$ 是一个扁矩阵，为降采样。另一维坐标轴定义为 $\rho=\frac{k}{N'}$，式中 k 为场景 $\boldsymbol{\alpha}$ 非零元的数目，它反映了场景稀疏度。

信噪比 $\mathrm{SNR}=\frac{\|\boldsymbol{\Phi x}\|_2^2}{\|\boldsymbol{n}\|_2^2}$ 是雷达接收端信号功率和噪声功率的比值，它是影响稀疏微波成像性能的关键因素(Jiang et al.，2012a，2012b；Zhang Z et al.，2013)。将信噪比引入相变图，构建三维相变图，用于评估稀疏微波成像雷达系统的性能(Hong et al.，2012；Zhang B C et al.，2012a；田野等，2015)。这样，在不同稀疏度、欠采样比和信噪比条件下，比较相变图中重构成功/失败区域，能够评估和比较不同系统参数下的稀疏微波成像系统性能。重构正确与否可采用重构结果和实际场景的相对误差作为判别标准进行定义，也可以采用均方误差和支撑集误差来定义。

一个典型的三维相变图如图 4.6.1 所示。借用相变边界曲线来精细刻画稀疏微波成像雷达中稀疏度、欠采样比、信噪比与重构成功概率之间的关系，对不同雷达系统参数和稀疏重构方法进行相变分析，用以指导稀疏微波成像雷达系统设计。

2. 快速计算

稀疏微波成像可以采用 ℓ_q 正则化方法进行重构，它是一个非线性求解过程，其解并没有显式表达式，通常采用多次迭代的方法得到，导致计算量大。三维相变图是一种基于实验的稀疏微波成像性能评估方法，对于一组仿真参数，需采用蒙特卡罗仿真得到 ℓ_q 正则化的重建性能。由此可见，获得三维相变图的计算量巨大，采用快速算法提高相变图计算效率非常重要。

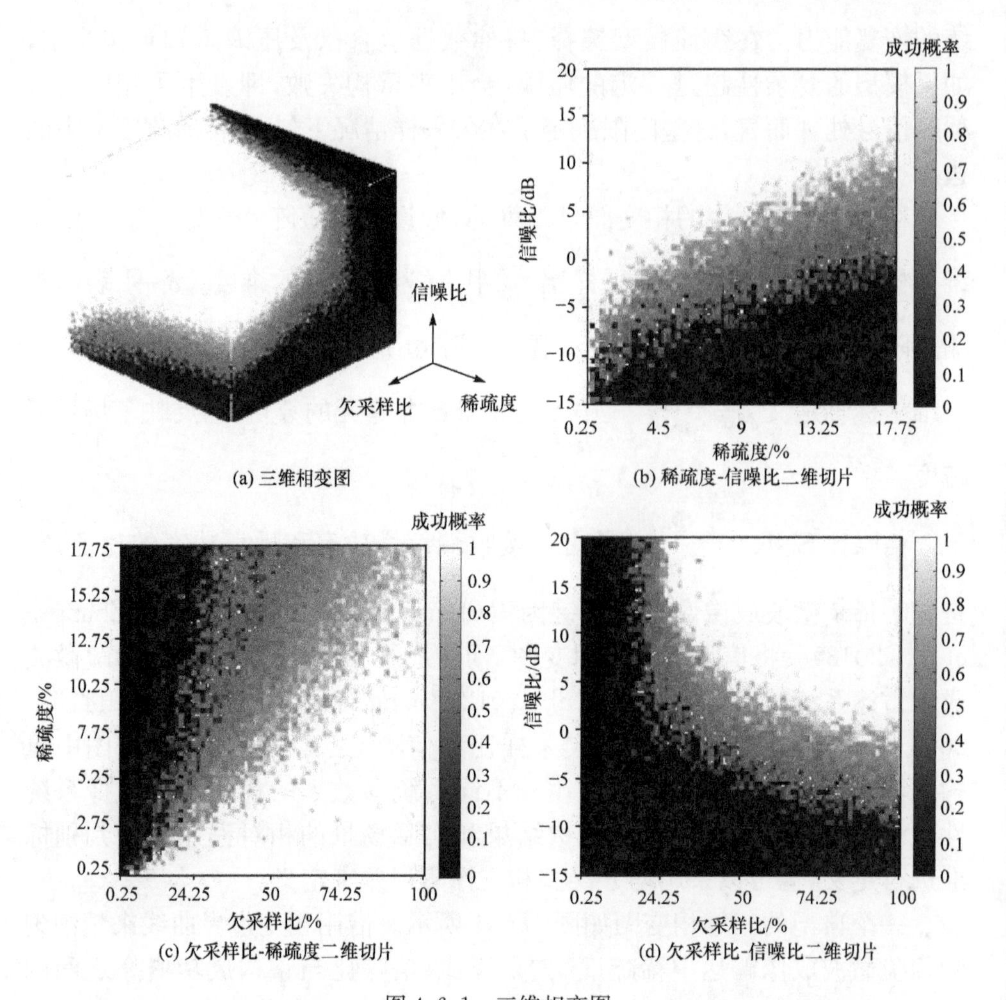

(a) 三维相变图
(b) 稀疏度-信噪比二维切片
(c) 欠采样比-稀疏度二维切片
(d) 欠采样比-信噪比二维切片

图 4.6.1 三维相变图

针对 $q=1$ 的正则化重构情况，可以直接采用稀疏优化的重建条件替代迭代运算判断数据能否正确重构(赵曜等，2014)。采用经典凸分析的方法(Dossal et al.，2012)，由一阶最优性条件可知，如果 $\boldsymbol{x}^*$ 是最优化问题式(4.6.1)的解：

$$\boldsymbol{x}=\arg\min_{\boldsymbol{x}}\{\|\boldsymbol{y}-\boldsymbol{\Phi x}\|+\lambda\|\boldsymbol{x}\|_1\} \tag{4.6.1}$$

当且仅当式(4.6.2)成立时可正确重构：

$$\begin{cases}\boldsymbol{\Phi}_I^{\mathrm{T}}(\boldsymbol{y}-\boldsymbol{\Phi x}^*)=\lambda\mathrm{sign}(\bar{\boldsymbol{x}}^*)\\ \forall j\notin \boldsymbol{I},\quad |\langle\boldsymbol{\Phi}_j,\boldsymbol{y}-\boldsymbol{\Phi x}^*\rangle|\leqslant\lambda\end{cases} \tag{4.6.2}$$

式中，$\boldsymbol{y}$ 为测量值；λ 为阈值；$\boldsymbol{I}$ 为目标 $\boldsymbol{x}$ 的支集；$\boldsymbol{\Phi}_I$ 为支集 $\boldsymbol{I}$ 所对应的 $\boldsymbol{\Phi}$ 的

子矩阵，$\boldsymbol{I}=\boldsymbol{I}(\boldsymbol{x}^*)$；$j$ 为支集序号；sign(·)为计算自变量的相位；⟨·⟩为内积。

令 $\boldsymbol{x}_0$ 为真实解，若需保证 $\boldsymbol{I}=\boldsymbol{I}(\boldsymbol{x}^*)=\boldsymbol{I}(\boldsymbol{x}_0)$，并且 $\mathrm{sign}(\boldsymbol{x}^*)=\mathrm{sign}(\boldsymbol{x}_0)$，则最优化问题式(4.6.1)唯一可能的解为

$$\bar{\boldsymbol{x}}^*=\bar{\boldsymbol{x}}_0-\lambda\,(\boldsymbol{\Phi}_I^{\mathrm{H}}\boldsymbol{\Phi}_I)^{-1}\mathrm{sign}(\bar{\boldsymbol{x}}_0)+\boldsymbol{\Phi}_I^{+}\boldsymbol{n} \tag{4.6.3}$$

因此，当且仅当式(4.6.4)和式(4.6.5)成立时，向量 $\boldsymbol{x}^*$ 是最优化问题式(4.6.1)的解。

$$\mathrm{sign}(\boldsymbol{x}_0)=\mathrm{sign}(\boldsymbol{x}^*) \tag{4.6.4}$$

$$|\langle\boldsymbol{\Phi}_j,\lambda\boldsymbol{\Phi}_I\,(\boldsymbol{\Phi}_I^{\mathrm{H}}\boldsymbol{\Phi}_I)^{-1}\mathrm{sign}(\boldsymbol{x}_0)+\boldsymbol{P}_{\boldsymbol{V}_I}(\boldsymbol{n})\rangle|\leqslant\lambda,\ \forall j\notin\boldsymbol{I}(\boldsymbol{x}_0) \tag{4.6.5}$$

式中，$\boldsymbol{V}_I=\mathrm{Span}(\boldsymbol{\Phi}_I)$；Span(·)表示由其张成空间；$\boldsymbol{P}_{\boldsymbol{V}_I}$ 为对于 $\boldsymbol{V}_I$ 的正交投影；$\boldsymbol{\Phi}_I^{+}$ 为 $\boldsymbol{\Phi}_I$ 的伪逆：$\boldsymbol{\Phi}_I^{+}=(\boldsymbol{\Phi}_I^{\mathrm{H}}\boldsymbol{\Phi}_I)^{-1}\boldsymbol{\Phi}_I^{\mathrm{H}}$。

成功重构的条件仅需验证式(4.6.4)和式(4.6.5)成立。设 $\boldsymbol{X}_0(\boldsymbol{I})$表示观测场景 $\boldsymbol{X}_0$ 在支撑集 $\boldsymbol{I}$ 处的值，支撑集 $\boldsymbol{I}$ 表示观测场景 $\boldsymbol{X}$ 中非零点的位置。构建满采样矩阵 $\boldsymbol{T}_{N\times N}$，$N$ 为观测场景尺寸；由观测场景尺寸 N 和欠采样比确定观测值数目 M，从满采样矩阵 $\boldsymbol{T}_{N\times N}$ 中随机取 M 行，组成稀疏微波成像观测矩阵 $\boldsymbol{\Phi}$；按照式(4.6.6)对观测场景支撑集处的值 $\boldsymbol{X}^*$ 进行重建：

$$\boldsymbol{X}^*=\overline{\boldsymbol{X}_0}-\lambda\,(\boldsymbol{\Phi}_I^{\mathrm{H}}\boldsymbol{\Phi}_I)^{-1}\mathrm{sign}(\overline{\boldsymbol{X}_0})+\boldsymbol{\Phi}_I^{+}\boldsymbol{n} \tag{4.6.6}$$

式中，$\overline{\boldsymbol{X}_0}$为对观测场景$\boldsymbol{X}_0$ 的支撑集 $\boldsymbol{I}(\boldsymbol{X}_0)$的约束；$\boldsymbol{\Phi}_I$ 为观测场景$\boldsymbol{X}_0$ 的支撑集 $\boldsymbol{I}(\boldsymbol{X}_0)$对应观测矩阵 $\boldsymbol{\Phi}$ 的列组成的子矩阵；$\boldsymbol{\Phi}_I^{\mathrm{H}}$ 为$\boldsymbol{\Phi}_I$ 的共轭转置；λ 为阈值；$\boldsymbol{n}$ 为噪声。

判断该组参数对应的重建结果，观测场景支撑集处的值 $\boldsymbol{X}^*$ 是否满足如下两个条件：

$$\begin{cases}\mathrm{sign}(\mathrm{Re}(\boldsymbol{X}_0))=\mathrm{sign}(\mathrm{Re}(\boldsymbol{X}^*))\\ \mathrm{sign}(\mathrm{Im}(\boldsymbol{X}_0))=\mathrm{sign}(\mathrm{Im}(\boldsymbol{X}^*))\end{cases} \tag{4.6.7}$$

$$\begin{cases}|\langle\mathrm{Re}(\boldsymbol{\varphi}_j,\gamma\mathrm{d}(\boldsymbol{X}_0)+\boldsymbol{P}_{\boldsymbol{V}_I^{\perp}}(\boldsymbol{W}))\rangle|\leqslant\gamma,\ \forall j\notin\boldsymbol{I}(\boldsymbol{X}_0)\\ |\langle\mathrm{Im}(\boldsymbol{\varphi}_j,\gamma\mathrm{d}(\boldsymbol{X}_0)+\boldsymbol{P}_{\boldsymbol{V}_I^{\perp}}(\boldsymbol{W}))\rangle|\leqslant\gamma\end{cases} \tag{4.6.8}$$

式中，Re(·)为取实部操作；Im(·)为取虚部操作；$\boldsymbol{V}_I=\mathrm{Span}(\boldsymbol{\Phi}_I)$；$\boldsymbol{P}_{\boldsymbol{V}_I^{\perp}}(\boldsymbol{n})$为系统观测噪声 $\boldsymbol{n}$ 在与 $\boldsymbol{V}_I$ 正交的子空间上的正交投影；$\mathrm{d}(\boldsymbol{X}_0)$为对偶向量。

$$\mathrm{d}(\boldsymbol{X}_0)=\boldsymbol{\Phi}_I\,(\boldsymbol{\Phi}_I^{\mathrm{H}}\boldsymbol{\Phi}_I)^{-1}\mathrm{sign}(\overline{\boldsymbol{X}_0}) \tag{4.6.9}$$

式中，$\boldsymbol{I}(\boldsymbol{X}_0)$为 $\boldsymbol{X}_0$ 处的支撑集；$\boldsymbol{\varphi}_j$ 为 $\boldsymbol{\Phi}_I$ 的第 j 列。

如果满足式(4.6.7)和式(4.6.8)，则认为观测场景可以准确重建。本

方法采用最优化理论中的一阶最优性条件，给出了正确重建的判断条件，避免了 ℓ_1 正则化计算中的迭代计算。

4.6.2 图像质量

稀疏微波成像图像性能指标体系包括分辨能力、峰值旁瓣比、积分旁瓣比、方位模糊信号比、距离模糊信号比、检测概率/虚警概率、目标背景比和均方误差等。

1. 分辨能力

在经匹配滤波得到的雷达图像中，通常采用分辨率来刻画这种能力，理想点目标的系统冲激响应为 sinc 函数，分辨率可定义为点扩展函数的 3dB 宽度。稀疏微波成像点目标理想重构结果为冲激函数，不再是带限信号，此时计算冲激响应 3dB 宽度时常用的 sinc 插值方法便不再适用。稀疏微波成像的分辨能力定义为区分相邻两个散射点的最小距离。

2. 峰值旁瓣比

经匹配滤波得到的雷达图像中峰值旁瓣比指的是第一旁瓣和主瓣的能量比，如式(4.6.10)所示。它用于评估 SAR 强目标附近发现弱目标的能力。同样，由于稀疏微波成像理想点目标的响应为冲激函数，重构结果不再是带限信号，不能进行 sinc 插值，计算峰值旁瓣比(PSLR)应由稀疏重构图像直接计算：

$$\mathrm{PSLR}=10\lg\frac{P_{\mathrm{s}}}{P_{\mathrm{m}}} \tag{4.6.10}$$

式中，P_{m} 为目标峰值功率；P_{s} 为第一旁瓣峰值点功率。

3. 积分旁瓣比

积分旁瓣比同样可以衡量成像质量的优劣，其定义为旁瓣功率与主瓣功率的比值，其离散形式如式(4.6.11)所示。稀疏微波成像重构结果不再是带限信号，因此不能进行 sinc 插值，计算积分旁瓣比(ISLR)应由稀疏重构图像直接计算：

$$\mathrm{ISLR}=10\lg\frac{\sum_{k}P_{k}}{P_{\mathrm{m}}} \tag{4.6.11}$$

式中，P_{m} 为目标峰值功率；P_k 为旁瓣峰值功率，k 为旁瓣区域。

4. 模糊比

当以有限脉冲重复频率对方位向回波进行采样时会引起方位向的频谱混叠，进而产生方位模糊。与匹配滤波成像方法相似，稀疏微波成像中的方位模糊信号比(AASR)可定义为所有方位模糊区的回波信号经处理后的输出总功率和要求测绘带的回波信号经处理后的输出功率之比：

$$\mathrm{AASR} = 10\ \lg\left(\frac{\dfrac{1}{N_{\mathrm{m}}}\sum\limits_{(i,j)\in\mathcal{M}_{\mathrm{a}}}\left|x_{(i,j)}\right|^{2}}{\dfrac{1}{N_{\mathrm{a}}}\sum\limits_{(i,j)\in\mathcal{A}}\left|x_{(i,j)}^{2}\right|}\right) \tag{4.6.12}$$

式中，$\mathcal{M}_{\mathrm{a}}$ 为模糊局部区域；N_{m} 为区域 $\mathcal{M}_{\mathrm{a}}$ 中像素点个数；$\mathcal{A}$ 为主区局部区域；N_{a} 为区域 $\mathcal{A}$ 中像素点个数；$x_{(i,j)}$ 为像素值。

距离模糊主要是由天线俯仰波束旁瓣的存在引起的，旁瓣会导致来自测绘带以外的其他回波信号与测绘带内有用回波信号共同进入雷达接收机，造成雷达图像质量下降。距离模糊信号比(RASR)的定义如下：

$$\mathrm{RASR} = 10\ \lg\left(\frac{\dfrac{1}{N_{\mathrm{m}}}\sum\limits_{(i,j)\in\mathcal{M}_{\mathrm{r}}}\left|x_{(i,j)}\right|^{2}}{\dfrac{1}{N_{\mathrm{a}}}\sum\limits_{(i,j)\in\mathcal{A}}\left|x_{(i,j)}^{2}\right|}\right) \tag{4.6.13}$$

式中，$\mathcal{M}_{\mathrm{r}}$ 为距离模糊局部区域；N_{m} 为区域 $\mathcal{M}_{\mathrm{r}}$ 中像素点个数；$\mathcal{A}$ 为主区局部区域；N_{a} 为区域 $\mathcal{A}$ 中像素点个数；$x_{(i,j)}$ 为像素值。

5. 检测概率/虚警概率

在稀疏微波成像中，强点目标提供了目标识别的重要信息，受噪声等因素的影响可能会导致这些散射点的相互融合和位移，最终影响目标的识别。这里利用检测概率和虚警概率来评估稀疏重构算法对目标支撑集的重构能力，检测概率是指稀疏微波重构结果中目标被正确检测的概率：

$$P_{\mathrm{d}} = \frac{N_{\mathrm{d}}}{N} \tag{4.6.14}$$

式中，N_{d} 为检测出的目标个数；N 为总目标个数。

虚警概率是指无目标处稀疏微波成像重构结果中错误地认为存在目标的概率：

$$P_{fa}=\frac{N_{fa}}{N} \tag{4.6.15}$$

式中，N_{fa}为检测出的虚假目标个数。

6. 目标背景比

目标背景比(TBR)定义为强目标的峰值与背景平均能量之比，表示强目标相对于其周围背景的突出程度，可以反映雷达图像的动态范围，该指标可反映稀疏微波成像提升目标背景比的能力：

$$\mathrm{TBR}=10\lg\left(\frac{\max\limits_{(i,j)\in\mathcal{T}}|\boldsymbol{x}_{(i,j)}|^2}{\frac{1}{N_B}\sum\limits_{(i,j)\in\mathcal{B}}|\boldsymbol{x}_{(i,j)}|^2}\right) \tag{4.6.16}$$

式中，$\boldsymbol{x}_{(i,j)}$为像素值；$\mathcal{T}$为雷达图像中强目标区域；$\mathcal{B}$为雷达图像中强目标附近的背景区域；N_B为背景区域的像素个数。

7. 均方误差

均方误差(MSE)指的是由稀疏微波成像方法得到的雷达图像与场景真实目标后向散射系数图像之间的均方误差。均方误差的定义如下：

$$\mathrm{MSE}=\|\boldsymbol{X}-\hat{\boldsymbol{X}}\|_F^2 \tag{4.6.17}$$

式中，$\boldsymbol{X}$为参考雷达图像真实值；$\hat{\boldsymbol{X}}$为需要评价的雷达图像；$\|\cdot\|_F$为Frobenius 范数。

MSE 是衡量平均误差一种简便有效的方法，可以从统计意义上评价稀疏微波成像方法得到的图像与真实图像相比质量的变化程度。

相对均方误差指均方误差与真实图像值的比值，可用于衡量平均误差，其定义为

$$\mathrm{RMSE}=\frac{\|\boldsymbol{X}-\hat{\boldsymbol{X}}\|_F}{\|\boldsymbol{X}\|_F} \tag{4.6.18}$$

一般来说，MSE 和 RMSE 的值越小，说明稀疏微波成像方法具有越高的重构精确度。

4.7　本章小结

本章从稀疏微波成像模型、雷达图像稀疏表征、成像雷达观测矩阵、稀疏微波重构方法及性能评估等方面介绍了稀疏微波成像的原理和方法。首先介绍了微波成像中的空域稀疏、变换域稀疏和结构稀疏等表征形式;然后分析了 SAR 观测矩阵的影响因素,以条带 SAR、聚束 SAR、TOPS SAR 为例给出了不同成像工作模式下观测矩阵的构造方法;指出了稀疏微波成像中重构方法选择的要素,有关这方面的内容将在第 5 章详细阐述;最后从雷达系统指标和图像指标两个方面介绍了稀疏微波成像评估方法,指出了其与基于匹配滤波的成像在性能评估方面的差异。

第5章　稀疏微波成像快速重构方法

第4章建立了稀疏微波成像模型，介绍了稀疏表征、观测约束和性能评估，本章将详细介绍稀疏微波成像重构方法。5.1节从SAR原始数据域出发，将稀疏信号处理与SAR解耦方法结合，利用成像算子替代稀疏重构中观测矩阵及其共轭转置，减少了内存需求，提高了计算效率，使稀疏信号处理可应用于大场景SAR成像。然后分别介绍基于chirp scaling算子、距离多普勒算子、ω-k算子、后向投影算子的快速重构算法。5.2节将稀疏微波成像方法进一步推广至ScanSAR、TOPS SAR、滑动聚束SAR等工作模式，说明该方法可广泛应用于SAR成像处理。针对高分辨率宽测绘带SAR系统中采用的DPCA技术，5.3节根据广义采样定理，将构建的DPCA处理算子与稀疏信号处理算法结合，实现基于稀疏信号处理的一发多收SAR成像。本章提出的稀疏微波成像方法不但适用于满采样SAR数据，提高和改善成像质量，而且在满足一定条件时，还适用于欠采样SAR数据的无模糊成像。

5.1　基于近似观测的稀疏微波成像快速重构方法

5.1.1　引言

在实际SAR成像时，由于原始数据在方位向和距离向是耦合的，直接构建观测矩阵进行稀疏重构将消耗海量内存，计算量巨大，不能实际应用。针对上述问题，可以采用两种策略：基于距离向压缩的一维重构方法(Alonso et al.，2010；Jiang et al.，2011)和基于近似观测的二维重构方法(吴一戎等，2011c；Zhang B C et al.，2012a；Fang et al.，2014；Jiang et al.，2014)。第一种策略是将原始数据进行距离向压缩和距离徙动校正之后，在每个距离门上，构建方位向观测矩阵，利用稀疏重构方法进行重构。这种方法不是直接基于原始数据成像，它需要对奈奎斯特采样数据进行距离向压缩和距离徙动校正，采用稀疏信号处理方法进行方位向压缩，显然这不能降低系统的复杂度和采样率，反而增加了系统的复杂度；第二种策略是从原始数据域出发的快速成像，它将近似观测与稀疏信号处理结合，利用成像算子替代观测矩阵及其共轭转置，可以将内存的消耗从场景尺寸的平方阶降低至线性阶，同时基于频域匹配滤波的快速成像算法可以将计算量从场景尺寸的平方阶降低至线性对数阶，大幅提高了成像效率，使得大规模场景成像成为可能。

本节首先对基于一维和二维的稀疏重构方法进行介绍，然后重点介绍基于近似观测的二维成像算法原理，在此基础上提出基于 chirp scaling 算法、距离多普勒算法、ω-k 算法以及后向投影算法的近似观测算子的构造方法。

5.1.2　稀疏微波成像快速重构原理

1. 一维重构

因为重构单一维度信号所要构建的观测矩阵维度较小，所以基于矩阵-向量乘法运算的稀疏重构算法可用于单一维度上的 SAR 回波数据处理工作中。例如，方位向重构的稀疏微波成像方法为：首先利用匹配滤波器将 SAR 原始数据沿距离向进行脉冲压缩；然后通过在距离多普勒域的插值，完成距离徙动校正，实现对成像数据的距离-方位解耦；最后采用稀疏重构算法处理每个距离门中的方位向数据，实现方位向聚焦。

假设第 k 个距离门的观测模型为

$$\boldsymbol{y}_k = \boldsymbol{\Phi}_k \boldsymbol{\sigma}_k + \boldsymbol{n} \tag{5.1.1}$$

式中，$\boldsymbol{y}_k$ 为第 k 个距离门的方位向回波；$\boldsymbol{\sigma}_k$ 为第 k 个距离门的观测场景；$\boldsymbol{\Phi}_k$ 为回波与场景对应的观测矩阵。

利用基于 ℓ_1 正则化的阈值迭代算法便能够求解出对应每个距离门的方位向稀疏重构结果。将上述成像结果按照成像单元的序号顺序进行拼接，获得二维的雷达图像。稀疏微波成像的一维重构流程图如图 5.1.1 所示。

距离压缩后的 RadarSat-1 一维稀疏微波重构图像如图 5.1.2 所示。可以看出，一维稀疏重构可以应用于 SAR 成像，其结果与匹配滤波结果相比，旁瓣得到了抑制(Jiang et al. ,2011)。

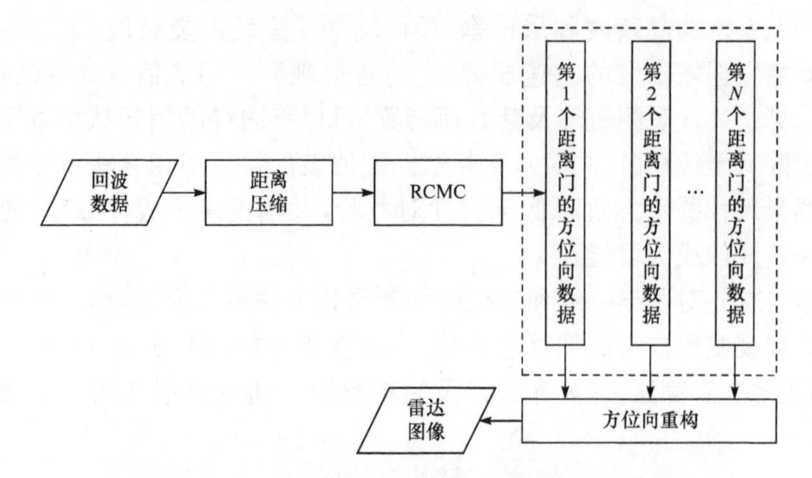

图 5.1.1 稀疏微波成像的一维重构流程图

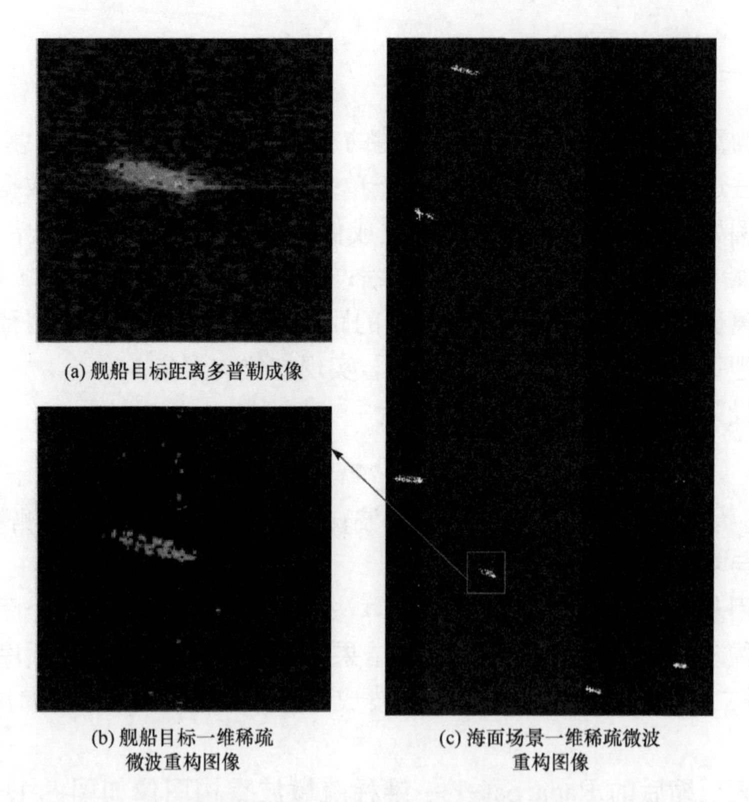

图 5.1.2 RadarSat-1 一维稀疏微波重构图像(Jiang et al.,2011)

这里的一维重构方法需要对满足奈奎斯特采样定理的雷达回波数据进行距离压缩、距离徙动校正等预处理,二维解耦后再进行稀疏重构,不能降低采样率，反而会增加雷达系统复杂度。

2. 二维重构

在基于稀疏微波成像的二维成像模型中，需要将二维满采样回波与二维待重构图像向量化：

$$\boldsymbol{y}=\boldsymbol{\Phi x}+\boldsymbol{n} \tag{5.1.2}$$

式中，$\boldsymbol{y}$ 为回波数据；$\boldsymbol{x}$ 为观测场景；$\boldsymbol{\Phi}$ 为对应观测矩阵；$\boldsymbol{n}$ 为加性噪声。

由第4章可知，精确观测模型由基于回波数据与目标场景的时域关系构建，其观测矩阵可以描述成像雷达的工作模式与系统性能。由于构成观测矩阵的矩阵元素包含距离-方位耦合项，因此在观测场景的空间尺度较大时，利用观测矩阵进行稀疏重构将消耗海量内存。例如，SAR 回波网格数目为 1024×1024，数据存储和计算均采用双精度格式，按照式(5.1.2)所示的观测模型，将二维满采样回波矩阵重新排列为一维向量，则存储观测矩阵所需内存至少为 16TB。此外，基于矩阵-向量乘法运算的稀疏重构算法，其计算复杂度为重构图像网格数目的平方阶。由此可见，受限于当前数据处理器的硬件系统性能，基于观测矩阵的稀疏微波成像算法无法直接应用于基于原始数据的 SAR 成像。

得益于方位-距离解耦以及快速傅里叶变换的使用，基于匹配滤波的 SAR 成像方法计算代价非常低。记 $\boldsymbol{M}$ 为基于匹配滤波的 SAR 成像过程，则满采样的原始数据可以由如下方式聚焦为图像数据(Fang et al.,2014)：

$$\boldsymbol{x}'=\boldsymbol{My} \tag{5.1.3}$$

$\boldsymbol{M}$ 可由一系列复杂度不超过 $O(N\log N)$ 的一维算子组成，这些算子包含快速傅里叶变换、频域匹配、插值等，从而实现了快速成像。如果稀疏微波成像也能达到这种效率，那么在大场景应用中计算量大的问题便能迎刃而解。从这个思路出发，一个很自然的想法是将稀疏微波成像与匹配滤波方法结合起来，如将观测矩阵 $\boldsymbol{\Phi}$ 解耦。但是，SAR 观测的二维耦合是空变的，因而 $\boldsymbol{\Phi}$ 不能直接分解为一系列一维算子。回波近似观测的概念可以解决这个问题。

在 SAR 成像时，匹配滤波得到的图像 $\boldsymbol{x}'$ 为真实后向散射系数 $\boldsymbol{x}$ 的一个近似，即

$$\boldsymbol{M\Phi}\approx\boldsymbol{I} \tag{5.1.4}$$

因此，只要 $\boldsymbol{M}$ 的(广义)逆 $\boldsymbol{M}^{\dagger}$ 存在，$\boldsymbol{M}^{\dagger}$ 就可以用来近似 $\boldsymbol{\Phi}$。由于 $\boldsymbol{M}$ 通常是

由方位向和距离向的一维算子组成的(方位-距离解耦),如果这些一维算子可逆,根据矩阵逆的定义,$\boldsymbol{M}^{\dagger}$ 也是能解耦的。

图 5.1.3 为精确观测与近似观测示意图。可以看到,$\boldsymbol{M}$ 足够精确时,$\boldsymbol{M}^{-1}$可以替代 $\boldsymbol{\Phi}$,这就提供了一种利用高精度聚焦算法构造方位距离解耦的一般方法。

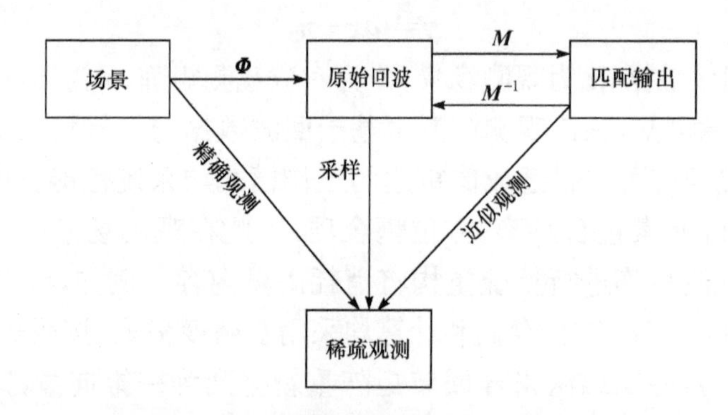

图 5.1.3　精确观测与近似观测示意图

形式上,这种构造方式可以描述为

$$\boldsymbol{G}=\boldsymbol{M}^{\dagger}\approx\boldsymbol{\Phi} \tag{5.1.5}$$

记 $\boldsymbol{G}$ 为 $\boldsymbol{M}$ 的广义逆,进而可以称 $\boldsymbol{G}$ 为 SAR 的一个回波近似观测。下面将以 chirp scaling 算法、距离多普勒算法、ω-k 算法、后向投影算法为例,介绍显式构造方位距离解耦算子的方法。

5.1.3　基于 chirp scaling 算子快速重构方法

基于 scaling 原理(Papoulis,1968)提出的 chirp scaling 算法(Raney et al.,1994),通过对 chirp 信号进行频率调制,实现了对该信号的尺度变换。基于这种原理,可以通过相位相乘替代时域插值完成对距离变化的距离徙动校正。由于在二维频域进行数据处理,chirp scaling 算法还能解决二次距离压缩对方位频率依赖的问题。

chirp scaling 算法步骤如下:首先,通过第一个相位 $\boldsymbol{\Theta}_{sc}$ 相乘完成 chirp scaling 操作,校正不同距离门上的信号距离徙动(range cell migration,RCM)差量,使得所有的信号具有一致的距离徙动;然后,在二维频域通过第二个相位 $\boldsymbol{\Theta}_{rc}$ 相乘完成距离向压缩和一致距离徙动校正,通过最后一个相位 $\boldsymbol{\Theta}_{ac}$ 相乘完成方位向压缩。

基于 chirp scaling 算法的成像算子可表示为(Fang et al.,2014)

$$\mathcal{I}_{\mathrm{CS}}(\boldsymbol{Y})=\boldsymbol{F}_{\mathrm{a}}^{-1}(\boldsymbol{F}_{\mathrm{a}}\boldsymbol{Y}\odot\boldsymbol{\Theta}_{\mathrm{sc}}\boldsymbol{F}_{\mathrm{r}}\odot\boldsymbol{\Theta}_{\mathrm{rc}}\boldsymbol{F}_{\mathrm{r}}^{-1}\odot\boldsymbol{\Theta}_{\mathrm{ac}}) \tag{5.1.6}$$

式中,$\boldsymbol{F}_{\mathrm{r}}$ 和 $\boldsymbol{F}_{\mathrm{a}}$ 分别表示距离向和方位向傅里叶变换;$\boldsymbol{F}_{\mathrm{r}}^{-1}$ 和 $\boldsymbol{F}_{\mathrm{a}}^{-1}$ 分别表示距离向和方位向傅里叶逆变换。

由成像算子 $\mathcal{I}_{\mathrm{CS}}(\boldsymbol{Y})$ 可以推导其逆成像算子。从数学角度来看,算子 $\mathcal{I}_{\mathrm{CS}}(\boldsymbol{Y})$ 中的每一个矩阵/算符之间的操作都由矩阵乘法和矩阵 Hadamard 乘法构成,这些算符是线性的。逆成像算子是成像算子的共轭转置,基于 chirp scaling 算法的逆成像算子 $\mathcal{G}_{\mathrm{CS}}(\boldsymbol{X})$ 可表示为

$$\mathcal{G}_{\mathrm{CS}}(\boldsymbol{X})=\boldsymbol{F}_{\mathrm{a}}^{-1}(\boldsymbol{F}_{\mathrm{a}}\boldsymbol{X}\odot\boldsymbol{\Theta}_{\mathrm{ac}}^{*}\boldsymbol{F}_{\mathrm{r}}\odot\boldsymbol{\Theta}_{\mathrm{rc}}^{*}\boldsymbol{F}_{\mathrm{r}}^{-1}\odot\boldsymbol{\Theta}_{\mathrm{sc}}^{*}) \tag{5.1.7}$$

基于 chirp scaling 算法的稀疏微波成像原理框图如图 5.1.4 所示,算法流程如图 5.1.5 所示。

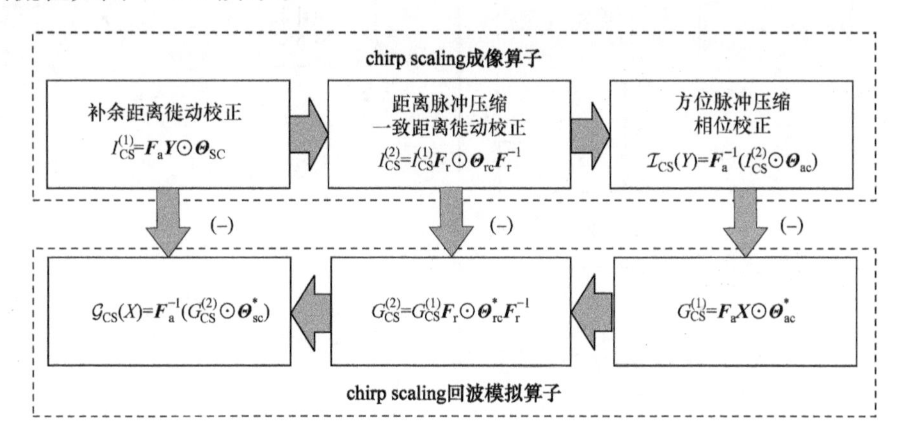

图 5.1.4　基于 chirp scaling 算法的稀疏微波成像原理框图

基于 chirp scaling 算法的稀疏微波成像迭代公式为

$$\boldsymbol{X}^{(k+1)}=\eta_{\lambda,\mu,q}(\boldsymbol{X}^{(k)}+\mu\mathcal{I}_{\mathrm{CS}}(\boldsymbol{Y}-\mathcal{G}_{\mathrm{CS}}(\boldsymbol{X}^{(k)}))) \tag{5.1.8}$$

式中,$\eta_{\lambda,\mu,q}(\cdot)$ 为阈值函数,$0<q\leqslant 1$;λ 为正则化参数;μ 为迭代步长。

1. 计算复杂度分析

稀疏重构方法的迭代步数为 I,N_{a} 和 N_{r} 为原始回波数据中方位向和距离向点数,令 $N=N_{\mathrm{a}}N_{\mathrm{r}}$。匹配滤波算法的计算复杂度可以表示为 $C_{\mathrm{MF}}=O(N\log(N))$。对于将二维原始回波数据转化为一维向量后进行基于 ℓ_1 正则化的稀疏重构方法,计算量将达到 $C_{\ell_1}=O(IN^2)$。本节所介绍的基于回波模拟算子的方位距离解耦稀疏 SAR 成像算法的计算量主要由两部分组

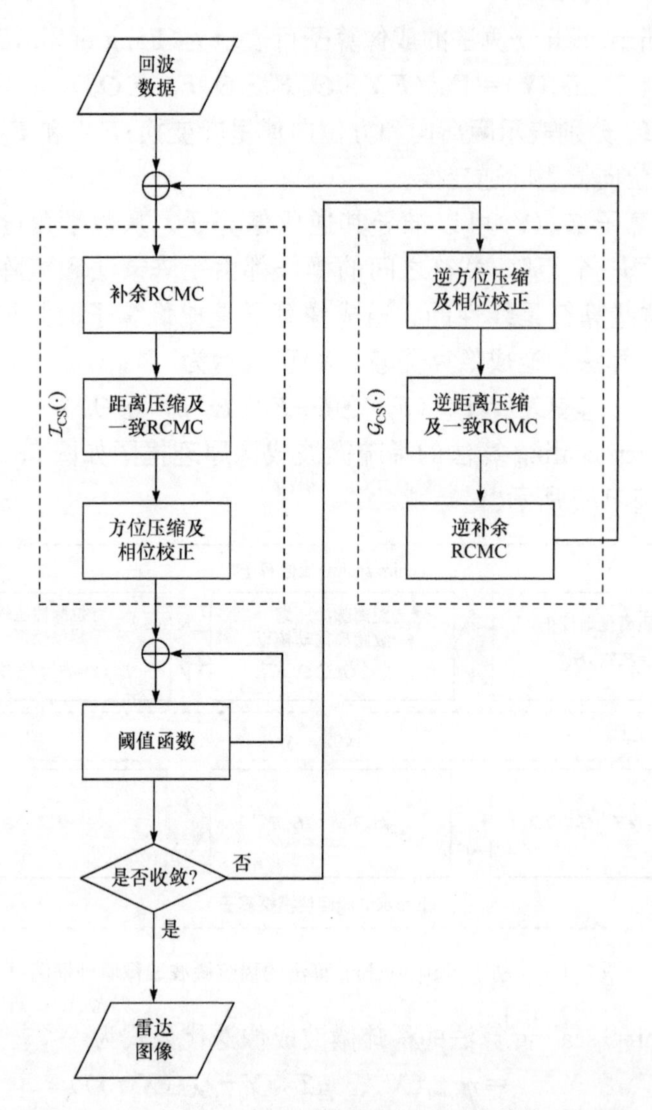

图 5.1.5　基于 chirp scaling 算法的稀疏微波成像算法流程图

成，一部分是每步迭代中的匹配滤波过程和逆匹配滤波过程，此过程的计算复杂度为 $O(N\log(N))$；另一部分是式(5.1.8)中所示的阈值操作，计算复杂度为 $O(N)$。综合上述两部分，基于 chirp scaling 算法的稀疏 SAR 快速成像方法的加速比为

$$r_{\mathrm{C}}=\frac{C_{\ell_1}}{C_{\mathrm{MF}}}=O\left(\frac{N}{\log N}\right) \tag{5.1.9}$$

2. 实验验证

仿真实验的目的是验证算法对点目标的成像质量和在不同降采样条件下对点目标的成像质量。在仿真实验中，回波数据采用时域方法逐点精确生成，实验设置了 100%、10%和 1%三种降采样情况，比较其成像结果。主要仿真参数如表 5.1.1 所示。

表 5.1.1　基于 chirp scaling 算法的稀疏微波成像算法仿真参数

参数	数值
中心频率/GHz	5.3
中心斜距/km	850
信号带宽/MHz	20
脉冲重复频率/Hz	1700
方位向速度/(m/s)	7100
脉冲宽度/μs	20
距离向采样率/MHz	24
天线长度/m	15.0

方位向/距离向的窗函数为矩形窗。满采样时，chirp scaling 算法的成像结果、基于观测矩阵的二维重构结果以及本节基于 chirp scaling 算子的快速重构成像结果如图 5.1.6 所示。方位向经过重采样使得网格大小与距离向相同。从图 5.1.6(a)～(c)可以看出，后两种方法具有相同的成像效果，旁瓣得到抑制。图 5.1.6 还给出了 100%、10%、1%三种数据量条件下，chirp scaling 算法的成像结果、基于观测矩阵的二维重构以及本节基于 chirp scaling 算子的快速重构方法成像结果。

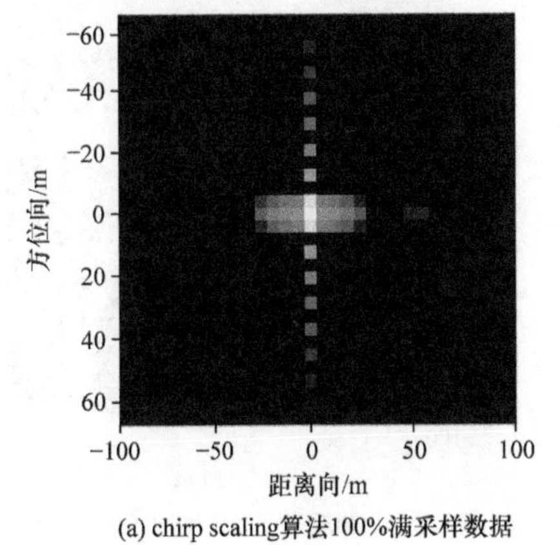

(a) chirp scaling算法100%满采样数据

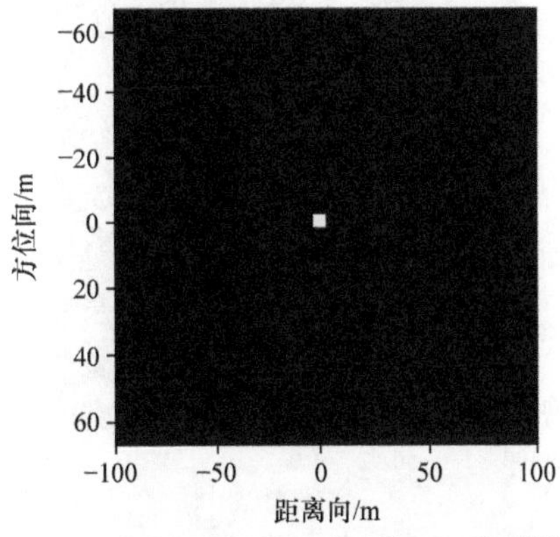

(b) 基于观测矩阵的二维重构100%满采样数据

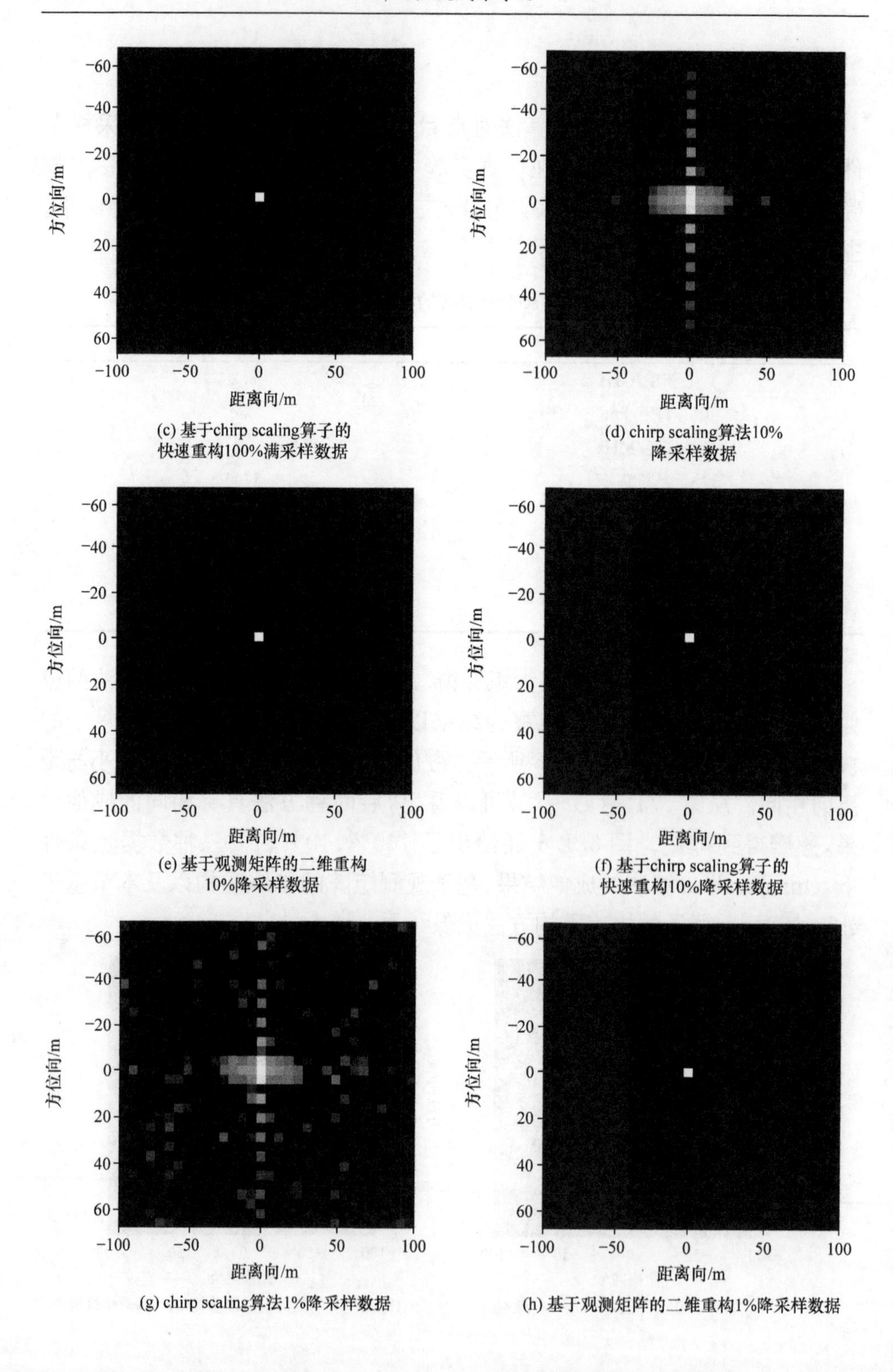

(c) 基于chirp scaling算子的快速重构100%满采样数据

(d) chirp scaling算法10%降采样数据

(e) 基于观测矩阵的二维重构10%降采样数据

(f) 基于chirp scaling算子的快速重构10%降采样数据

(g) chirp scaling算法1%降采样数据

(h) 基于观测矩阵的二维重构1%降采样数据

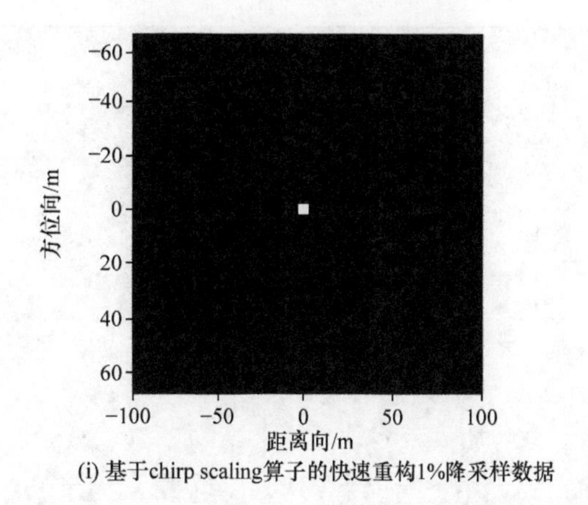

(i) 基于chirp scaling算子的快速重构1%降采样数据

图 5.1.6　点目标的 chirp scaling 算法与稀疏重构成像结果

利用实际数据验证快速算法对分布目标成像的有效性。机载成像雷达实际数据的满采样和降采样成像结果如图 5.1.7 所示。机载数据来源于 C 波段稀疏微波成像原理样机飞行实验(Zhang B C et al.,2015)。

该区域的雷达散射系数图像具有稀疏性,主要散射点来自盐田的田埂等位置。其中,降采样是在方位向进行的,在方位向对原始数据进行了 75%的非均匀降采样。图 5.1.7(b)是基于 chirp scaling 算子的快速重构 100%满采样数据的成像结果,表明快速算法也能对分布目标有效成像,并抑制旁瓣。图 5.1.7(c)、(d)分别是 chirp scaling 算法和基于 chirp scaling 算子的快速重构 75%降采样数据的成像结果,降采样的存在,导致强目标

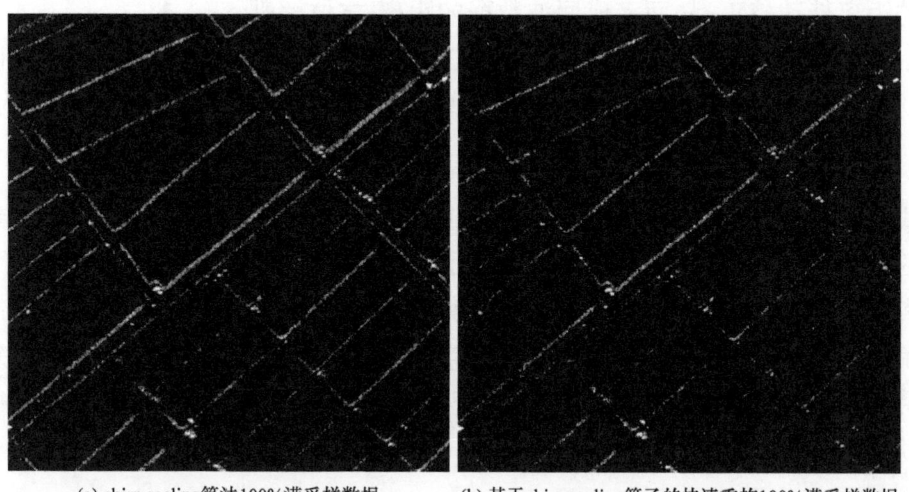

(a) chirp scaling算法100%满采样数据　　(b) 基于chirp scaling算子的快速重构100%满采样数据

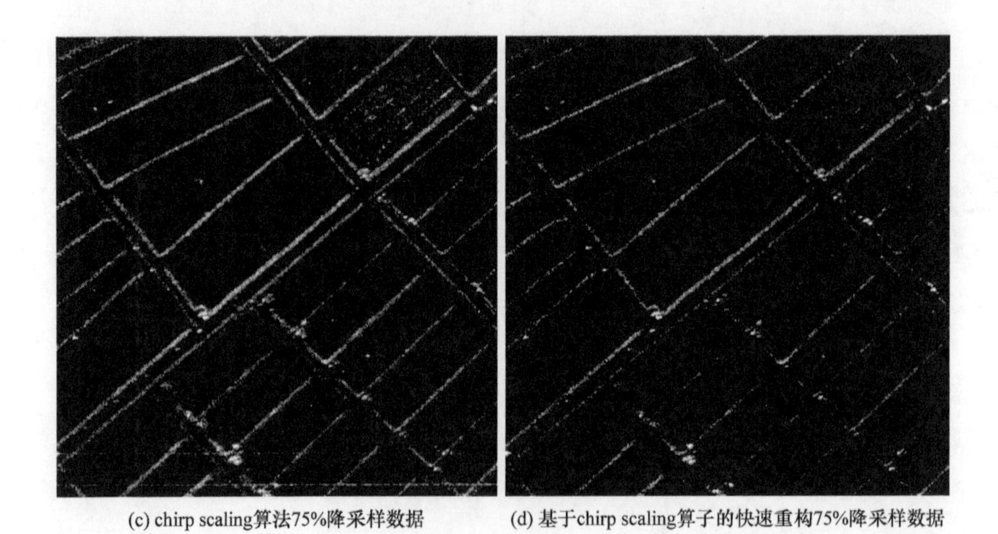

(c) chirp scaling算法75%降采样数据　　(d) 基于chirp scaling算子的快速重构75%降采样数据

图 5.1.7　机载成像雷达实际数据的满采样与降采样成像结果

出现较明显的混叠和旁瓣,在图像上表现为虚假目标。对此,chirp scaling 算法无法有效抑制旁瓣和虚假目标;相比而言,快速算法中的强目标拖尾得到抑制,特别是图 5.1.7(c)中盐田和道路等低反射率的区域。

5.1.4　基于距离多普勒算子快速重构方法

距离多普勒算法根据回波数据的距离徙动和多普勒中心都随距离变化这一特点,通过在距离多普勒域进行插值,来实现对回波数据精确、高效的距离徙动校正,从而完成回波数据的距离-方位解耦。

基本的距离多普勒算法包含的三个主要步骤为距离脉冲压缩、距离徙动校正和方位脉冲压缩。因此,整个距离多普勒算法的成像过程可以写为

$$\mathcal{I}_{\mathrm{RD}}(\boldsymbol{Y})=\boldsymbol{F}_{\mathrm{a}}^{-1}[\boldsymbol{M}_{\mathrm{a}}\odot\mathcal{P}_{\mathrm{rcmc}}(\boldsymbol{F}_{\mathrm{a}}(\boldsymbol{Y}\boldsymbol{F}_{\mathrm{r}}\odot\boldsymbol{M}_{\mathrm{r}}\boldsymbol{F}_{\mathrm{r}}^{-1}))] \tag{5.1.10}$$

式中,$\mathcal{I}_{\mathrm{RD}}(\cdot)$为表示距离多普勒算法成像过程的算子;$\boldsymbol{Y}$ 为雷达系统接收到的二维回波数据,$\boldsymbol{Y}$ 中每个行向量表示在同一方位向采样位置接收到的距离向采样数据;$\boldsymbol{F}_{\mathrm{r}}$ 和 $\boldsymbol{F}_{\mathrm{a}}$ 分别为用来实现距离向和方位向傅里叶变换的傅里叶矩阵,$\boldsymbol{F}_{\mathrm{r}}^{-1}$ 和 $\boldsymbol{F}_{\mathrm{a}}^{-1}$ 为它们的傅里叶逆变换矩阵;$\boldsymbol{M}_{\mathrm{r}}$ 和 $\boldsymbol{M}_{\mathrm{a}}$ 分别为用来实现距离向和方位向脉冲压缩的匹配滤波矩阵;$\mathcal{P}_{\mathrm{rcmc}}(\cdot)$为用来实现距离徙动校正的插值算子。

$$\mathcal{G}_{\mathrm{RD}}(\boldsymbol{X})=\boldsymbol{F}_{\mathrm{a}}^{-1}\mathcal{P}_{\mathrm{rcmc}}^{-1}(\boldsymbol{M}_{\mathrm{a}}^{*}\odot(\boldsymbol{F}_{\mathrm{a}}\boldsymbol{X}))\boldsymbol{F}_{\mathrm{r}}\odot\boldsymbol{M}_{\mathrm{r}}^{*}\boldsymbol{F}_{\mathrm{r}}^{-1} \tag{5.1.11}$$

式中，$\mathcal{G}_{\mathrm{RD}}(\cdot)$为表示距离多普勒算法逆成像过程的回波模拟算子；$\mathcal{P}_{\mathrm{rcmc}}^{-1}(\cdot)$为模拟回波数据距离徙动的插值算子。

由此，便得到了基于距离多普勒算法的近似观测算子。基于距离多普勒算法的稀疏微波成像原理框图如图 5.1.8 所示，算法流程如图 5.1.9 所示。基于距离多普勒的稀疏微波成像迭代公式为(Fang et al.，2014)

$$\boldsymbol{X}^{(k+1)}=\eta_{\lambda,\mu,q}(\boldsymbol{X}^{(k)}+\mu\mathcal{I}_{\mathrm{RD}}(\boldsymbol{Y}-\mathcal{G}_{\mathrm{RD}}(\boldsymbol{X}^{(k)})))\tag{5.1.12}$$

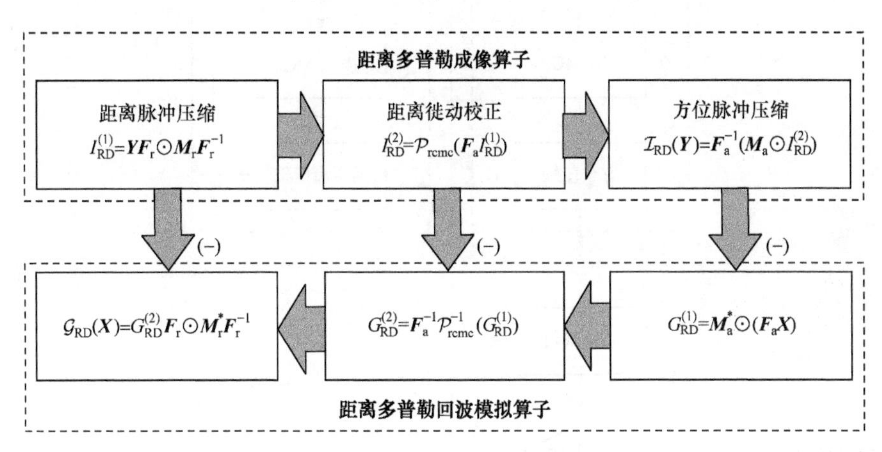

图 5.1.8　基于距离多普勒算法的稀疏微波成像原理框图

5.1.5　基于 ω-k 算子快速重构方法

ω-k 算法(Cafforio et al.，1991；Bamler，1992)源自地震信号处理，最初用波动方程方法推导得到，波动方程方法使得 ω-k 算法能够用于宽孔径成像。ω-k 算法的关键步骤是对距离频率进行 Stolt 插值，距离频率坐标轴被重采样或映射到新的坐标轴，以使二维频域中任一方向上的相位都是线性的。这种算法之所以称为 ω-k 算法，是因为其在二维频域处理信号，其中一维是距离角频率 ω，另外一维是方位波数 k，是频率的空间表达。

ω-k 算法利用方位距离二维频域的参考函数完成二维脉冲压缩和一致距离徙动校正，并且使用 Stolt 插值消除了信号相位对距离频率的高次依赖，完成了补余距离徙动校正。由于使用了更为精确的信号形式，只要等效速度满足一定的稳定性，ω-k 算法便能对大斜视以及长孔径条件进行成像。这里将 ω-k 算法用到稀疏微波成像方法中，即利用 ω-k 算法构造成像算子及其逆成像算子，代替矩阵乘法。

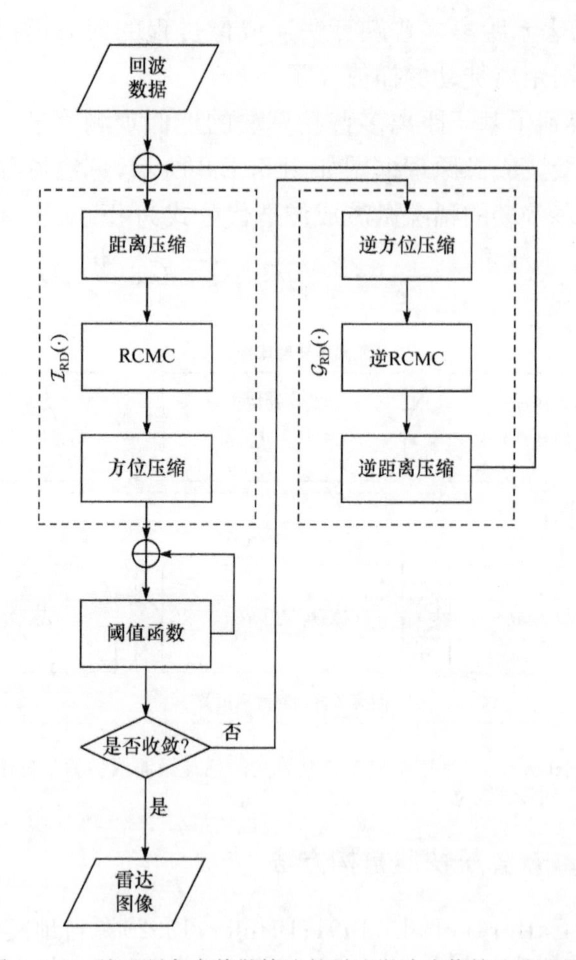

图 5.1.9 基于距离多普勒算法的稀疏微波成像算法流程图

ω-k 算法主要由(在二维频域实现的)两个处理步骤构成:一致距离徙动校正矩阵 $\boldsymbol{\Theta}_{\text{ref}}$ 和 Stolt 插值算子 $\mathcal{S}(\cdot)$:

$$\boldsymbol{\Theta}_{\text{ref}}(f_t,f_\tau)=\exp\left[\text{j}\,\frac{4\pi R_{\text{ref}}}{c}\sqrt{(f_{\text{c}}+f_\tau)^2-\frac{c^2f_t^2}{4v_{\text{rc}}^2}}+\text{j}\pi\,\frac{f_\tau^2}{K_{\text{r}}}\right] \tag{5.1.13}$$

$$\mathcal{S}(\cdot):f_\tau\rightarrow f_\tau'=\sqrt{(f_{\text{c}}+f_\tau)^2-\frac{c^2f_t^2}{4v_{\text{rc}}^2}}-f_{\text{c}} \tag{5.1.14}$$

式中,f_t 和 f_τ 分别为方位和距离频率;R_{ref} 为参考斜距;f_{c} 为信号载频;v_{rc} 为相对速度,假定测绘带内保持不变;K_{r} 为距离调频率;c 为光速。

因此,基于 ω-k 算法的成像算子 $\mathcal{I}_{\omega\text{-}k}(\cdot)$和逆成像算子 $\mathcal{G}_{\omega\text{-}k}(\cdot)$可分别表示为

$$\mathcal{I}_{\omega\text{-}k}(\boldsymbol{Y})=\boldsymbol{F}_{\mathrm{a}}^{-1}\mathcal{S}(\boldsymbol{F}_{\mathrm{a}}\boldsymbol{Y}\boldsymbol{F}_{\mathrm{r}}\odot\boldsymbol{\Theta}_{\mathrm{ref}})\boldsymbol{F}_{\mathrm{r}}^{-1} \tag{5.1.15}$$

$$\mathcal{G}_{\omega\text{-}k}(\boldsymbol{X})=\boldsymbol{F}_{\mathrm{a}}^{-1}\mathcal{S}^{-1}(\boldsymbol{F}_{\mathrm{a}}\boldsymbol{X}\boldsymbol{F}_{\mathrm{r}})\odot\boldsymbol{\Theta}_{\mathrm{ref}}^{*}\boldsymbol{F}_{\mathrm{r}}^{-1} \tag{5.1.16}$$

式中,$\mathcal{S}^{-1}(\cdot)$为 $\mathcal{S}(\cdot)$的逆映射。

$$\mathcal{S}^{-1}(\cdot):f_{\tau}'\rightarrow f_{\tau}=\sqrt{(f_{\mathrm{c}}+f_{\tau}')^2+\frac{c^2f_t^2}{4v_{\mathrm{rc}}^2}}-f_{\mathrm{c}} \tag{5.1.17}$$

基于 ω-k 算法的稀疏微波成像原理框图如图 5.1.10 所示,算法流程如图 5.1.11 所示。基于 ω-k 的稀疏微波成像迭代公式为

$$\boldsymbol{X}^{(k+1)}=\eta_{\lambda,\mu,q}(\boldsymbol{X}^{(k)}+\mu\mathcal{I}_{\omega\text{-}k}(\boldsymbol{Y}-\mathcal{G}_{\omega\text{-}k}(\boldsymbol{X}^{(k)}))) \tag{5.1.18}$$

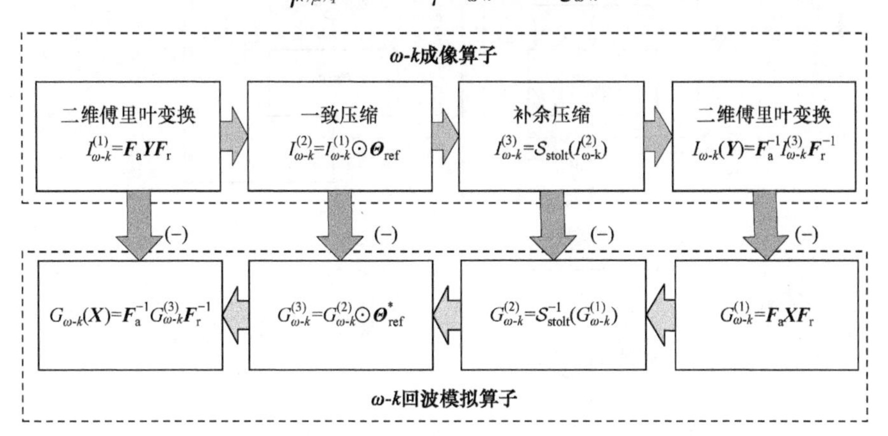

图 5.1.10　基于 ω-k 算法的稀疏微波成像原理框图

5.1.6　基于后向投影算子快速重构方法

后向投影(Yegulalp,1999)是一种时域雷达成像算法,首先计算 SAR 图像中每个像素点与天线之间的距离,然后通过插值得到此距离处的回波,最后根据插值结果赋予该像素点一个积累值。每个像素点的值在各方位采样点不断积累,直到方位采样结束。由于后向投影不受运动轨迹约束,其应用范围较为广泛。本节考虑构建基于后向投影的成像算子。

后向投影成像算法成像过程主要分为三个步骤,即距离脉冲压缩、空间域 sinc 插值和子图像沿方位向的相干累加。以条带 SAR 为例,首先对回波数据进行距离向脉冲压缩,并对成像场景划分网格,获得所有网格点

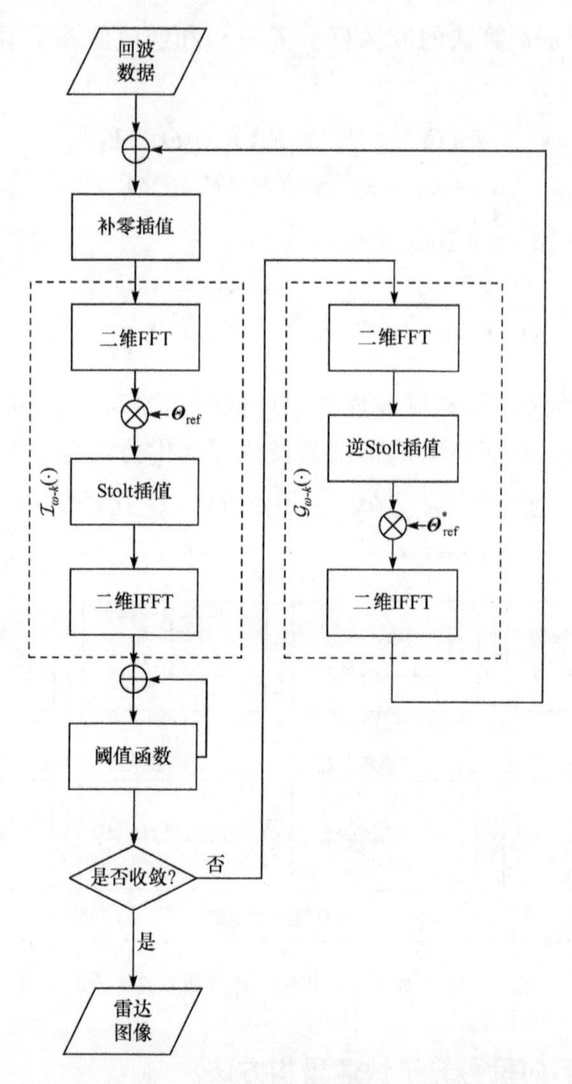

图 5.1.11　基于 ω-k 算法的稀疏微波成像算法流程图

坐标,然后从方位向起始点开始,计算当前方位向上天线与所有网格点相对于最近参考点的延迟时间,并利用每一网格点的延迟时间,通过 sinc 差值计算所对应的回波数据,最后对每一方位向网格点回波数据进行相位补偿并进行相干累加,便可完成对场景的重建。由此,可以得到后向投影雷达成像算子的数学表达式为

$$\mathcal{I}_{\text{BP}}(\boldsymbol{Y})=S_{\text{a}}(\boldsymbol{\psi}_{2,\theta_m}\odot\mathcal{P}(\boldsymbol{\psi}_1\odot C_{\text{r}}(\boldsymbol{Y})))\tag{5.1.19}$$

式中,$C_{\text{r}}(\cdot)$为用于实现距离脉冲压缩的算子;$\mathcal{P}(\cdot)$为用于实现空间域 sinc

插值的算子，其作用是将距离脉冲压缩结果插值成目标场景的子图像；$S_a(\cdot)$为将目标场景的子图像沿方位向进行相干累加的算子；$\boldsymbol{\psi}_1$ 和 $\boldsymbol{\psi}_{\theta_m}$ 分别为在空间域 sinc 插值操作前后，对距离脉冲压缩结果与目标场景的子图像进行相位校正的附加相位补偿向量。

下面以步进频信号为例说明后向投影雷达成像算子的具体实现方法(Quan et al.，2015)。对于步进频雷达系统，离散观测区域 Ω 的采样信号可以写为

$$s(f_k,\theta_m)=\sum_{(u_n,v_n)\in\Omega}\sigma(u_n,v_n)\exp\left[-\mathrm{j}\frac{4\pi f_k R(u_n,v_n,\theta_m)}{c}\right] \tag{5.1.20}$$

式中，$f_k=f_0+k\Delta f(k=0,\cdots,K-1)$为第 k 个脉冲的载波频率；Δf 为频率步长；K 为步进频样本；$R(u_n,v_n,\theta_m)$为第 m 个方位向采样位置 θ_m 与第 n 个目标位置(u_n,v_n)之间的距离，u_n 和 v_n 为目标的距离向和方位向坐标；$\sigma(u_n,v_n)$为目标的后向散射系数；Ω 为离散观测区域；c 为光速。

首先，对 $s(f_k,\theta_m)$的距离压缩可以通过逆离散傅里叶变换完成：

$$\boldsymbol{s}_{0,\theta_m}=C_r(\boldsymbol{s}_{\theta_m}),\quad m=0,1,\cdots,M-1 \tag{5.1.21}$$

式中，$\boldsymbol{s}_{\theta_m}\in\mathbb{C}^K$表示方位向采样位置 θ_m 处获得的回波数据，其元素按 f_k 升序排列；C_r 为实现距离脉冲压缩的算子。

然后，在观测区域内的每个网格的样本估计可以通过 sinc 插值计算：

$$\boldsymbol{s}_{1,\theta_m}=\mathcal{P}(\boldsymbol{\psi}_1\odot\boldsymbol{s}_{0,\theta_m}),\quad m=0,1,\cdots,M-1 \tag{5.1.22}$$

式中，$\mathcal{P}(\cdot)$为用于实现空间域 sinc 插值的算子；$\boldsymbol{\psi}_1\in\mathbb{C}^K$，由式(5.1.23)组成：

$$\boldsymbol{\psi}_1(l)=\exp\left[-\mathrm{j}\pi\frac{(K-1)l}{K}\right] \tag{5.1.23}$$

最后，在空间域内插后对目标场景的子图像沿方位向进行相干累加，得到 SAR 图像：

$$\mathcal{I}_{\mathrm{BP}}(\boldsymbol{Y})=S_a(\boldsymbol{\psi}_{2,\theta_m}\odot\boldsymbol{s}_{1,\theta_m}) \tag{5.1.24}$$

式中，$\boldsymbol{\psi}_{2,\theta_m}$的元素为 $\exp\left[\dfrac{\mathrm{j}4\pi f_k R(u_n,v_n,\theta_m)}{c}\right]$。

假设目标场景在一定的合成孔径角度范围内具有各向同性的性质，那么可以认为 S_a 算子的逆过程是雷达在不同方位向采样位置观测到的同一目标场景的雷达图像。由此根据逆成像回波仿真思想，便可获得后向投影回波模拟算子：

$$\mathcal{G}_{\mathrm{BP}}(\boldsymbol{X})=C_r^{-1}(\boldsymbol{\psi}_1^*\odot\mathcal{P}^{-1}(\boldsymbol{\psi}_{2,\theta_m}^*\odot S_a^{-1}(\boldsymbol{X}))) \tag{5.1.25}$$

基于后向投影算法的稀疏微波成像原理框图如图 5.1.12 所示,算法流程如图 5.1.13 所示。

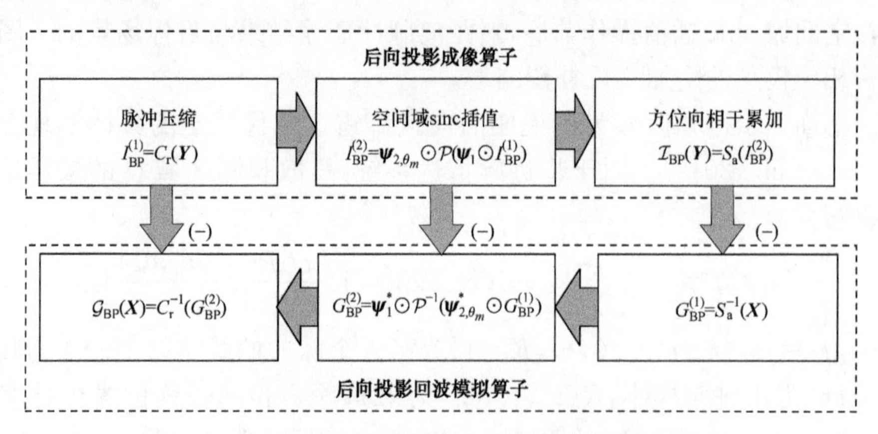

图 5.1.12　基于后向投影算法的稀疏微波成像原理框图

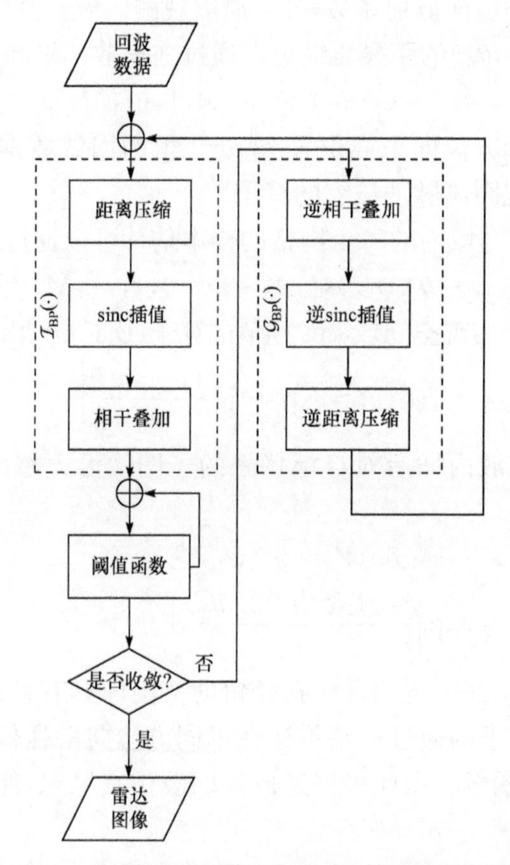

图 5.1.13　基于后向投影算法的稀疏微波成像算法流程图

基于后向投影的稀疏微波成像迭代公式为

$$\boldsymbol{X}^{(k+1)}=\eta_{\lambda,\mu,q}(\boldsymbol{X}^{(k)}+\mu\mathcal{I}_{\mathrm{BP}}(\boldsymbol{Y}-\mathcal{G}_{\mathrm{BP}}(\boldsymbol{X}^{(k)}))) \tag{5.1.26}$$

5.1.7　小结

本节介绍了一维和二维稀疏微波成像重构方法，重点阐述了基于近似观测的原始数据域稀疏微波成像方法，该方法结合 SAR 成像算法二维解耦的特点，利用稀疏信号处理方法从回波数据域进行微波图像重构。与一维重构方法相比，该方法不需要距离压缩与距离徙动校正等预处理，使降低系统复杂性真正成为可能；与基于直接构建观测矩阵进行稀疏信号处理的方法相比，可以将内存占用量和计算量由平方阶降低至线性阶，使得大场景稀疏微波成像成为可能。在此基础上推导了基于 chirp scaling 算子快速重构算法、基于距离多普勒算子快速重构算法、基于 ω-k 算子快速重构算法和基于后向投影算子的快速重构算法。

5.2　扫描成像模式

5.2.1　引言

5.1 节以条带 SAR 工作模式为例阐述了利用方位距离解耦算子从雷达原始数据域进行二维稀疏重构的方法，它可以有效提高计算效率、降低存储消耗，使稀疏微波成像可应用于大场景处理。随着技术水平发展和用户需求推动，SAR 工作模式由最初条带 SAR 发展到聚束 SAR、ScanSAR、TOPS SAR(Zan & Guarnieri，2006)、滑动聚束 SAR(Mittermayer et al.，2003；Prats et al.，2010)等。根据第 4 章中有关稀疏微波成像模型和观测矩阵的构建可知，这些 SAR 工作模式会带来观测矩阵组成元素和构建形式的变化，利用稀疏信号处理可以对观测场景实现重构。本节介绍基于 ℓ_q 正则化的 ScanSAR、TOPS SAR(Bi et al.，2016a，2017a，2017b)、滑动聚束 SAR 成像(Xu et al.，2018b)的实现，表明稀疏微波成像方法可适用于不同 SAR 工作模式成像。

ScanSAR 和 TOPS SAR 是两种典型的宽幅成像模式，可应用于海洋监测、舰船检测等领域。ScanSAR 通过在近距和远距之间周期性变化天线入射角来提高幅宽。每一个子测绘带内的照射波束称为一个 burst，每个子测绘带的数据由所有周期的一系列 burst 组成。TOPS SAR 通过在不同子带之间周期性地旋转天线，以改变入射角来实现测绘带宽的提升；且能通过在航迹向上控制天线的转动实现对扇贝效应的有效抑制(Zan & Guarnieri, 2006)。

滑动聚束工作模式(Mittermayer et al.,2003;Prats et al.,2010)是介于条带 SAR 和聚束 SAR 之间的一种工作模式，与条带 SAR 相比，它有更高的方位向分辨率，它又比聚束 SAR 有更大的方位向测绘区域。在滑动聚束 SAR 模式下，天线波束中心在整个回波接收时间内一直指向低于场景中心的虚拟点，即天线波束中心向后转动以延长目标被照射时间，增大合成孔径长度，从而提高方位向分辨率。

在后续分析各种成像工作模式的回波信号与稀疏微波成像方法时，观测场景为二维；简单起见，只采用方位向信号描述观测模型中的矩阵和矢量维度。

5.2.2 ScanSAR 稀疏微波成像方法

1. ScanSAR 成像模型

图 5.2.1 为 ScanSAR 成像示意图，忽略常数项，在时间(t,τ)处一个波束的回波可以写为

$$y(t,\tau)=\iint\sigma(p,q)\sum_{n}\operatorname{rect}\left[\frac{t-nT_{\mathrm{s}}}{T_{\mathrm{b}}}\right]\operatorname{rect}\left[\frac{\tau-2R(p,q,t)/c}{T_{\mathrm{p}}}\right]\cdot\exp\left[-\mathrm{j}\pi\frac{4R(p,q,t)}{\lambda}\right]s\left[\tau-\frac{2R(p,q,t)}{c}\right]\mathrm{d}p\mathrm{d}q \tag{5.2.1}$$

式中，t 为方位向时间；τ 为距离向时间；$\sigma(p,q)$为在点(p,q)处的后向散射系数；c、λ 为光速和波长；T_{p} 为脉冲持续时间；T_{b} 为 burst 持续时间；T_{s} 为信号循环周期，即合成孔径时间；n 为波束序号；$s(\tau)$为发射信号；$R(p,q,t)$为瞬时斜距。

基于 ℓ_1 正则化的 ScanSAR 成像方法，要对 ScanSAR 的每个 burst 进行正则化重构，将结果组合，获得成像区域的图像。由式(5.2.1)可得某个 burst 中的回波信号为

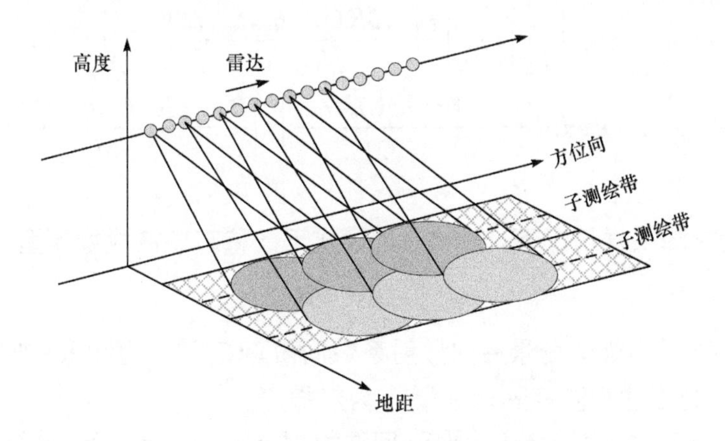

图 5.2.1　ScanSAR 成像示意图

$$y(t,\tau)=\iint\sigma(p,q)\mathrm{rect}\left[\frac{t}{T_{\mathrm{b}}}\right]\mathrm{rect}\left[\frac{\tau-2R(p,q,t)/c}{T_{\mathrm{p}}}\right]\cdot\exp\left[-\mathrm{j}\pi\frac{4R(p,q,t)}{\lambda}\right]s\left[\tau-\frac{2R(p,q,t)}{c}\right]\mathrm{d}p\mathrm{d}q \tag{5.2.2}$$

将时间离散化为序列 $T_m(m=1,2,\cdots,M)$。令 $\boldsymbol{X}$ 为原始矩阵，其元素为 $\sigma(p,q)$；$\boldsymbol{x}=\mathrm{vec}(\boldsymbol{X})$ 是向量化操作，即将 $\boldsymbol{X}$ 按列依次放置形成一个向量。$\lfloor a\rfloor$ 表示非负实数 a 向下取整。对于 $1\leqslant n\leqslant N$ 及 $N=N_P\times N_Q$，定义 $p_n=\lfloor(n-1)/N_P\rfloor+1$，$q_n=n-(p_n-1)N_P$。因此，$x$ 的第 n 个元素为 $\sigma(p_n,q_n)$，进而可以得到离散模型：

$$y(t_m,\tau_m)=\sum_{m=1}^{M}\sum_{n=1}^{N}\phi(m,n)\sigma(p_n,q_n) \tag{5.2.3}$$

ScanSAR 中一个 burst 的观测矩阵为 $\boldsymbol{\Phi}=\{\phi(m,n)\}_{M\times N}$，其元素为

$$\phi(m,n)\cong\iint_{(t,\tau)\in T_m}\mathrm{rect}\left[\frac{t}{T_{\mathrm{b}}}\right]\mathrm{rect}\left[\frac{\tau-2R(p_n,q_n,t)/c}{T_{\mathrm{p}}}\right]\cdot\exp\left[-\mathrm{j}\pi\frac{4R(p_n,q_n,t)}{\lambda}\right]s\left[\tau-\frac{2R(p_n,q_n,t)}{c}\right]h_m(t,\tau)\mathrm{d}t\mathrm{d}\tau \tag{5.2.4}$$

式中，$\boldsymbol{H}\overset{\mathrm{def}}{=}\{h_m\}$ 代表采样操作。

当 $h_m(t,\tau)=\delta(t_m,\tau_m)$ 时，ScanSAR 雷达观测矩阵可表示为

$$\phi(m,n)=\operatorname{rect}\left(\frac{t_m}{T_{\mathrm{b}}}\right)\operatorname{rect}\left(\frac{\tau_m-2R(p_n,q_n,t_m)/c}{T_{\mathrm{p}}}\right)$$
$$\cdot\exp\left(-\mathrm{j}\pi\frac{4R(p_n,q_n,t_m)}{\lambda}\right)s\left(\tau_m-\frac{2R(p_n,q_n,t_m)}{c}\right)\tag{5.2.5}$$

在没有降采样情况下，ScanSAR 模式下的稀疏微波成像模型表示为

$$\boldsymbol{y}=\boldsymbol{\Phi x}+\boldsymbol{n}$$

式中，$\boldsymbol{x}\in\mathbb{C}^{N\times 1}$为观测场景后向散射系数向量；$\boldsymbol{y}\in\mathbb{C}^{M\times 1}$为满采样回波信号；$\boldsymbol{\Phi}\in\mathbb{C}^{M\times N}$ 为雷达观测矩阵；$\boldsymbol{n}\in\mathbb{C}^{M\times 1}$为热噪声。

考虑降采样运算 $\boldsymbol{H}\in\mathbb{C}^{L\times M}$后，回波数据 $\boldsymbol{y}\in\mathbb{C}^{L\times 1}$ 具有如下形式：

$$\boldsymbol{y}=\boldsymbol{H\Phi x}+\boldsymbol{n}=\boldsymbol{Ax}+\boldsymbol{n}\tag{5.2.6}$$

式中，$\boldsymbol{A}\in\mathbb{C}^{L\times M}$为 ScanSAR 成像观测矩阵，当 $L=M$ 时，$\boldsymbol{H}$ 为单位矩阵。通过求解下列最优化问题可以得到式(5.2.6)的稀疏解：

$$\hat{\boldsymbol{x}}=\arg\min_{\boldsymbol{x}}\{\|\boldsymbol{y}-\boldsymbol{H\Phi x}\|_2^2+\lambda\|\boldsymbol{x}\|_1\}\tag{5.2.7}$$

式中，λ 为正则化参数。

在求解出式(5.2.7)之后，$\hat{\boldsymbol{x}}$ 应当由向量变形为矩阵。

2. 基于 ℓ_1 正则化 ScanSAR 成像方法

在 ScanSAR 数据处理时，假如将二维回波信号转换为向量，然后通过对场景中的每个图像点进行二维矩阵操作，会使得计算量和内存需求过大，因此必须采用回波模拟算子的思想降低计算复杂度。本小节将基于扩展 chirp scaling(extended chirp scaling，ECS)算法(Moreira et al.，1996)构建回波模拟算子，进行稀疏重构。

基于 ECS 近似观测算子的 ScanSAR 成像原理框图如图 5.2.2 所示。

令 $\mathcal{I}_{\mathrm{Scan}}(\cdot)$表示基于 ECS 算法的 ScanSAR 成像算子，则某一子测绘带的观测区域 $\boldsymbol{X}$ 可以通过 ECS 算法重构：

$$\mathcal{I}_{\mathrm{Scan}}(\boldsymbol{Y})=\boldsymbol{F}_{\mathrm{a}}^{-1}(\boldsymbol{F}_{\mathrm{a}}\boldsymbol{Y}\odot\boldsymbol{\Psi}_1\boldsymbol{F}_{\mathrm{r}}\odot\boldsymbol{\Psi}_2\boldsymbol{F}_{\mathrm{r}}^{-1}\odot\boldsymbol{\Psi}_3\odot\boldsymbol{\Psi}_4\odot\boldsymbol{\Psi}_5)\odot\boldsymbol{\Psi}_6\tag{5.2.8}$$

式中，⊙表示 Hadamard 乘积运算；式中其他符号含义如表 5.2.1 所示。

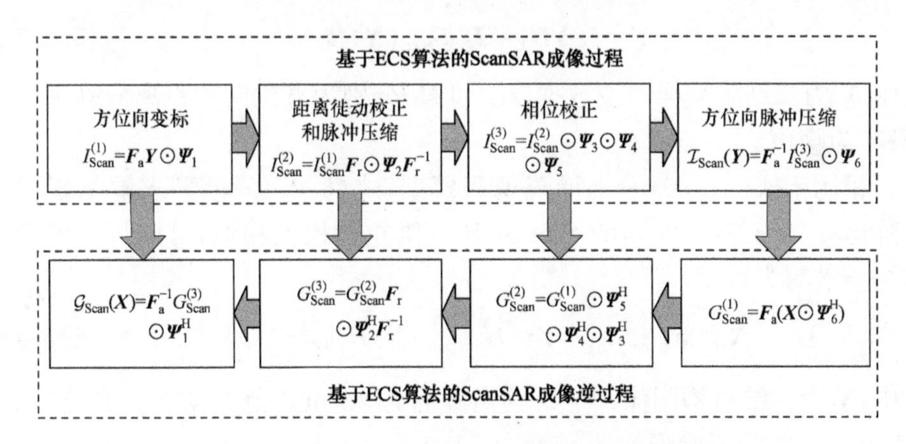

图 5.2.2　基于 ECS 的 ScanSAR 稀疏微波成像原理框图

表 5.2.1　ECS 近似观测算子操作矩阵

算子	含义
$\boldsymbol{F}_{\mathrm{r}}$	距离向傅里叶变换
$\boldsymbol{F}_{\mathrm{a}}$	方位向傅里叶变换
$\boldsymbol{F}_{\mathrm{r}}^{-1}$	距离向傅里叶逆变换
$\boldsymbol{F}_{\mathrm{a}}^{-1}$	方位向傅里叶逆变换
$\boldsymbol{H}_{\mathrm{r}}$	距离向降采样矩阵
$\boldsymbol{H}_{\mathrm{a}}$	方位向降采样矩阵
$\boldsymbol{\Psi}_1$	变标矩阵
$\boldsymbol{\Psi}_2$	距离徙动校正、距离向压缩及二次压缩
$\boldsymbol{\Psi}_3$	相位校正
$\boldsymbol{\Psi}_4$	天线方向图校正
$\boldsymbol{\Psi}_5$	双曲线方位向相位校正并引入线性调频
$\boldsymbol{\Psi}_6$	去斜相位

根据图 5.2.2 所示的 ScanSAR 成像逆过程，令 $\mathcal{G}_{\mathrm{Scan}}(\cdot)$为回波模拟算子，其为 ECS 逆过程：

$$\mathcal{G}_{\mathrm{Scan}}(\boldsymbol{X})=\boldsymbol{F}_{\mathrm{a}}^{-1}[\boldsymbol{F}_{\mathrm{a}}(\boldsymbol{X}\odot\boldsymbol{\Psi}_6^{\mathrm{H}})\odot\boldsymbol{\Psi}_5^{\mathrm{H}}\odot\boldsymbol{\Psi}_4^{\mathrm{H}}\odot\boldsymbol{\Psi}_3^{\mathrm{H}}\boldsymbol{F}_{\mathrm{r}}\odot\boldsymbol{\Psi}_2^{\mathrm{H}}\boldsymbol{F}_{\mathrm{r}}^{-1}\odot\boldsymbol{\Psi}_1^{\mathrm{H}}] \tag{5.2.9}$$

式中，上角标 H 表示矩阵的共轭转置。

利用回波模拟算子代替观测矩阵，在对回波数据进行随机降采样之后，式(5.2.1)可写为

$$\boldsymbol{Y}=\boldsymbol{H}_{\mathrm{a}}\boldsymbol{Y}\boldsymbol{H}_{\mathrm{r}}=\boldsymbol{H}_{\mathrm{a}}\mathcal{G}_{\mathrm{Scan}}(\boldsymbol{X})\boldsymbol{H}_{\mathrm{r}}+\boldsymbol{N} \tag{5.2.10}$$

式中，$\boldsymbol{Y}$ 为二维降采样回波数据；$\boldsymbol{H}_{\mathrm{a}}$ 和 $\boldsymbol{H}_{\mathrm{r}}$ 分别为方位向和距离向降采样矩阵；$\boldsymbol{N}$ 为噪声。

相比于式(5.2.6)一维稀疏观测模型，式(5.2.10)模型求解基于二维矩阵运算。与式(5.2.7)的 ScanSAR 一维重构模型相似，可以将二维模型重构场景写为

$$\hat{\boldsymbol{X}}=\arg\min_{\boldsymbol{X}}\{\|\boldsymbol{Y}-\boldsymbol{H}_{\mathrm{a}}\mathcal{G}_{\mathrm{Scan}}(\boldsymbol{X})\boldsymbol{H}_{\mathrm{r}}\|_{\mathrm{F}}^{2}+\lambda\|\boldsymbol{X}\|_{1}\} \tag{5.2.11}$$

式中，$\hat{\boldsymbol{X}}$ 为二维重构图像；$\|\cdot\|_{\mathrm{F}}$ 为矩阵的 Frobenius 范数；λ 为正则化参数；$\|\boldsymbol{X}\|_{1}$ 为矩阵的元素形式 ℓ_1 范数。

对于式(5.2.11)，可以利用 IST 算法求解，把 ScanSAR 成像算子 $\mathcal{I}_{\mathrm{Scan}}(\cdot)$ 及其逆算子 $\mathcal{G}_{\mathrm{Scan}}(\cdot)$ 代入 IST 算法可以迭代求解重构场景：

$$\boldsymbol{X}^{(k)}=H_{\lambda,\mu,1}(\boldsymbol{X}^{(k-1)}+\mu\mathcal{I}_{\mathrm{Scan}}(\boldsymbol{Y}-\boldsymbol{H}_{\mathrm{a}}\mathcal{G}_{\mathrm{Scan}}(\boldsymbol{X}^{(k-1)})\boldsymbol{H}_{\mathrm{r}})) \tag{5.2.12}$$

式中，$H_{\lambda,\mu,1}(\cdot)$ 为阈值算子。

这里使用 ℓ_1 正则化，其中包含的阈值函数为

$$\eta_{\lambda,\mu,1}(z_i)=\begin{cases}\dfrac{z_i}{|z_i|}\left(|z_i|-\dfrac{\lambda\mu}{2}\right), & |z_i|>\dfrac{\lambda\mu}{2}\\ 0, & \text{其他}\end{cases} \tag{5.2.13}$$

基于 ECS 算法的 ScanSAR 稀疏微波成像算法流程图如图 5.2.3 所示。

5.2.3 TOPS SAR 稀疏微波成像方法

TOPS SAR 工作模式在照射过程中，天线不仅在距离向摆动来照射不同子带，并且在方位向从后往前扫描，使得每个点被照射时间减少，牺牲分辨率来获得大的测绘带宽。目前 TOPS SAR 主要成像算法有子孔径划分算法和全孔径两步算法。在子孔径划分算法中，可利用 BAS(baseline azimuth scaling)解决多普勒混叠问题与 ECS 算法问题，且无须进行插值运算，实现了高分辨率 TOPS SAR 成像(Prats et al.，2010)。本小节基于 ECS-BAS 算法，详细介绍基于 IST 算法的 TOPS SAR 稀疏成像方法，即利用 ECS-BAS 的逆过程构建回波模拟算子以代替系统精确观测矩阵，并通过 IST 算法对场景进行稀疏重构(Bi et al.，2016b，2017a)。

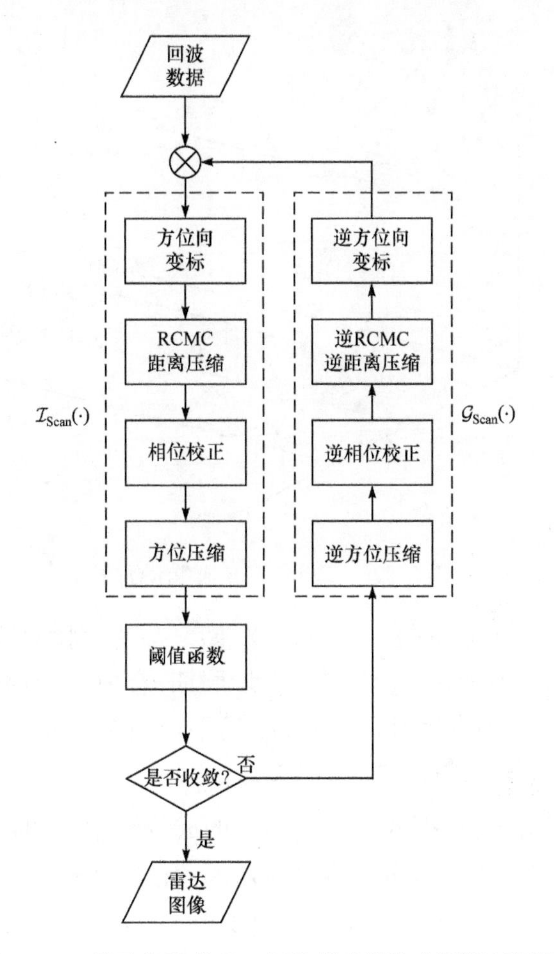

图 5.2.3 基于 ECS 的 ScanSAR 稀疏微波成像算法流程图

1. TOPS SAR 成像模型

如图 5.2.4 所示，TOPS SAR 采用 burst 工作机制，在时间(t,τ)处的基带回波数据 $y(t,\tau)$可以表示为

$$y(t,\tau)=\iint_{(p,q)} x(p,q)\mathrm{rect}\left(\frac{t}{T_{\mathrm{b}}}\right)\omega_{\mathrm{a}}\left(\frac{t-p/v-t_{\mathrm{c}}(t)}{T_{\mathrm{s}}}\right) \cdot \exp\left(-\mathrm{j}\,\frac{4\pi}{\lambda}R\right)s\left(\tau-\frac{2R}{c}\right)\mathrm{d}p\mathrm{d}q \tag{5.2.14}$$

式中，t 为方位时间；τ 为距离时间；p 为目标方位向位置，其中 $1\leqslant p\leqslant N_P$；$q$ 为目标距离向位置，其中 $1\leqslant q\leqslant N_Q$；$x(p,q)$为$(p,q)$处的观测场景后向散

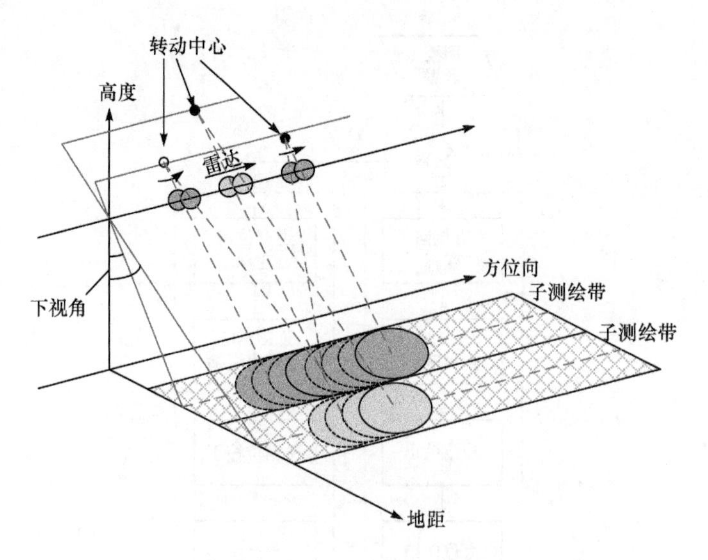

图 5.2.4 TOPS SAR 成像示意图

射系数；$\omega_{\mathrm{a}}(\cdot)$为天线方位向加权；$c$ 为光速；λ 为发射脉冲波长；v 为平台速度；T_{b} 为 burst 持续时间；T_{s} 为信号重复周期/合成孔径时间；$t_{\mathrm{c}}(t)$为波束中心穿越时刻；$s(\tau)$为发射脉冲信号；H 为平台相对高度；R 为瞬时斜距，可以表示为 $R(p,q,t)=\sqrt{H^2+q^2+(p-vt)^2}$。

如 5.2.2 节所述，根据式(5.2.14)中的成像模型，将时间离散化为序列 $T_m(m=1,2,\cdots,M)$。令 $\boldsymbol{X}$ 矩阵第 $N_P\times N_Q$ 元素为 $\sigma(p,q)$，$\boldsymbol{x}=\mathrm{vec}(\boldsymbol{X})$是向量化操作，$\lfloor a\rfloor$表示非负实数 a 的向下取整。对于 $1\leqslant n\leqslant N$ 及 $N=N_P\times N_Q$，定义 $p_n=\left\lfloor\dfrac{n-1}{N_P}\right\rfloor+1$，$q_n=n-(p_n-1)N_P$。重新排列场景后向散射系数，可以得到 TOPS SAR 成像的离散化模型：

$$\boldsymbol{y}=\sum_{m=1}^{M}\sum_{n=1}^{N}\phi(m,n)\sigma(p_n,q_n) \tag{5.2.15}$$

式中，一个 burst 的 TOPS SAR 成像观测矩阵 $\boldsymbol{\Phi}=\{\phi(m,n)\}_{M\times N}$为

$$\begin{aligned}\phi(m,n)=&\iint\limits_{(t,\tau)}\mathrm{rect}\left[\frac{t}{T_{\mathrm{b}}}\right]\omega_{\mathrm{a}}\left[\frac{t-p/v-t_{\mathrm{c}}(t)}{T_{\mathrm{s}}}\right]\\&\cdot\exp\left[-\mathrm{j}\,\frac{4\pi}{\lambda}R\right]s\left[\tau-\frac{2R}{c}\right]h_m(t,\tau)\mathrm{d}t\mathrm{d}\tau\end{aligned} \tag{5.2.16}$$

式中，$\boldsymbol{H}\stackrel{\mathrm{def}}{=}\{h_m\}$为采样操作。

当 $h_m(t,\tau)=\delta(t_m,\tau_m)$ 时，TOPS SAR 雷达观测矩阵为

$$\phi(m,n)=\operatorname{rect}\left(\frac{t_m}{T_\mathrm{b}}\right)\omega_\mathrm{a}\left(\frac{t_m-p_n/v-t_\mathrm{c}(t)}{T_\mathrm{s}}\right)\cdot\exp\left(-\mathrm{j}\frac{4\pi}{\lambda}R(p_n,q_n,t_m)\right)s\left(\tau_m-\frac{2R(p_n,q_n,t_m)}{c}\right)\tag{5.2.17}$$

因此，在没有降采样的情况下，TOPS SAR 成像观测矩阵可以表示为

$$\boldsymbol{y}=\boldsymbol{\Phi x}+\boldsymbol{n}$$

式中，$\boldsymbol{x}\in\mathbb{C}^{N\times 1}$ 为观测场景后向散射系数向量；$\boldsymbol{y}\in\mathbb{C}^{M\times 1}$ 为满采样回波数据；$\boldsymbol{\Phi}\in\mathbb{C}^{M\times N}$ 为雷达观测矩阵；$\boldsymbol{n}\in\mathbb{C}^{M\times 1}$ 为噪声向量。

同理，考虑降采样运算 $\boldsymbol{H}\in\mathbb{C}^{L\times M}$ 后，TOPS SAR 降采样回波数据 $\boldsymbol{y}\in\mathbb{C}^{L\times 1}$ 具有如下形式：

$$\boldsymbol{y}=\boldsymbol{H\Phi x}+\boldsymbol{n}\tag{5.2.18}$$

在 TOPS SAR 成像模式中天线的旋转将降低目标的观测时间，因此，有

$$\|p\|\leqslant T_\mathrm{obs}v,\quad T_\mathrm{obs}=\left(\omega_\mathrm{r}T_\mathrm{b}+\frac{\lambda}{D}\right)\frac{\sqrt{H^2+q^2}}{v}+T_\mathrm{b}$$

式中，ω_r 为天线旋转率；D 为天线方位向尺寸。在 T_obs 中，只有处于时间段 $\left[-\frac{T_\mathrm{se}}{2},\frac{T_\mathrm{se}}{2}\right]$ 的目标才具有全孔径的回波数据，才可使用正则化方法进行重构，$T_\mathrm{se}=T_\mathrm{obs}-2\frac{\lambda}{D}\frac{R}{v}$。

在降采样的情况下，式(5.2.18)为一个欠定系统。TOPS SAR 模式下，观测场景可以通过解决下面的 LASSO 模型实现 ℓ_1 正则化重构：

$$\hat{\boldsymbol{x}}=\arg\min_{\boldsymbol{x}}\{\|\boldsymbol{y}-\boldsymbol{H\Phi x}\|_2^2+\lambda\|\boldsymbol{x}\|_1\}$$

2. 基于 ℓ_1 正则化的 TOPS SAR 成像方法

针对前面的 LASSO 模型，需要构建模拟算子再通过 IST 算法对观测场景进行重构成像。根据 ECS-BAS 算法和逆成像回波仿真，构建 TOPS SAR 成像算子和逆成像算子，如图 5.2.5 所示。

根据基于 ECS-BAS 近似观测算子的 TOPS SAR 成像原理框图，成像过程 $\mathcal{I}_\mathrm{TOPS}(\cdot)$ 可以写为

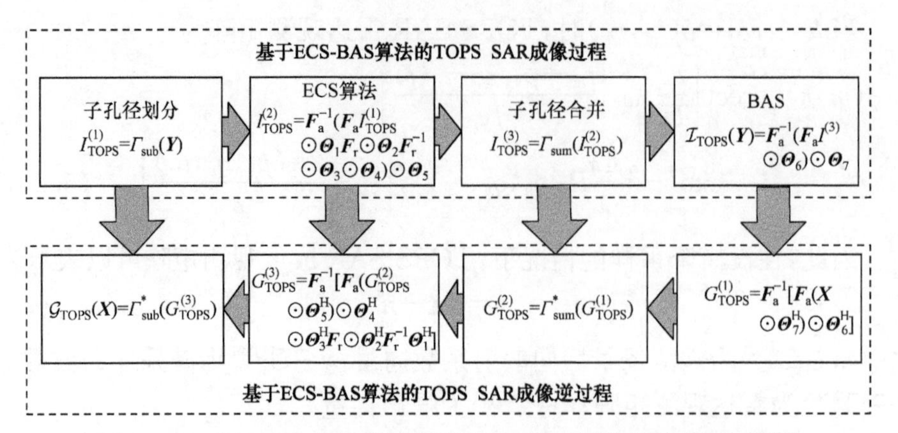

图 5.2.5　基于 ECS-BAS 算法的 TOPS SAR 稀疏微波成像原理框图

$$\mathcal{I}_{\mathrm{TOPS}}(\boldsymbol{Y})=\boldsymbol{F}_{\mathrm{a}}^{-1}\{\boldsymbol{F}_{\mathrm{a}}\Gamma_{\mathrm{sum}}[\boldsymbol{F}_{\mathrm{a}}^{-1}(\boldsymbol{F}_{\mathrm{a}}\Gamma_{\mathrm{sub}}(\boldsymbol{Y})\odot\boldsymbol{\Theta}_1\boldsymbol{F}_{\mathrm{r}}\odot\boldsymbol{\Theta}_2\boldsymbol{F}_{\mathrm{r}}^{-1}\odot\boldsymbol{\Theta}_3\odot\boldsymbol{\Theta}_4)\odot\boldsymbol{\Theta}_5]\odot\boldsymbol{\Theta}_6\}\odot\boldsymbol{\Theta}_7 \tag{5.2.19}$$

式中，各符号含义如表 5.2.2 所示。

表 5.2.2　ECS-BAS 近似观测算子操作矩阵

算子	含义
$\boldsymbol{F}_{\mathrm{r}}$	距离向傅里叶变换
$\boldsymbol{F}_{\mathrm{a}}$	方位向傅里叶变换
$\boldsymbol{F}_{\mathrm{r}}^{-1}$	距离向傅里叶逆变换
$\boldsymbol{F}_{\mathrm{a}}^{-1}$	方位向傅里叶逆变换
Γ_{sub}	子孔径划分
Γ_{sum}	子孔径合并
$\boldsymbol{\Theta}_1$	chirp scaling 运算矩阵
$\boldsymbol{\Theta}_2$	距离徙动校正，二次距离压缩，距离压缩运算矩阵
$\boldsymbol{\Theta}_3$	相位校正运算矩阵
$\boldsymbol{\Theta}_4$	将方位向双曲相位转化为二次相位运算矩阵
$\boldsymbol{\Theta}_5$	解旋转运算矩阵
$\boldsymbol{\Theta}_6$	方位向压缩与加权运算矩阵
$\boldsymbol{\Theta}_7$	相位补偿运算矩阵

基于 ECS-BAS 算法的 TOPS SAR 成像的逆过程如图 5.2.5 所示。根据该过程，构建的回波模拟算子 $\mathcal{G}_{\mathrm{TOPS}}(\cdot)$可以表示为

$$\mathcal{G}_{\mathrm{TOPS}}(\boldsymbol{X})=\Gamma_{\mathrm{sub}}^{*}\{\boldsymbol{F}_{\mathrm{a}}^{-1}[\boldsymbol{F}_{\mathrm{a}}(\Gamma_{\mathrm{sum}}^{*}\{\boldsymbol{F}_{\mathrm{a}}^{-1}[\boldsymbol{F}_{\mathrm{a}}(\boldsymbol{X}\odot\boldsymbol{\Theta}_7^{\mathrm{H}})\odot\boldsymbol{\Theta}_6^{\mathrm{H}}]\}\odot\boldsymbol{\Theta}_5^{\mathrm{H}})\odot\boldsymbol{\Theta}_4^{\mathrm{H}}\odot\boldsymbol{\Theta}_3^{\mathrm{H}}\boldsymbol{F}_{\mathrm{r}}\odot\boldsymbol{\Theta}_2^{\mathrm{H}}\boldsymbol{F}_{\mathrm{r}}^{-1}\odot\boldsymbol{\Theta}_1^{\mathrm{H}}]\} \tag{5.2.20}$$

式中，$\Gamma_{\mathrm{sub}}^{*}$和 $\Gamma_{\mathrm{sum}}^{*}$分别为子孔径划分逆过程和子孔径合并逆过程。

与式(5.2.10)类似,基于回波模拟算子的 TOPS SAR 成像模型为

$$\boldsymbol{Y}=\boldsymbol{H}_{\mathrm{a}}\mathcal{G}_{\mathrm{TOPS}}(\boldsymbol{X})\boldsymbol{H}_{\mathrm{r}}+\boldsymbol{N} \tag{5.2.21}$$

式中,$\boldsymbol{H}_{\mathrm{a}}$ 为方位向降采样矩阵;$\boldsymbol{H}_{\mathrm{r}}$ 为距离向降采样矩阵。

根据式(5.2.21)中的成像模型,可以通过解决下面的 LASSO 模型来实现对观测场景的稀疏重构:

$$\hat{\boldsymbol{X}}=\arg\min_{\boldsymbol{x}}\{\|\boldsymbol{Y}-\boldsymbol{H}_{\mathrm{a}}\mathcal{G}_{\mathrm{TOPS}}(\boldsymbol{X})\boldsymbol{H}_{\mathrm{r}}\|_{\mathrm{F}}^{2}+\lambda\|\boldsymbol{X}\|_{1}\} \tag{5.2.22}$$

式中,$\|\boldsymbol{X}\|_1$为矩阵的元素形式 ℓ_1 范数。

利用 IST 算法,可以通过迭代求解式(5.2.22):

$$\boldsymbol{X}^{(k)}=H_{\lambda,\mu,1}(\boldsymbol{X}^{(k-1)}+\mu\mathcal{I}_{\mathrm{TOPS}}(\boldsymbol{Y}-\boldsymbol{H}_{\mathrm{a}}\mathcal{G}_{\mathrm{TOPS}}(\boldsymbol{X}^{(k-1)})\boldsymbol{H}_{\mathrm{r}})) \tag{5.2.23}$$

与基于 IST 算法的 ScanSAR 稀疏成像相似,TOPS SAR 成像中只需将观测矩阵替换为相应的逆成像过程形式,然后利用基于矩阵运算的 IST 算法即可实现 TOPS SAR 的稀疏成像。迭代流程如图 5.2.6 所示。

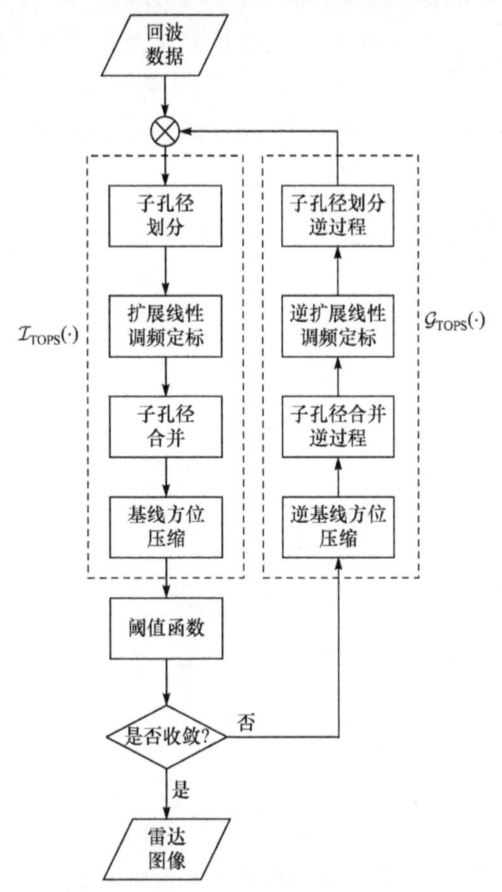

图 5.2.6 基于 ECS-BAS 的 TOPS SAR 稀疏微波成像算法流程图

5.2.4　滑动聚束 SAR 稀疏微波成像方法

滑动聚束 SAR 模式下天线在方位向从前往后扫描，以提高每个点被照射的时间，从而提高合成孔径长度、获得较高的方位向分辨率（Mittermayer et al.，2003；Prats et al.，2010）；由于波束凝视中心在观测场景之下，滑动聚束 SAR 模式将获得比聚束模式更大的方位向测绘带宽。但波束中心旋转会导致其方位向多普勒带宽远大于系统脉冲重复频率，方位向频谱混叠，成像时需要方位向解模糊。本节基于全孔径两步成像算法介绍滑动聚束 SAR 稀疏重构算法（Xu et al.，2018a，2018b）。

1. 滑动聚束 SAR 成像模型

滑动聚束 SAR 成像示意图如图 5.2.7 所示。设卫星平台运行速度为 v，雷达到场景中心最近斜距为 R_0，到虚拟点 S 的最近斜距为 $\tilde{r}$，波束中心在地面移动的速度为 v_f，在回波接收时间内平台飞行的距离为 X_I，天线波束完全照射的场景方位向宽度为 X_f，天线波束在地面的方位向宽度为 X。定义混合度因子 A 为

$$A=\frac{\tilde{r}-R_0}{\tilde{r}} \tag{5.2.24}$$

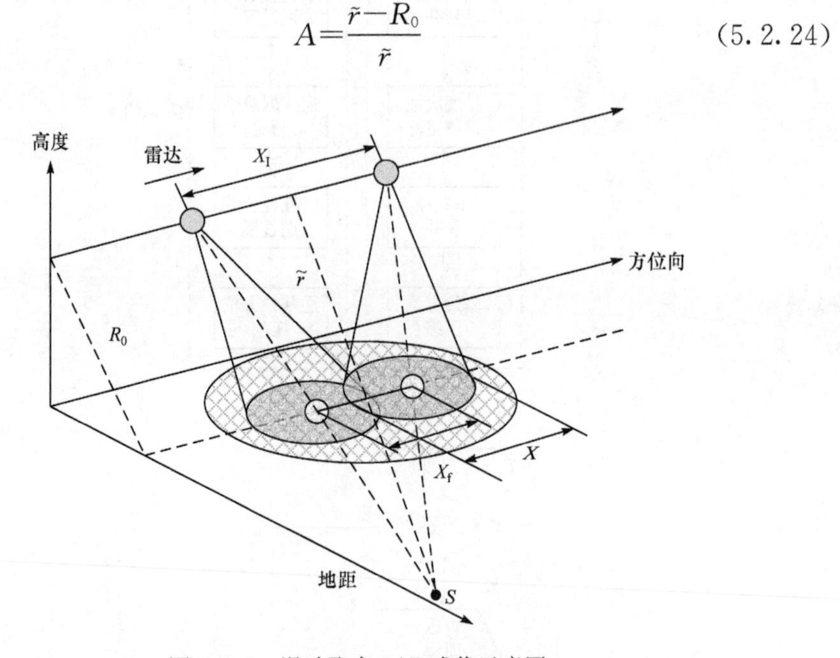

图 5.2.7　滑动聚束 SAR 成像示意图

在时间(t,τ)处的基带回波数据$y(t,\tau)$可以表示为

$$y(t,\tau)=\iint_{(p,q)}\sigma(p,q)\mathrm{rect}\left(\frac{Avt-x(p,q)}{X}\right)\mathrm{rect}\left(\frac{vt}{X_{\mathrm{I}}}\right)\mathrm{rect}\left(\frac{x(p,q)}{X_{\mathrm{f}}}\right)\mathrm{rect}\left(\frac{\tau-2R/c}{T_{\mathrm{p}}}\right)\cdot\exp\left(-\mathrm{j}2\pi\frac{2R}{\lambda}\right)\exp\left[-\mathrm{j}\pi K_{\mathrm{r}}\left(\tau-\frac{2R}{c}\right)^2\right]\mathrm{d}p\mathrm{d}q \tag{5.2.25}$$

式中，K_{r}为距离向调频率；x为目标方位向位置；$R=\sqrt{R_0^2+(vt-x)^2}$为目标瞬时斜距；T_{p}为单个脉冲持续时间；c为光速；λ为载波波长。

对式(5.2.25)所示的成像模型，与ScanSAR和TOPS SAR的处理一样，对时间离散化并重新排列后向散射系数，进而可以得到滑动聚束SAR模式下的离散模型：

$$y(t_m,\tau_m)=\sum_{m=1}^{M}\sum_{n=1}^{N}\phi(m,n)\sigma(p_n,q_n) \tag{5.2.26}$$

式中，观测矩阵$\boldsymbol{\Phi}=\{\phi(m,n)\}_{M\times N}$为

$$\phi(m,n)\cong\iint_{(t,\tau)\in T_m}\mathrm{rect}\left(\frac{Avt-x(p,q)}{X}\right)\mathrm{rect}\left(\frac{vt}{X_{\mathrm{I}}}\right)\mathrm{rect}\left(\frac{x(p,q)}{X_{\mathrm{f}}}\right)\mathrm{rect}\left(\frac{\tau-2R/c}{T_{\mathrm{p}}}\right)\cdot\exp\left(-\mathrm{j}2\pi\frac{2R}{\lambda}\right)\exp\left[-\mathrm{j}\pi K_{\mathrm{r}}\left(\tau-\frac{2R}{c}\right)^2\right]h_m(t,\tau)\mathrm{d}t\mathrm{d}\tau$$

考虑降采样情况，滑动聚束稀疏SAR成像观测矩阵为

$$\boldsymbol{y}=\boldsymbol{H\Phi x}+\boldsymbol{n} \tag{5.2.27}$$

式中，$\boldsymbol{x}\in\mathbb{C}^{N\times1}$为观测场景后向散射系数向量；$\boldsymbol{y}\in\mathbb{C}^{L\times1}$为降采样回波信号；$\boldsymbol{H}\in\mathbb{C}^{L\times M}$为降采样矩阵；$\boldsymbol{\Phi}\in\mathbb{C}^{M\times N}$为雷达观测矩阵；$\boldsymbol{n}\in\mathbb{C}^{M\times1}$为热噪声。

假定观测场景具有稀疏性，在滑动聚束SAR模式下，式(5.2.27)可以通过解决下面的LASSO模型实现ℓ_1正则化重构：

$$\hat{\boldsymbol{x}}=\arg\min_{\boldsymbol{x}}\{\|\boldsymbol{y}-\boldsymbol{H\Phi x}\|_2^2+\lambda\|\boldsymbol{x}\|_1\}$$

2. 基于ℓ_1正则化的滑动聚束SAR成像方法

针对前面的LASSO模型，需要构建模拟算子代替观测矩阵对观测场景进行重构成像。滑动聚束SAR由其天线波束旋转导致方位向频谱混叠，和条带SAR相比需要解决方位模糊问题。目前滑动聚束SAR成像算法分为两类：子孔径划分算法和全孔径两步成像算法。本小节基于chirp scaling全孔径两步成像算法构建滑动聚束SAR成像算子和回波模拟算子，原理框图如图5.2.8所示。

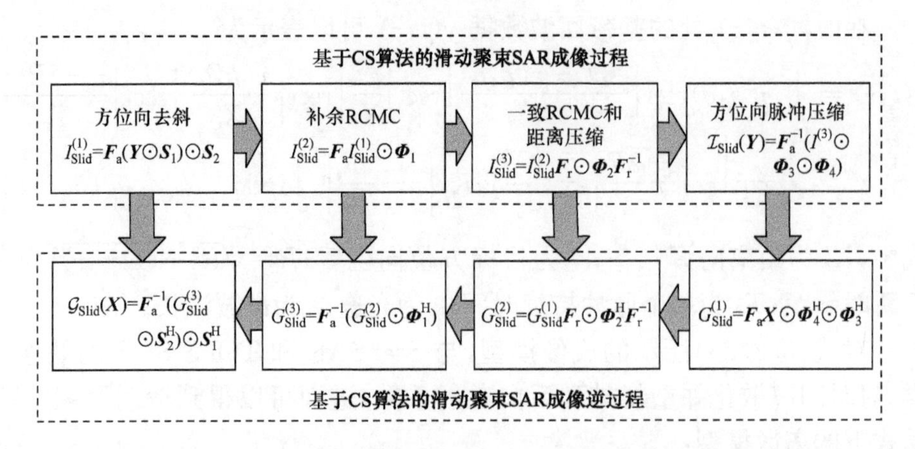

图5.2.8 基于 chirp scaling 全孔径两步成像算法的滑动聚束 SAR 稀疏微波成像原理框图

根据图 5.2.8，令 $\mathcal{I}_{\mathrm{Slid}}(\cdot)$表示滑动聚束 SAR 成像过程，则

$$\mathcal{I}_{\mathrm{Slid}}(\boldsymbol{Y})=\boldsymbol{F}_{\mathrm{a}}^{-1}\{\boldsymbol{F}_{\mathrm{a}}[\boldsymbol{F}_{\mathrm{a}}(\boldsymbol{Y}\odot\boldsymbol{S}_1)\odot\boldsymbol{S}_2]\odot\boldsymbol{\Phi}_1\boldsymbol{F}_{\mathrm{r}}\odot\boldsymbol{\Phi}_2\boldsymbol{F}_{\mathrm{r}}^{-1}\odot\boldsymbol{\Phi}_3\odot\boldsymbol{\Phi}_4\}\tag{5.2.28}$$

式中，各符号含义如表 5.2.3 所示。

表 5.2.3 chirp scaling 全孔径两步成像近似观测算子操作矩阵

算子	含义
$\boldsymbol{F}_{\mathrm{r}}$	距离向傅里叶变换
$\boldsymbol{F}_{\mathrm{a}}$	方位向傅里叶变换
$\boldsymbol{F}_{\mathrm{r}}^{-1}$	距离向傅里叶逆变换
$\boldsymbol{F}_{\mathrm{a}}^{-1}$	方位向傅里叶逆变换
$\boldsymbol{S}_1$	去斜相位
$\boldsymbol{S}_2$	逆去斜相位
$\boldsymbol{\Phi}_1$	补余 RCMC 矩阵
$\boldsymbol{\Phi}_2$	一致 RCMC 和距离向压缩矩阵
$\boldsymbol{\Phi}_3$	方位向压缩矩阵
$\boldsymbol{\Phi}_4$	残余多普勒校正相位

基于 chirp scaling 全孔径两步成像算法的滑动聚束 SAR 两步成像算法逆过程如图 5.2.8 所示，根据该过程构建回波模拟算子 $\mathcal{G}_{\mathrm{Slid}}(\cdot)$为

$$\mathcal{G}_{\mathrm{Slid}}(\boldsymbol{X})=\boldsymbol{F}_{\mathrm{a}}^{-1}[\boldsymbol{F}_{\mathrm{a}}^{-1}(\boldsymbol{F}_{\mathrm{a}}\boldsymbol{X}\odot\boldsymbol{\Phi}_4^{\mathrm{H}}\odot\boldsymbol{\Phi}_3^{\mathrm{H}}\boldsymbol{F}_{\mathrm{r}}\odot\boldsymbol{\Phi}_2^{\mathrm{H}}\boldsymbol{F}_{\mathrm{r}}^{-1}\odot\boldsymbol{\Phi}_1^{\mathrm{H}})\odot\boldsymbol{S}_2^{\mathrm{H}}]\odot\boldsymbol{S}_1^{\mathrm{H}}\tag{5.2.29}$$

同式(5.2.10)，基于回波模拟算子的滑动聚束 SAR 成像模型为

$$\boldsymbol{Y}=\boldsymbol{H}_{\mathrm{a}}\mathcal{G}_{\mathrm{Slid}}(\boldsymbol{X})\boldsymbol{H}_{\mathrm{r}}+\boldsymbol{N} \tag{5.2.30}$$

根据式(5.2.30)中的成像模型,可以通过解决下面的 LASSO 模型来实现对观测场景的稀疏重构

$$\hat{\boldsymbol{X}}=\arg\min_{\boldsymbol{X}}\{\|\boldsymbol{Y}-\boldsymbol{H}_{\mathrm{a}}\mathcal{G}_{\mathrm{Slid}}(\boldsymbol{X})\boldsymbol{H}_{\mathrm{r}}\|_{\mathrm{F}}^{2}+\lambda\|\boldsymbol{X}\|_{1}\} \tag{5.2.31}$$

式中,$\|\boldsymbol{X}\|_1$为矩阵的元素形式 ℓ_1 范数。

利用 IST 算法,可以通过迭代求解式(5.2.31):

$$\boldsymbol{X}^{(k)}=H_{\lambda,\mu,1}(\boldsymbol{X}^{(k-1)}+\mu\mathcal{I}_{\mathrm{Slid}}(\boldsymbol{Y}-\boldsymbol{H}_{\mathrm{a}}\mathcal{G}_{\mathrm{Slid}}(\boldsymbol{X}^{(k-1)})\boldsymbol{H}_{\mathrm{r}})) \tag{5.2.32}$$

与 ScanSAR 和 TOPS SAR 处理过程类似,将滑动聚束 SAR 的成像算子$\mathcal{I}_{\mathrm{Slid}}(\cdot)$和回波模拟算子 $\mathcal{G}_{\mathrm{Slid}}(\cdot)$代入 IST 算法流程,即可实现滑动聚束 SAR 稀疏成像。基于 chirp scaling 全孔径两步成像的滑动聚束 SAR 稀疏微波成像算法流程图如图 5.2.9 所示。

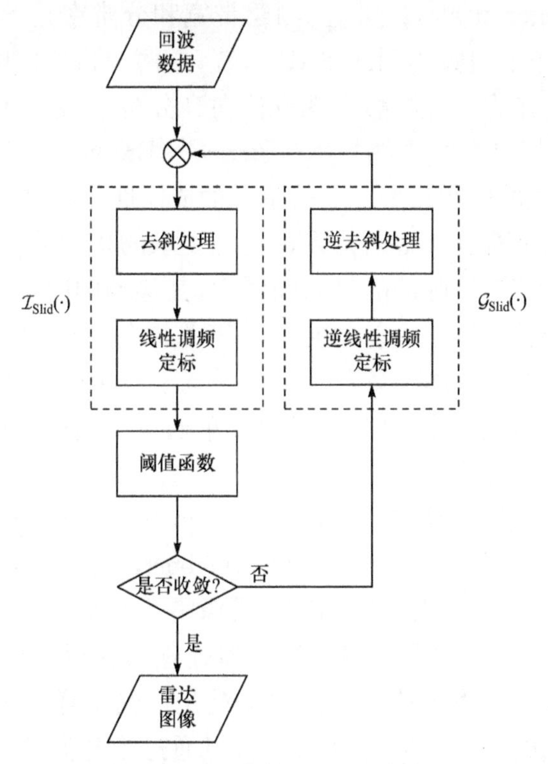

图 5.2.9　基于 chirp scaling 全孔径两步成像算法的滑动聚束 SAR 稀疏微波成像算法流程图

5.2.5　小结

本节将稀疏信号处理方法推广到 ScanSAR、TOPS SAR 和滑动聚束

SAR 工作模式，分别介绍这几种工作模式下的稀疏成像模型，针对直接求解运算量和内存需求过大的问题，引入回波模拟算子使之可适用于大场景无模糊雷达成像。可以看出稀疏微波成像方法适用于不同的雷达成像工作模式，具有广泛的应用前景。

5.3 DPCA 成像

5.3.1 引言

随着 SAR 技术的发展，微波遥感的实际应用对成像雷达系统的测绘带宽和分辨率要求越来越高(Currie & Brown，1992；Callaghan & Longstaff，1999；Krieger et al.，2008)。测绘带宽和分辨率是 SAR 系统的两个关键指标，对于单发单收体制的 SAR 系统，这两个指标同时提高会受到系统设计的制约。作为一种能够实现方位向高分辨率、距离向宽测绘带的多通道技术，偏置相位中心天线技术(Currie & Brown，1992)已广泛应用于高性能 SAR 系统的研制。为了获得最优的成像性能，DPCA 成像雷达系统需要满足方位向上符合奈奎斯特采样定理要求的均匀采样条件，即运载平台在天线发射相邻信号脉冲的时间间隔内，其移动的距离必须满足特定的条件。但是由于受到特定入射角度下 PRF 选取的约束，根据上述均匀采样条件计算得到的 PRF 可能不符合 SAR 系统波位选取时的“斑马图”要求。由此会导致方位向上的非均匀采样，致使单通道雷达成像算法无法直接应用于多通道 SAR 回波数据的处理。

基于多普勒频谱重构(Doppler spectrum reconstruction，DSR)的多通道 SAR 成像方法(Krieger et al.，2004；Gebert，2009)可用于多通道 SAR 方位向非均匀采样。该方法将 DPCA 成像雷达系统在方位向上采集的回波数据，近似为经过接收通道特性滤波器处理后获得的单通道 SAR 系统方位向的回波数据。当方位向回波数据满足广义采样定理(Brown，1981)时，多通道 SAR 的无混叠多普勒频谱可以通过重建滤波器处理每个接收通道的回波数据获得。当回波数据中存在噪声时，方位向非均匀采样会导致重构雷达图像中出现大量的模糊信号，给图像解译工作带来极大的困难。

基于稀疏信号处理的 DPCA 成像方法则是根据成像雷达系统接收的

回波数据与观测场景的后向散射系数之间的时域关系构建雷达观测模型。利用稀疏重构算法对该模型进行求解，获得观测场景的无模糊雷达图像。当观测场景空间尺度较大、回波数据采集量较多时，包含观测矩阵的矩阵向量乘法运算会产生巨大的系统资源损耗，需基于回波模拟算子原理构建的 DPCA 数据处理算子来降低计算复杂度和对内存的要求。在本节中，针对多通道 SAR 方位向非均匀采样导致的方位模糊问题，开展基于功能滤波器的稀疏微波成像方位模糊抑制方法研究，介绍一种基于稀疏信号处理的一发多收 SAR 成像算法和基于 DPCA 数据处理算子的阈值迭代雷达成像算法(Quan et al.,2016a,2016b,2016c;吴一戎等,2016)。本节的主要内容安排如下：首先，给出基于广义采样定理重建滤波器的基本原理，介绍利用重建滤波器完成多通道 SAR 多普勒频谱重建的原理与方法；其次，介绍 ℓ_q 正则化阈值迭代算法的基本原理，给出 DPCA 数据处理算子的推导过程，说明基于 DPCA 数据处理算子的阈值迭代算法的实现方式；最后，通过仿真实验对基于 DPCA 数据处理算子的阈值迭代雷达成像算法的成像性能提升进行验证。

5.3.2　多通道 SAR 非均匀采样多普勒频谱重建

1. 重建滤波器原理

根据广义采样定理(Brown,1981)，对于一个频带受限且能量有限的信号，当使用 $1/N$ 的奈奎斯特采样率对其 N 组独立表征进行采样时，原信号的频谱可以由上述 N 组采样数据的混叠频谱经过重建滤波器的加权处理得到。这 n 个采样滤波器组生成一个转移矩阵 $\boldsymbol{H}(f)$：

$$\boldsymbol{H}(f)=\begin{bmatrix} H_1(f) & \cdots & H_n(f) \\ H_1(f+\mathrm{PRF}) & \cdots & H_n(f+\mathrm{PRF}) \\ \vdots & & \vdots \\ H_1(f+(n-1)\mathrm{PRF}) & \cdots & H_n(f+(n-1)\mathrm{PRF}) \end{bmatrix} \tag{5.3.1}$$

式中，f 为多普勒频率。

重建滤波器可以根据以下转移矩阵求得：

$$\boldsymbol{P}(f)=\boldsymbol{H}^{-1}(f) \tag{5.3.2}$$

$$\boldsymbol{H}^{-1}(f)=\begin{bmatrix} P_{11}(f) & P_{12}(f+\mathrm{PRF}) & \cdots & P_{1n}(f+(n-1)\mathrm{PRF}) \\ P_{21}(f) & P_{22}(f+\mathrm{PRF}) & \cdots & P_{2n}(f+(n-1)\mathrm{PRF}) \\ \vdots & \vdots & & \vdots \\ P_{n1}(f) & P_{n2}(f+\mathrm{PRF}) & \cdots & P_{nn}(f+(n-1)\mathrm{PRF}) \end{bmatrix} \tag{5.3.3}$$

式中，带通滤波器 $P_{ij}(f)$ 的频率带宽为 $[(j-1-N/2)\mathrm{PRF},(j-N/2)\mathrm{PRF})$；重建滤波器 $P_i(f)(i=1,2,\cdots,N)$ 是由 N 个带通滤波器 $P_{ij}(f)(j=1,2,\cdots,N)$ 组成的。

式(5.3.3)给出了用于求解重建滤波器 $P_i(f)$ 的一般方法。当多通道 SAR 系统的接收通道数目较少时，也可以通过构建低维线性方程组来求解重建滤波器。

2. 多通道 SAR 多普勒频谱重建

多通道 SAR 技术是一种能够同时实现方位向高分辨率、距离向宽测绘带的有效方法(Currie & Brown，1992；Callaghan & Longstaff，1999)。为了获得最优的成像性能，多通道 SAR 系统通常需要满足方位向上符合奈奎斯特采样定理要求的均匀采样条件，以两通道 SAR 系统为例，运载平台在天线发射相邻信号脉冲的时间间隔内，其移动的距离必须等于天线沿顺轨方向总长度的 1/2。然而，对于特定入射角度下的观测约束，根据上述均匀采样条件算得的 PRF 可能不符合 SAR 系统波位选取时所需满足的“斑马图”要求，由此便会导致方位向上的非均匀采样。

图 5.3.1 为一发两收 SAR 方位向采样示意图。在天线发射相邻信号脉冲的时间间隔内，运载平台的运动距离为 $\frac{v}{\mathrm{PRF}}$。由图 5.3.1 可以看到，当 $\frac{v}{\mathrm{PRF}}=\frac{L}{2}$ 时，接收天线“Rx_1”的采样位置与接收天线“Rx_2”的采样位置之间的距离均等于 Δx，此时，一发两收 SAR 系统方位向采样方式为均匀采样(见图 5.3.1(a))；当 $\frac{v}{\mathrm{PRF}}\neq\frac{L}{2}$ 时，接收天线“Rx_1”的采样位置(图 5.3.1(b)中用虚线框圈起的“1”表示)与接收天线“Rx_2”的前一次采样位置(图 5.3.1(b)中用实线框圈起的“2”表示)之间的距离不再等于 Δx，此时一发两收 SAR 系统方位向采样方式为非均匀采样。

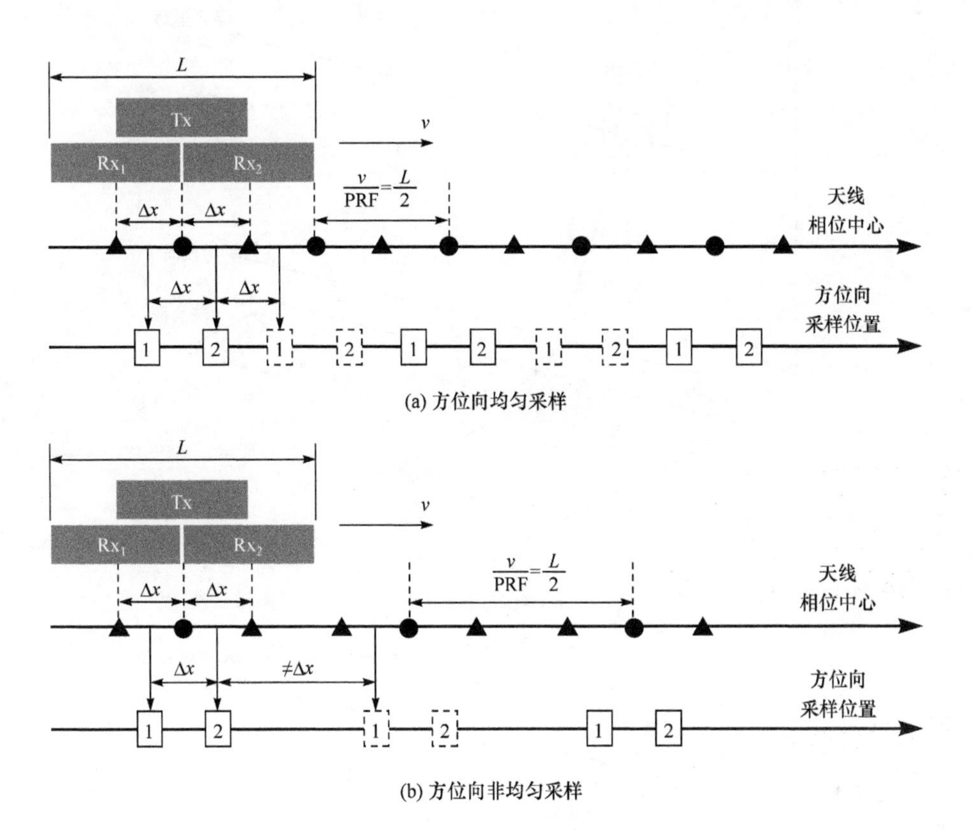

图 5.3.1　一发两收 SAR 方位向采样示意图

L. 天线沿顺轨方向的总长度；v. 运载平台的运动速度；Δx. 接收天线相位中心与发射天线相位中心沿方位向的距离（$\Delta x = L/4$）；"●". 发射天线"Tx"相位中心的位置；"▲". 接收天线"Rx_1"和接收天线"Rx_2"相位中心的位置

当方位向采样方式为非均匀采样时，常规单通道 SAR 成像算法无法直接应用于多通道 SAR 回波数据的处理，需要对此非均匀采样数据进行多普勒频谱重建。下面介绍方位向非均匀采样下多通道 SAR 多普勒频谱重建方法的基本原理和实现方式。

图 5.3.2 为单通道 SAR 与多通道 SAR 成像示意图。如图 5.3.3 所示，多通道 SAR 系统在方位向上采集的回波信号可以近似认为是由单通道 SAR 系统在方位向上采集的回波信号经过接收通道特性滤波器处理后得来的。

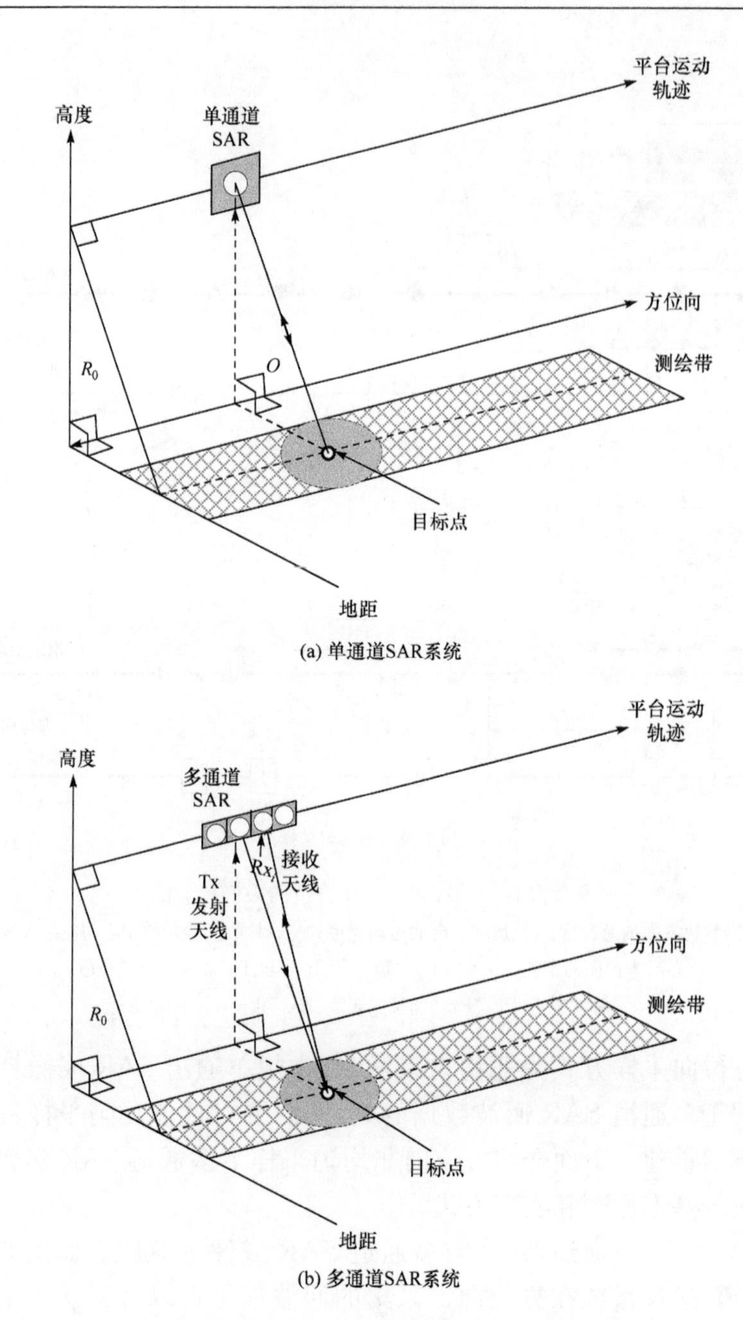

图 5.3.2　单通道 SAR 与多通道 SAR 成像示意图

值得注意的是，在推导 $H_{\mathrm{m},i}(f)$和 $H_{\mathrm{s}}(f)$之间关系的过程中，并没有对 Δx_i 和 PRF 进行过多的约束，因此可适用于多通道 SAR 方位向非均匀采样数据的获取。而根据重建滤波器的推导过程可知，如果多通道 SAR 系

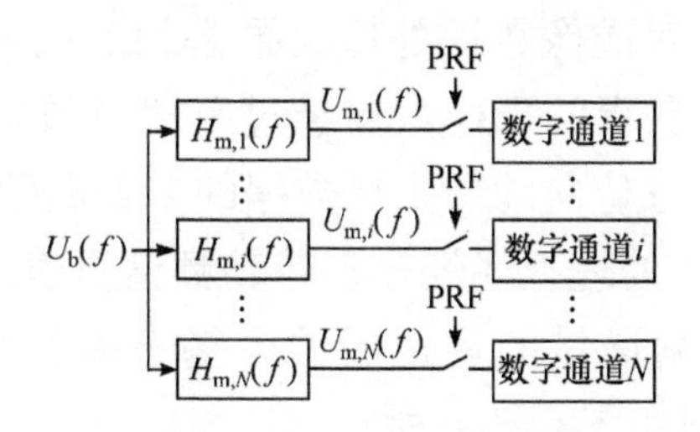

图 5.3.3　多通道 SAR 方位向采样示意图

$U_b(f)$. 观测场景的目标散射函数；$H_{m,i}(f)$. 第 i 个通道在多普勒域的冲激响应函数；$U_{m,i}(f)$. 多通道 SAR 系统第 i 个接收通道采集的回波信号的多普勒频谱

统在方位向上对回波信号的采集过程满足广义采样定理的要求，那么就能将其 N 个接收通道获取的方位向非均匀采样数据转化成采样率相同的方位向均匀采样数据。由此便可利用单通道 SAR 成像算法完成雷达成像工作。上述多通道 SAR 系统采样数据的转化过程是利用重建滤波器对回波信号的多普勒频谱进行重建而实现的，而多普勒频谱重建过程所要使用的重建滤波器可以由接收通道特性滤波器推导获得，重建滤波器结构示意图如图 5.3.4 所示。因此，对于多通道的周期性非均匀采样系统，必须先获得在各个通道的采样滤波器，推导出相应的重建滤波器组进行叠加重构，才能有效地重构频谱。

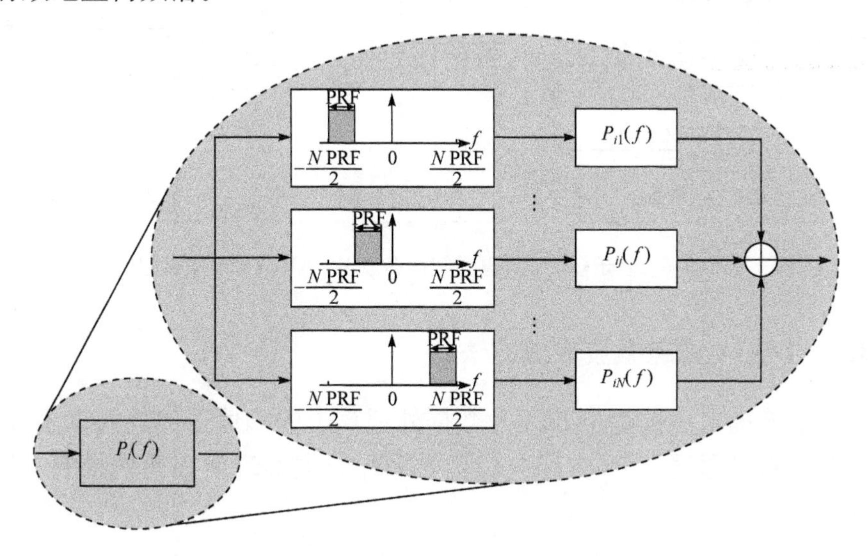

图 5.3.4　重建滤波器结构示意图

对于接收通道数目为 N 的多通道 SAR 系统，因为重建滤波器 $P_i(f)$

和特性滤波器 $H_i(f)$ 对成像数据处理结果是相反的，因此由图 5.3.5 所示的回波信号采集过程获得的采样数据经过重建滤波器处理后，便能得到采样率同为 $N \cdot \mathrm{PRF}$ 的方位向均匀采样数据的多普勒频谱 $U_s(f)$。然后利用单通道 SAR 成像算法处理上述经过多普勒频谱重建后的多通道 SAR 回波数据，就能实现对观测场景的雷达成像。基于多普勒频谱重建的多通道 SAR 成像算法流程图如图 5.3.6 所示。

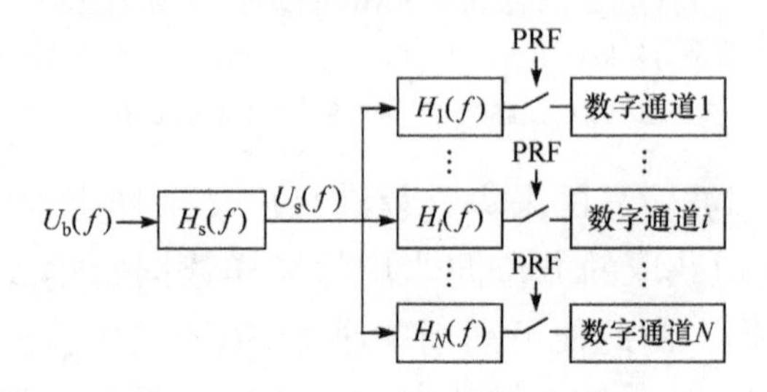

图 5.3.5 等效多通道 SAR 方位向采样示意图

$U_b(f)$. 观测场景的目标散射函数；$U_s(f)$. 单通道 SAR 系统采集的回波信号的多普勒频谱；$H_s(f)$. 单通道在多普勒域的冲激响应函数；$H_i(f)=H_{m,i}(f)/H_s(f)$

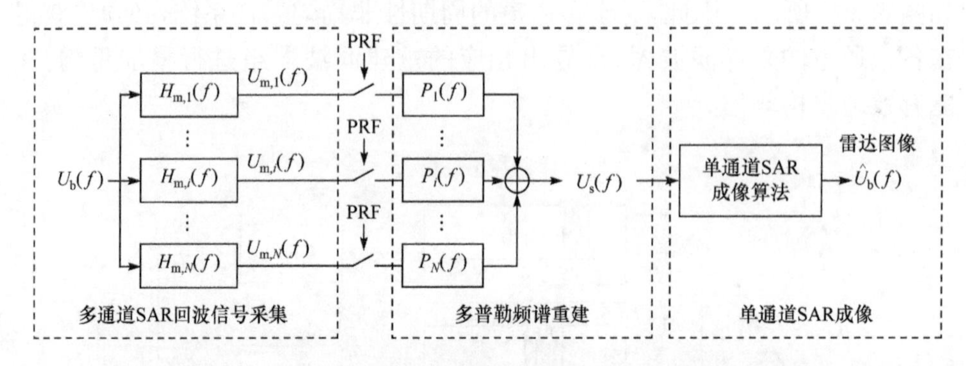

图 5.3.6 基于多普勒频谱重建的多通道 SAR 成像算法流程图

5.3.3 DPCA 稀疏微波成像方法

本小节提出一种基于 DPCA 数据处理算子的阈值迭代成像算法，该算法可以利用多通道 SAR 方位向非均匀采样数据实现对观测场景的非模糊重构。

1. DPCA 数据处理算子

在 ℓ_q 正则化阈值迭代算法实现中存在包含观测矩阵的矩阵向量乘法

运算，因为该运算计算复杂度和内存使用量均为平方阶，所以 ℓ_q 正则化阈值迭代算法通常无法直接应用于机载/星载多通道 SAR 回波数据处理。为了降低 ℓ_q 正则化阈值迭代算法在多通道 SAR 成像过程中对数据处理系统的资源损耗，根据多通道 SAR 成像原理和逆成像回波仿真思想，构建能够用于处理多通道 SAR 方位向非均匀采样数据的数据处理算子，为表述方便，在此将该算子称为 DPCA 数据处理算子(Quan et al.，2016a，2016b)。

基于 DPCA 数据处理算子的成像原理框图如图 5.3.7 所示。其中多通道雷达图像重构过程是根据图 5.3.6 所示的基于多普勒频谱重建的多通道 SAR 成像原理实现的。基于多普勒频谱重建的多通道 SAR 成像过程主要包括多普勒频谱重建和单通道 SAR 成像两个操作，下面以距离多普勒算法作为单通道 SAR 成像操作的实现方法，给出 DPCA 数据处理算子雷达图像重构部分的推导过程。多通道雷达图像重构过程可以划分成四个主要的数据处理步骤，即距离脉冲压缩、多普勒频谱重建、距离徙动校正和方位脉冲压缩，其数学表达式可写为

$$\mathcal{I}(\boldsymbol{Y}) = \boldsymbol{F}_{\mathrm{a}}^{\mathrm{H}}\left\{\boldsymbol{M}_{\mathrm{a}} \odot \mathcal{P}\left(\sum_{i} \boldsymbol{P}_{i} \odot \left[\boldsymbol{F}_{\mathrm{a}}(\boldsymbol{Y}_{i}\boldsymbol{F}_{\mathrm{r}} \odot \boldsymbol{M}_{\mathrm{r}}\boldsymbol{F}_{\mathrm{r}}^{\mathrm{H}})\right]\right)\right\} \tag{5.3.4}$$

式中，$\boldsymbol{Y}_i$ 为由第 i 个接收通道采样获得的回波数据矩阵；$\boldsymbol{Y}$ 为由多通道成像雷达系统获得的回波数据矩阵，且 $\boldsymbol{Y}=\bigcup_i \boldsymbol{Y}_i$；$\boldsymbol{M}_{\mathrm{r}}$ 和 $\boldsymbol{M}_{\mathrm{a}}$ 分别为在距离向以及方位向上用来处理数据的频域匹配滤波器矩阵；$\boldsymbol{F}_{\mathrm{r}}$ 和 $\boldsymbol{F}_{\mathrm{a}}$ 则分别为在距离向以及方位向上用来处理数据的离散傅里叶变换矩阵，而 $\boldsymbol{F}_{\mathrm{r}}^{\mathrm{H}}$ 和 $\boldsymbol{F}_{\mathrm{a}}^{\mathrm{H}}$ 为其共轭转置矩阵；$\boldsymbol{P}_i$ 为由$\boldsymbol{P}_i(f)$的解析式计算得到的重建滤波器矩阵；$\mathcal{P}(\cdot)$为用于实现距离徙动校正的 sinc 插值算子；$\odot$为 Hadamard 乘积运算。

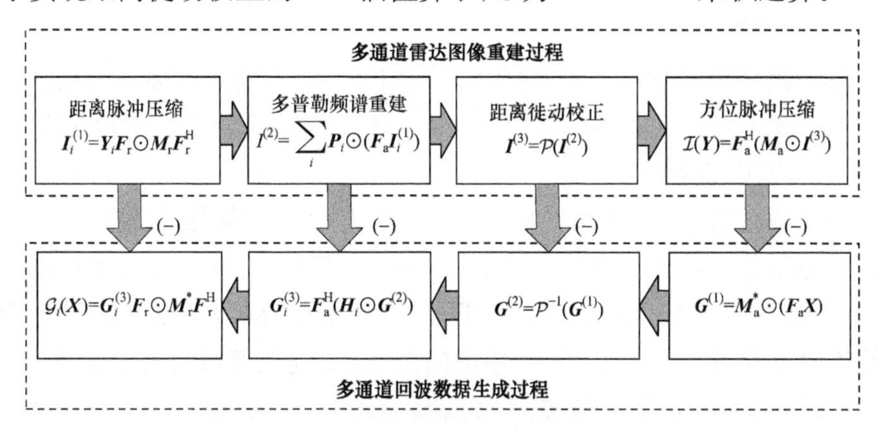

图 5.3.7　基于 DPCA 数据处理算子的成像原理框图

由 sinc 插值的基本原理可知，$\mathcal{P}(\cdot)$是可逆算子。因此，根据逆成像回波仿真思想，对式(5.3.4)描述的多通道雷达图像重构过程取逆，便能获得多通道回波数据生成过程的数学表达式：

$$\mathcal{G}_i(\boldsymbol{X})=\boldsymbol{F}_{\mathrm{a}}^{\mathrm{H}}\{\boldsymbol{H}_i\odot[\mathcal{P}^{-1}(\boldsymbol{M}_{\mathrm{a}}^{*}\odot(\boldsymbol{F}_{\mathrm{a}}\boldsymbol{X}))]\}\boldsymbol{F}_{\mathrm{r}}\odot\boldsymbol{M}_{\mathrm{r}}^{*}\boldsymbol{F}_{\mathrm{r}}^{\mathrm{H}} \tag{5.3.5}$$

式中，$\boldsymbol{X}$ 为观测场景的后向散射系数矩阵；$\boldsymbol{H}_i$ 为由特性滤波器 $\boldsymbol{H}_i(f)$计算获得的特性滤波器矩阵；上角标 * 表示取矩阵的共轭，上角标 -1 表示功能算子的逆过程。

2. 快速重构算法

将 DPCA 数据处理算子的回波生成部分 $\mathcal{G}_i(\cdot)$代入 ℓ_q 正则化模型中，用于替代观测矩阵 $\boldsymbol{\Phi}$ 的功能，由此便能得到基于 ℓ_q 正则化的多通道 SAR 成像模型：

$$\hat{\boldsymbol{X}}=\arg\min_{\boldsymbol{X}}\{\|\bigcup_i\boldsymbol{Y}_i-\mathcal{G}_i(\boldsymbol{X}^{(k)})\|_{\mathrm{F}}^2+\lambda\|\boldsymbol{X}\|_q^q\} \tag{5.3.6}$$

式中，$\lambda>0$为正则化参数；$\|\cdot\|_{\mathrm{F}}$表示 Frobenius 范数；$\|\boldsymbol{X}\|_q$为矩阵的元素形式 ℓ_q 范数($0<q\leqslant1$)。

根据 ℓ_q 正则化阈值迭代算法的原理，可以推导出基于 DPCA 数据处理算子的阈值迭代雷达成像算法：

$$\boldsymbol{X}^{(k)}=H_{\lambda,\mu,q}(\boldsymbol{X}^{(k-1)}+\mu\mathcal{I}(\bigcup_i\boldsymbol{Y}_i-\mathcal{G}_i(\boldsymbol{X}^{(k-1)}))) \tag{5.3.7}$$

式中，μ 为用于控制阈值迭代算法收敛性的参数，且 $0<\mu<\|\boldsymbol{\Phi}\|_2^{-2}$；$H_{\lambda,\mu,q}(\cdot)$是由 ℓ_q 正则化模型推导而来的阈值算子，且只有当 q 的取值等于 1/2、2/3 或 1 时，该阈值算子所包含的阈值函数 $\eta_{\lambda,\mu,q}(\cdot)$才有解析表达式，表达式形式见 3.5.2 节。

算法具体流程如图 5.3.8 所示。图中，R_0 为雷达到目标的最近斜距；λ 为波长；Δx_i 为第 i 个接收天线相位中心与发射天线相位中心沿方位向的距离；v 为雷达移动速度。

为了表述方便，在下面的内容中，将基于 DPCA 数据处理算子的阈值迭代雷达成像算法简写为“ℓ_q-DPCA 算法”。与基本的 ℓ_q 正则化阈值迭代算法类似，在迭代运算过程中，ℓ_q-DPCA 算法也需要对 μ 和 λ 的取值进行优化更新。在后面的仿真实验中，使用的是 $\ell_{1/2}$ 正则化模型的阈值函数。μ 和 λ 的更新规则可参考相关文献(Blumensath & Davies，2010)，在此不再赘述。

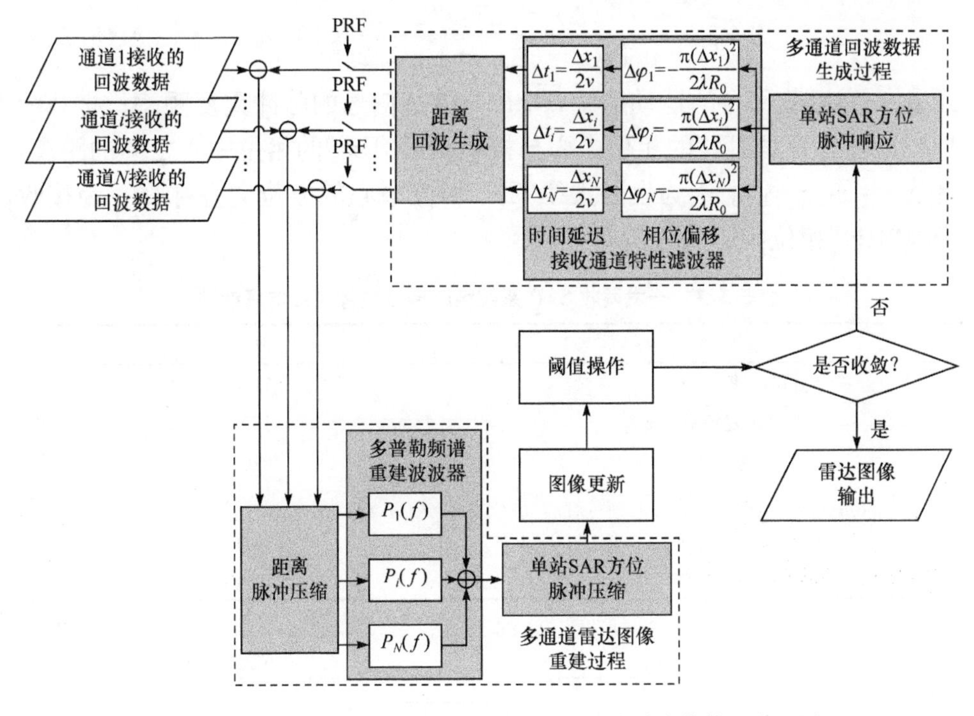

图 5.3.8　基于 DPCA 数据处理算子的稀疏微波成像算法流程图

5.3.4　仿真实验

本小节将通过仿真实验对 ℓ_q-DPCA 算法的成像性能进行测试，内容包括以下三个方面：首先，当多通道 SAR 系统的方位向采样方式为非均匀采样时，测试 ℓ_q-DPCA 算法对重构图像中方位模糊的抑制能力；其次，当多通道 SAR 方位向非均匀采样数据受到加性噪声干扰时，测试 ℓ_q-DPCA 算法对重构图像中模糊信号的抑制能力；最后，仿真测试 ℓ_q-DPCA 算法抗加性噪声干扰的能力。

一发两收 SAR 系统稀疏微波成像算法仿真参数如表 5.3.1 所示。用于处理上述回波数据的 SAR 成像算法包括距离多普勒算法、基于多普勒频谱重构的多通道 SAR 成像算法(Krieger et al.，2004；Gebert，2009)与 ℓ_q-DPCA 算法。为了定量地评价方位向采样的非均匀性，根据图 5.3.9 所示的一发两收 SAR 方位向采样间隔关系示意图，定义方位向均匀采样符合程度为

$$\beta_{\mathrm{us}} \stackrel{\mathrm{def}}{=} \frac{(\Delta x_1 - \Delta x_2)/2}{v/\mathrm{PRF} - (\Delta x_1 - \Delta x_2)/2} \times 100\% \tag{5.3.8}$$

式中，v 为运载平台的运动速度；PRF 为雷达信号的脉冲重复频率；Δx_i（$i=1,2$）为发射天线“Tx”的相位中心与接收天线“Rx_i”的相位中心之间的距离，且 $\Delta x_i = x_{\mathrm{Tx}} - x_{\mathrm{Rx}_i}$；$x_{\mathrm{Tx}}$ 为发射天线“Tx”相位中心的方位向坐标；x_{Rx_i} 为接收天线“Rx_i”相位中心的方位向坐标。

表 5.3.1　一发两收 SAR 系统稀疏微波成像算法仿真参数

参数名称	取值
方位向速度/(m/s)	7200
脉冲重复频率/Hz	1500
波长/m	0.03
中心斜距/km	700
单天线长度/m	4.8
接收通道数	2

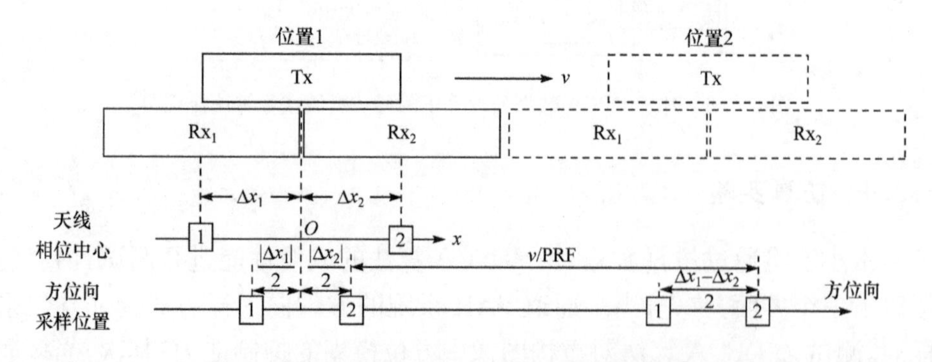

图 5.3.9　一发两收 SAR 方位向采样间隔关系示意图

由式(5.3.8)可知，当 $\beta_{\mathrm{us}} = 100\%$时，方位向采样方式是均匀采样，且采样率等于奈奎斯特采样率；当 $\beta_{\mathrm{us}} = 0\%$时，方位向采样方式是均匀降采样，且采样率等于奈奎斯特采样率的 1/2。

在仿真实验 1 里，观测场景中放置了一个面散射体和两个点目标。仿真实验所使用的回波数据中不存在加性噪声，且方位向均匀采样符合程度为 33%。图 5.3.10 为仿真面目标的多普勒频谱重建与稀疏重构结果。通过对比上述结果可知，因为一发两收 SAR 系统单通道回波数据的方位向采样率等于奈奎斯特采样率的 1/2，所以距离多普勒算法单通道回波数据重构图像中出现的大量方位模糊信号如图 5.3.10(a)所示，是由方位向回波信号多普勒频谱混叠造成的。由于 DSR 算法可以通过重建滤波器，完成对多通道 SAR 方位向非均匀采样数据多普勒频谱的重建，因此相比距离多普勒算法重构图像，在 DSR 算法的重构图像中只存在因重建滤波器失配所产生的少量方位模糊信号，如图 5.3.10(b)所示，而重建滤波器失配是因为由方位向回波信号一阶近似产生的相位误差没有得到完全的补偿。ℓ_q-DPCA 算法可以利用观测场景的稀疏性，来弥补由多通道 SAR 方位向非均匀采样所导致的观测场景重构信息不足，从而能够有效地抑制重构图像中的方位模糊信号，如图 5.3.10(c)所示。

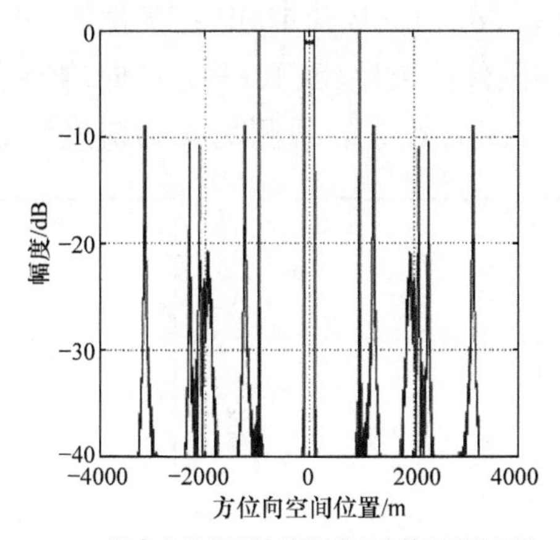

(a) 距离多普勒算法单通道回波数据重构图像

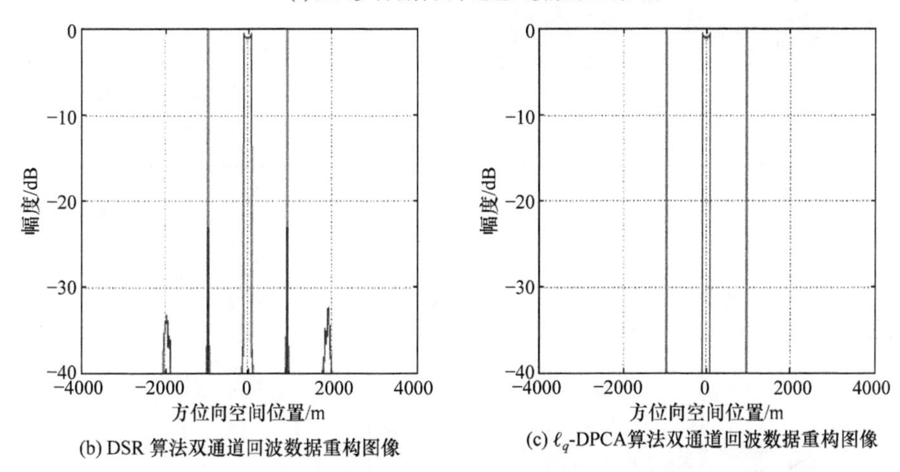

(b) DSR 算法双通道回波数据重构图像

(c) ℓ_q-DPCA算法双通道回波数据重构图像

图 5.3.10　仿真面目标和点目标的多普勒频谱重建与稀疏重构结果

在仿真实验 2 里，观测场景中放置了三个幅度相差 10dB 的面散射体。仿真实验所使用的回波数据的信噪比为 20dB。图 5.3.11 为方位向均匀采样符合程度不同的多普勒频谱重建与稀疏重构结果。由图 5.3.11(a)、(c)和(e)可知,随着方位向均匀采样符合程度的降低,在由 DSR 算法获得的重构图像中,模糊信号的强度逐渐升高,观测目标的重构精度逐渐降低,而当方位向均匀采样符合程度等于 5%时,幅值最小的面散射体已被模糊信号与噪声完全淹没。与之相比,ℓ_q-DPCA 算法能够有效地抑制重构图像中的模糊信号,并且对观测目标具有较高的重构精度（见图 5.3.11 (b)、(d)和(f))。

在仿真实验 3 里,为了比较 DSR 算法和 ℓ_q-DPCA 算法抗加性噪声干扰的能力,在信噪比取 5dB、10dB 和 15dB 的条件下,分别绘制 DSR 算法和 ℓ_q-DPCA 算法的重构图像信杂比(SCR)随方位向均匀采样符合程度变化的曲线。此时,用于生成回波数据的观测场景稀疏度为 2%。重构图像信杂

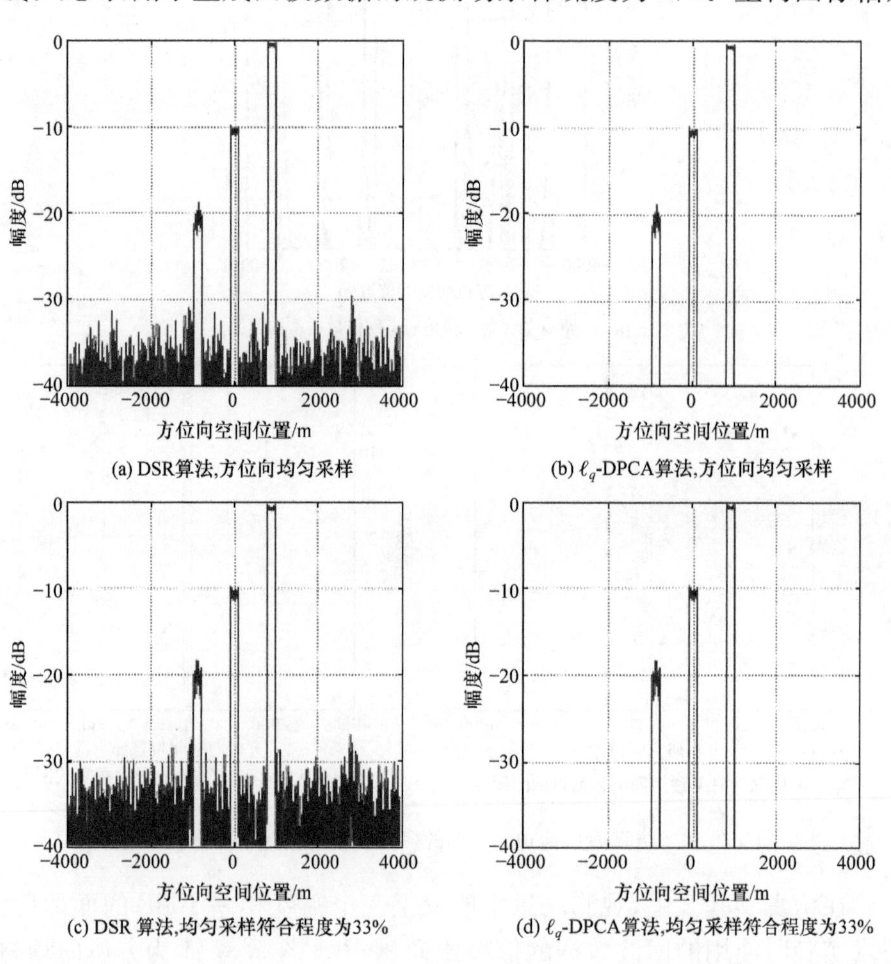

(a) DSR算法,方位向均匀采样

(b) ℓ_q-DPCA算法,方位向均匀采样

(c) DSR 算法,均匀采样符合程度为33%

(d) ℓ_q-DPCA算法,均匀采样符合程度为33%

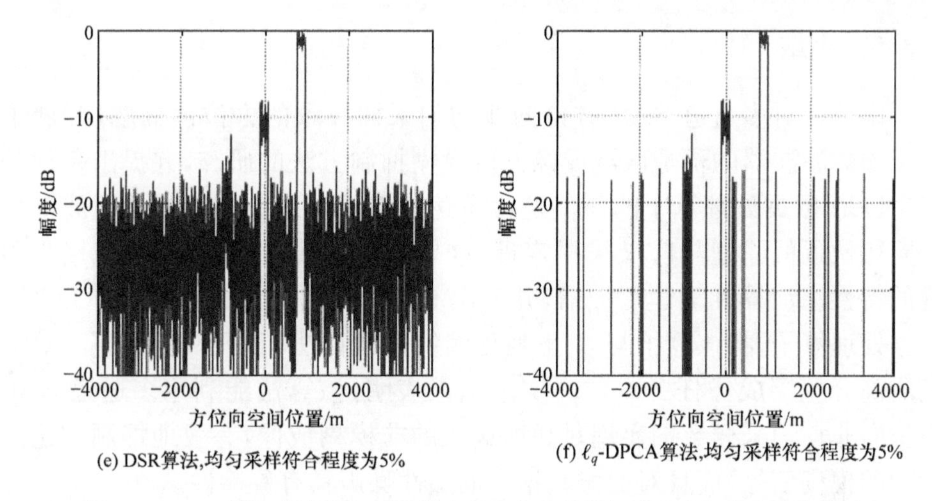

(e) DSR算法,均匀采样符合程度为5%　(f) ℓ_q-DPCA算法,均匀采样符合程度为5%

图 5.3.11　不同方位向均匀采样符合程度的多普勒频谱重建与稀疏重构结果

比随方位向均匀采样符合程度变化曲线如图 5.3.12 所示，当横坐标方位向均匀采样符合程度相同时，对应信噪比为 5dB 的 ℓ_q-DPCA 算法信杂比曲线上的点的取值几乎都要高于对应信噪比为 15dB 的 DSR 算法信杂比曲线上点的取值。因此，相比于 DSR 算法，ℓ_q-DPCA 算法对回波数据中的加性噪声干扰具有更强的鲁棒性。

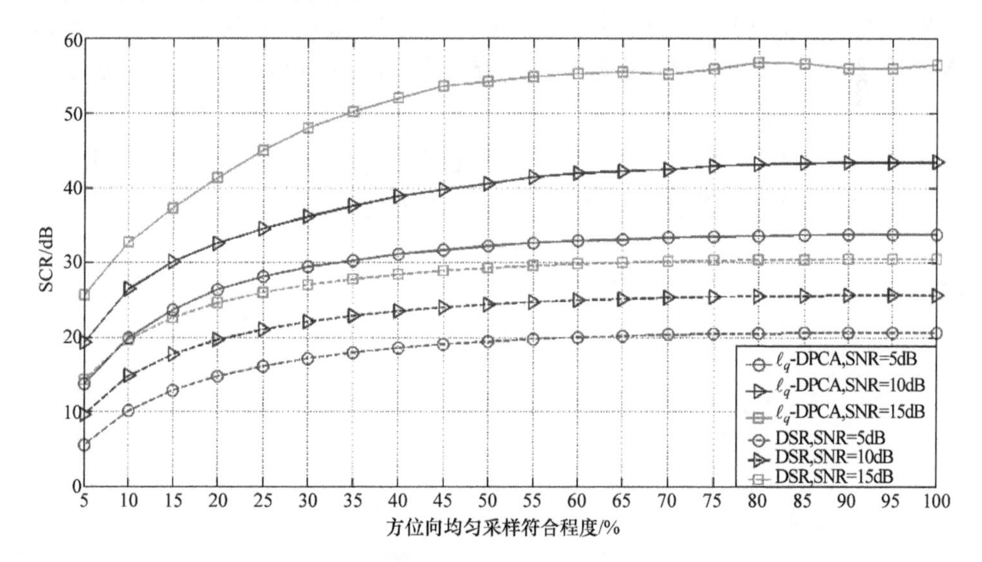

图 5.3.12　重构图像信杂比随方位向均匀采样符合程度变化曲线

5.3.5 小结

本节针对多通道 SAR 方位向非均匀采样导致的方位模糊题，开展了基于功能滤波器的稀疏微波成像方位模糊抑制方法的研究，并提出一种基于 DPCA 数据处理算子的阈值迭代雷达成像算法。该算法根据回波信号一阶相位近似原理与广义采样定理，推导了对应多通道 SAR 系统接收通道的特性滤波器和重建滤波器，并利用上述两种功能滤波器构建了 DPCA 数据处理算子，将该算子与 ℓ_q 正则化阈值迭代算法相结合，能够更高效地完成高分宽幅成像任务。仿真实验结果表明：该算法能利用多通道 SAR 方位向非均匀采样数据实现对观测场景的非模糊成像，有效地抑制雷达图像中的模糊信号，而且对回波数据中的加性噪声具有鲁棒性。

5.4 本章小结

只有从原始数据域出发进行稀疏微波成像，才能使成像雷达系统复杂度降低成为可能。本章介绍了基于原始数据域，结合稀疏信号处理和 SAR 解耦方法的成像算子，该算子可有效降低重构时对内存的需求，提高计算效率。针对不同的 SAR 成像算法，提出了基于 chirp scaling 算子、距离多普勒算子、ω-k 算子、后向投影算子等稀疏微波成像快速重构方法；针对不同的 SAR 工作模式，提出了针对 ScanSAR、TOPS SAR、滑动聚束 SAR 等稀疏微波成像快速重构方法；针对偏置相位中心 SAR 成像体制，提出了基于一发多收 SAR 的稀疏微波成像快速重构方法。

第 6 章　稀疏微波成像实验

6.1　引　　言

稀疏微波成像是雷达成像领域的新理论、新体制和新方法，需要开展实际实验对其原理、方法和性能方面进行验证和评估。一方面，利用已有的雷达数据，进行重采样，然后进行基于稀疏信号处理的雷达图像重构，可验证稀疏微波成像原理的可行性，并证明采用稀疏信号处理方法可以有效提升现有雷达系统的成像性能。另一方面，设计实验验证稀疏微波成像新体制的有效性，根据实验平台的不同可以分为仿真实验、地基实验、机载实验和星载实验：仿真实验和地基实验可以用来验证稀疏微波成像方法的基本原理；机载实验和星载实验可以用来验证稀疏微波成像在提升性能方面的潜力。

在机载稀疏微波成像原理验证实验方面，利用观测区域内目标的稀疏特性，针对海洋目标、沿海盐田、养殖场、岛屿等具有明显稀疏特性的典型场景，在稀疏微波成像理论的指导下设计稀疏采样原理验证方案（吴一戎等，2014；Hong et al.，2014；Zhang B C et al.，2015），实现方位向抖动随机采样，并构建基于航空平台的稀疏微波成像样机，开展航空飞行实验，验证稀疏微波成像原理样机和信号处理方法的有效性。

在星载稀疏微波成像原理验证实验方面，根据星载成像雷达系统设计方法以及稀疏微波成像的约束条件，优化现有雷达卫星的数据获取和信号处理，达到提升系统性能的目标，同时验证稀疏微波成像系统设计方法的合理性。

6.2　机载稀疏微波成像原理实验验证

6.2.1　实验目的

首先，利用机载原理实验验证稀疏微波成像中采样方式优化的可行性。在观测场景稀疏的条件下，根据稀疏信号重构原理，利用欠采样数据可实现场景的无模糊重构；其他条件相同，同样欠采样比前提下，随机采样数据的重构结果要优于均匀采样(Zhang B C et al. ,2012a)。其次，利用机载原理实验验证稀疏微波成像性能评估工具三维相变图的有效性。场景稀疏度、信噪比和欠采样比都会对图像重构性能产生影响，目前缺乏类似于雷达方程的解析式表达，因此采用三维相变图对稀疏微波成像的性能进行评估(Zhang B C et al. ,2012a)。在机载实验中，采取对原始数据进行降采样的方式实现欠采样，本章中降采样比定义为实际采样数相对于奈奎斯特采样率条件下采样数的比值。通过对数据处理结果的分析，验证利用相变图进行稀疏微波成像雷达系统设计的合理性(Zhang B C et al. ,2012a)。最后，通过机载原理验证实验对不同稀疏度、降采样比、信噪比条件下的稀疏微波重构图像的性能进行分析。

6.2.2 场景选择

机载稀疏微波成像原理性验证内容包括：对于一般场景，验证满采样条件下稀疏微波成像算法的可行性与有效性；对于典型稀疏场景，验证稀疏采样条件下稀疏微波成像算法的可行性与有效性；对于典型稀疏场景，评估系统的信噪比、分辨能力、降采样能力等参数设计准则的有效性。

实验中稀疏度定义为场景中强目标所占比例。这里的“强目标”具有一定的主观性，可以认为散射强度大、集中、感兴趣的对象是强目标。例如，在海面舰船目标成像中，后向散射系数较大的舰船就是强目标，海面杂波则认为是背景。

在本次实验中选择的目标场景为舰船、岛屿、渔业养殖场、盐田和码头。海洋舰船和岛屿是典型的稀疏目标，其场景雷达图像如图 6.2.1(a)和(b)所示；大面积的渔业养殖场具有典型的稀疏特征，如图 6.2.1(c)所示；盐田具有和渔业养殖场类似的雷达特征，也具有相当规则的形状与良好的稀疏性，如图 6.2.1(d)所示；码头附近舰船目标较为集中，而码头区域一般不稀疏，如图 6.2.1(e)所示；为分析稀疏微波成像系统的分辨能力，选择较为平坦、后向散射系数小的场景布放角反射器对作为场地，如图 6.2.1(f)所示。

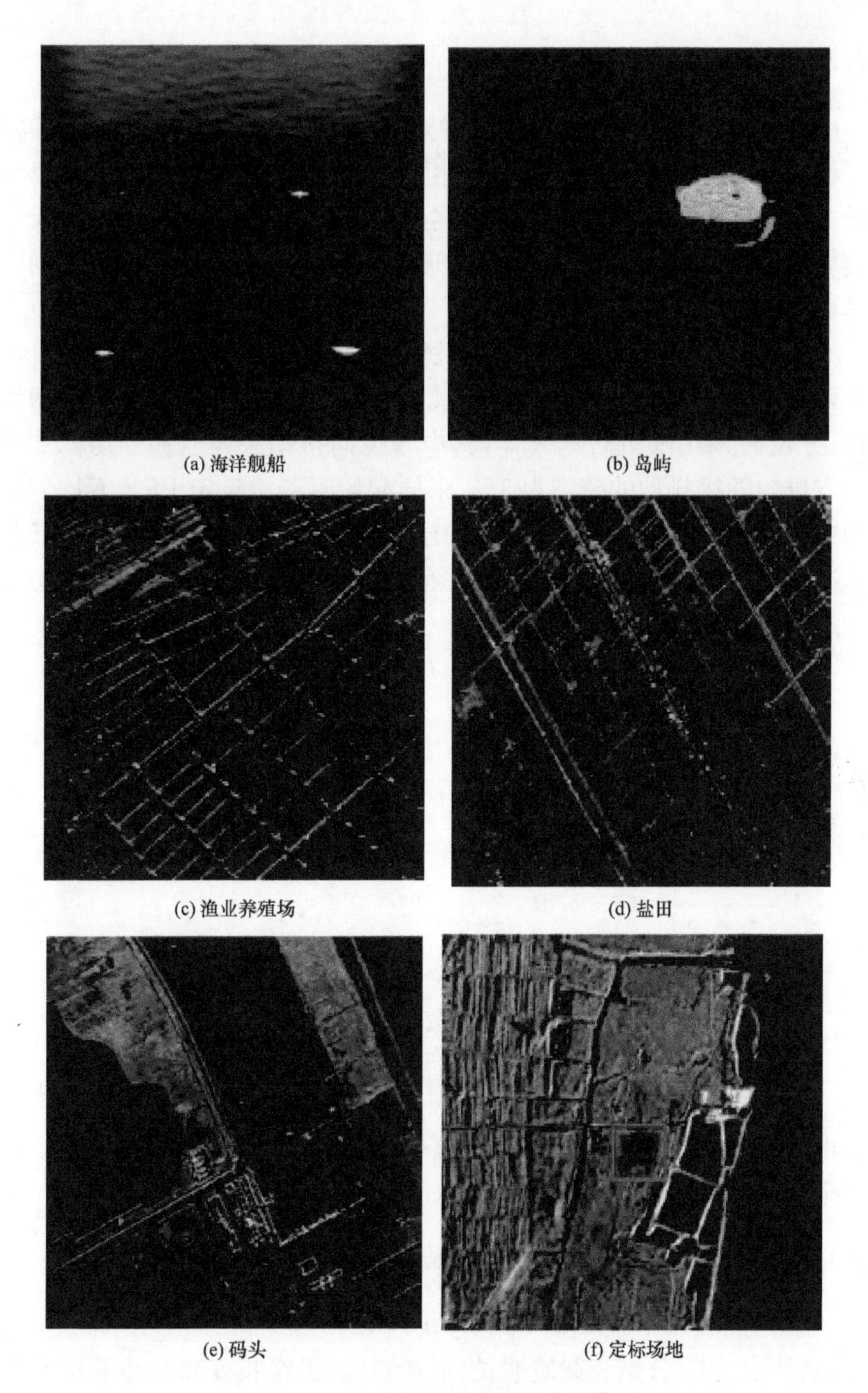

(a) 海洋舰船　(b) 岛屿

(c) 渔业养殖场　(d) 盐田

(e) 码头　(f) 定标场地

图 6.2.1　不同稀疏度场景雷达图像

6.2.3　采样设计

由第 4 章可知，稀疏微波成像中观测矩阵的性质与雷达波形、采样方式、天线阵列布局、天线足印等因素相关，本次机载雷达实验设计主要验证采样方式对稀疏微波成像重构的影响。在稀疏微波成像中，由于引入了稀疏信号处理技术，若场景满足一定稀疏度，且信噪比满足一定要求，则降采样是可行的。

不同采样策略会影响信号重构性能，如均匀采样、随机采样、随机调制积分采样等。在进行稀疏微波成像原理样机设计时，系统距离向采用均匀采样，方位向采用随机抖动采样，其中方位向抖动采样原理如图 6.2.2 所示。方位向随机抖动的范围为 5%，采样起始时刻以选定 PRF 下均匀采样点为中心，在其左右 5%范围内均匀分布。选定脉冲重复周期 T_{p}，以此确定脉冲发射的中心时刻 nT_{p}，选取一组服从某种分布的随机序列作为采样抖动量 δ_n，每次采样具体时刻为

$$t_n = nT_{\mathrm{p}} + \delta_n \tag{6.2.1}$$

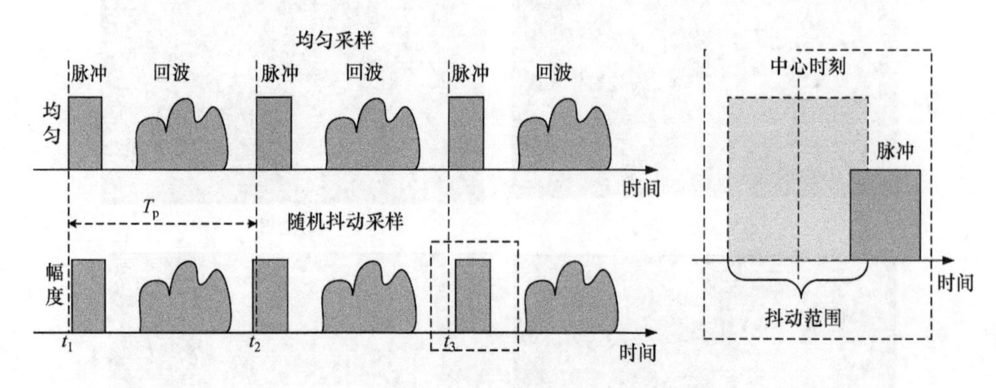

图 6.2.2　方位向抖动采样原理示意图

由于方位向相距两个合成孔径点数的观测矩阵对应列向量不相关，其随机采样间隔序列可以周期重复，因此随机采样序列的长度需大于一个合成孔径长度$N=\left\lfloor \dfrac{\lambda R_0}{D v T_{\mathrm{p}}} \right\rfloor$，采样序列的周期可表示为

$$x_{n+N} = x_n, \quad n=1,2,\cdots,N \tag{6.2.2}$$

式中，λ、R_0、D、T_{p} 分别为载波波长、最近斜距、天线长度和脉冲重复周期。

6.2.4　实验结果

1. 稀疏微波成像原理可行性

采用大场景盐田数据进行稀疏微波成像实验，机载稀疏微波成像实验参数如表 6.2.1 所示，若无特别指出，本章采用 IST 算法进行稀疏重构。盐田场景机载稀疏微波成像雷达图像数据重构结果如图 6.2.3 所示，证明了利用稀疏信号处理方法获得无模糊大场景雷达图像的可行性。

表 6.2.1　机载稀疏微波成像实验参数

参数	数值
波段	C
信号带宽/MHz	500
距离向采样率/MHz	750
脉冲宽度/μs	38
天线方位向尺寸/m	0.9
平均脉冲重复频率/Hz	768
采样方式	随机抖动采样

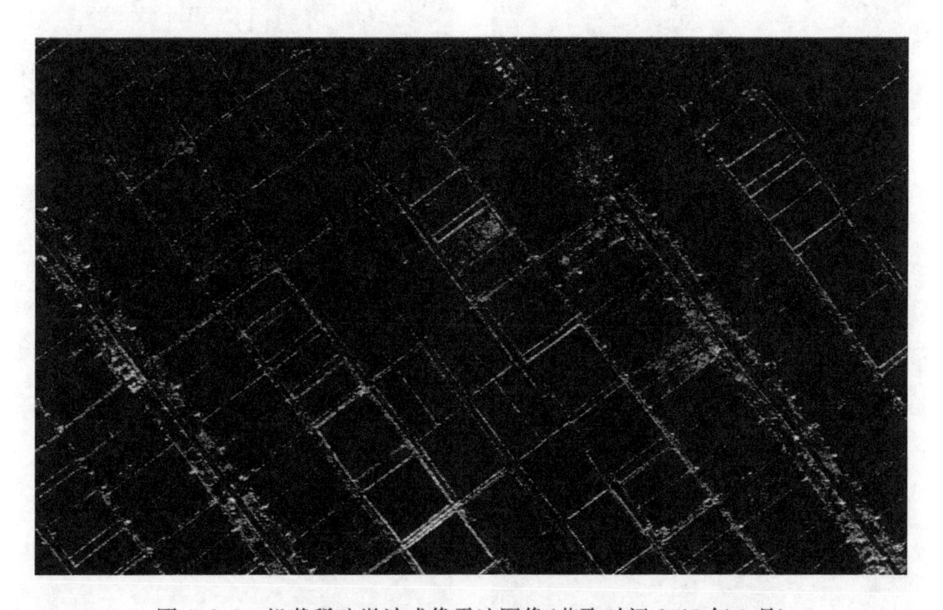

图 6.2.3　机载稀疏微波成像雷达图像(获取时间 2013 年 9 月)

2. 不同稀疏度场景成像性能

获取不同稀疏度场景的稀疏微波雷达图像以验证稀疏度对成像性能的影响。在实验中信号重构方法、降采样比、其他实验条件均相同，采用的降采样比为70%，用于评估重构性能的指标为均方误差。

选取稀疏度从0.8%到几乎不稀疏(>90%)的5种场景，不同稀疏度场景匹配滤波成像结果如图6.2.4所示，满采样条件下采用稀疏微波成像方法的重构图像如图6.2.5所示，70%降采样条件下采用稀疏微波成像方法的重构图像如图6.2.6所示。

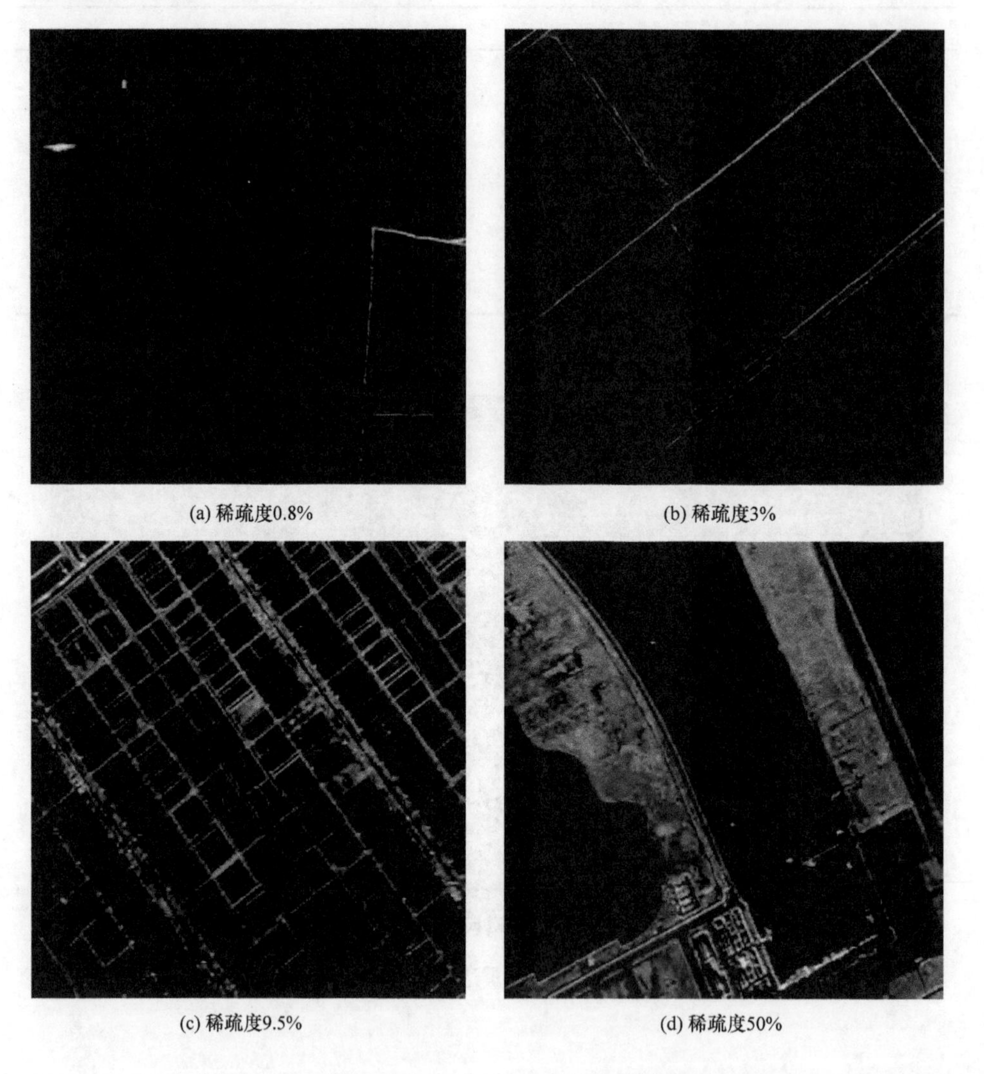

(a) 稀疏度0.8%　(b) 稀疏度3%

(c) 稀疏度9.5%　(d) 稀疏度50%

(e) 稀疏度＞90%

图 6.2.4　不同稀疏度场景匹配滤波成像结果

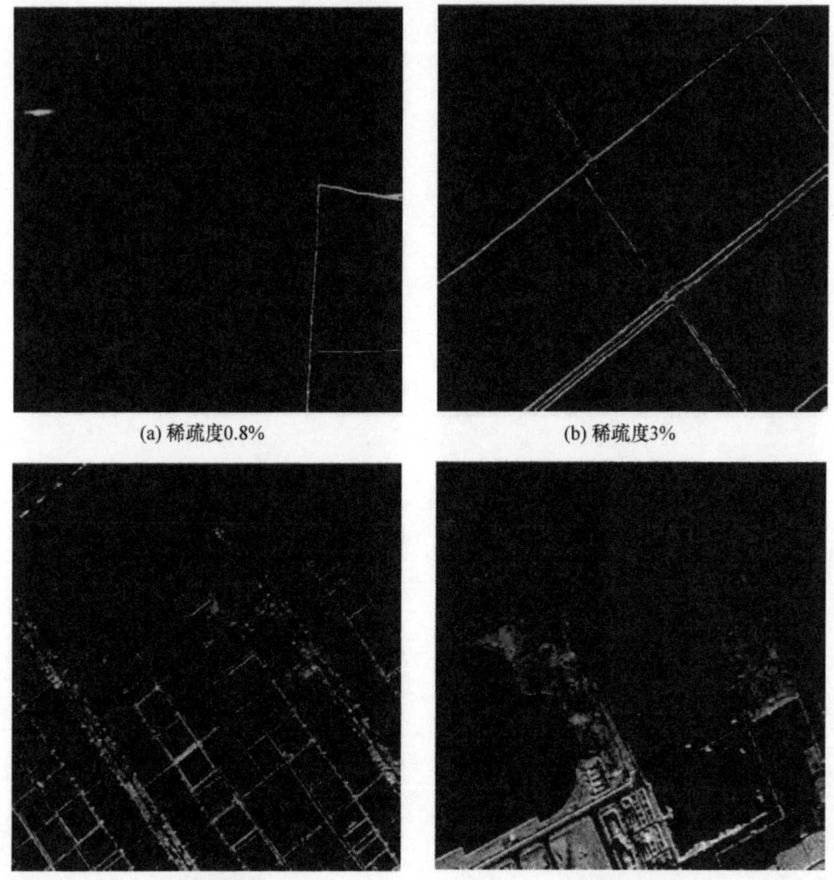

(a) 稀疏度0.8%　　(b) 稀疏度3%

(c) 稀疏度9.5%　　(d) 稀疏度50%

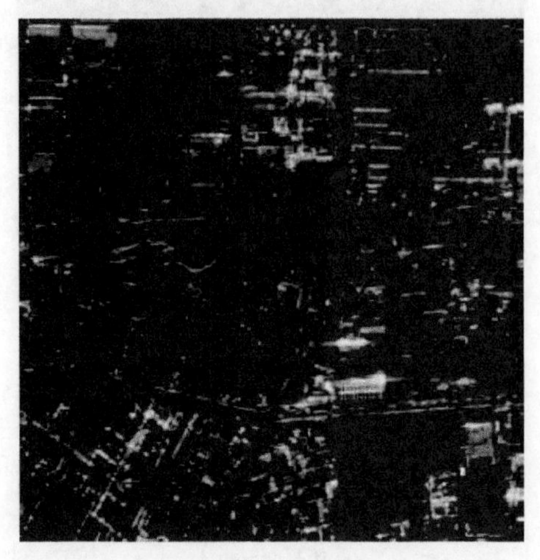

(e) 稀疏度>90%

图 6.2.5　不同稀疏度场景满采样稀疏微波成像结果

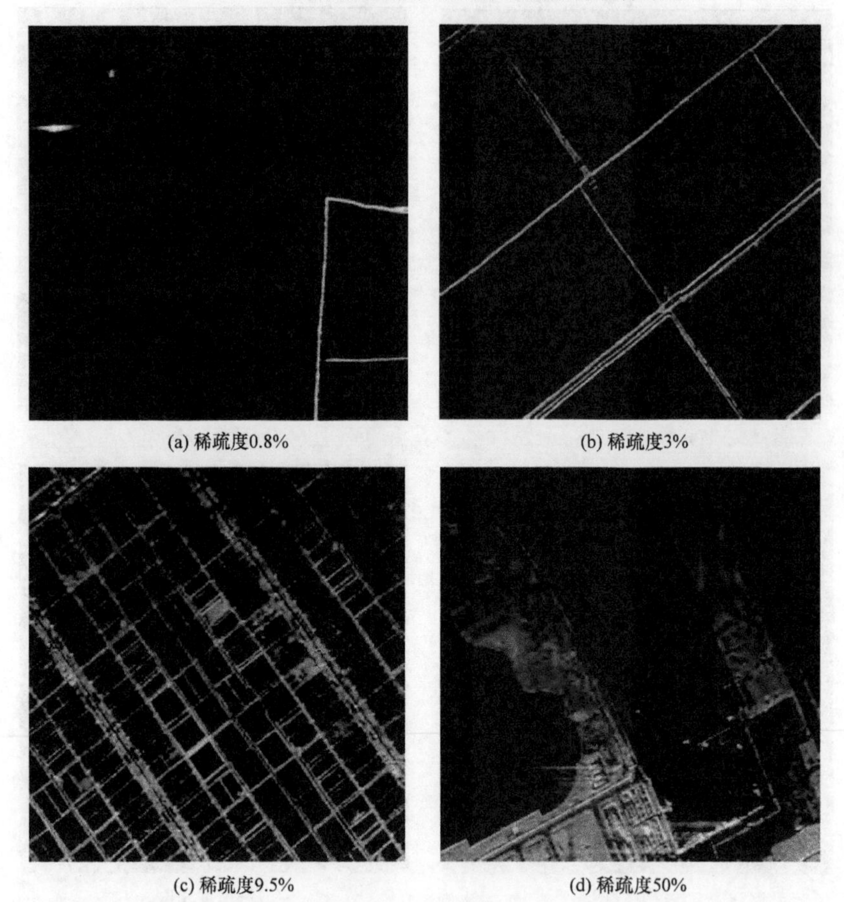

(a) 稀疏度0.8%　　(b) 稀疏度3%

(c) 稀疏度9.5%　　(d) 稀疏度50%

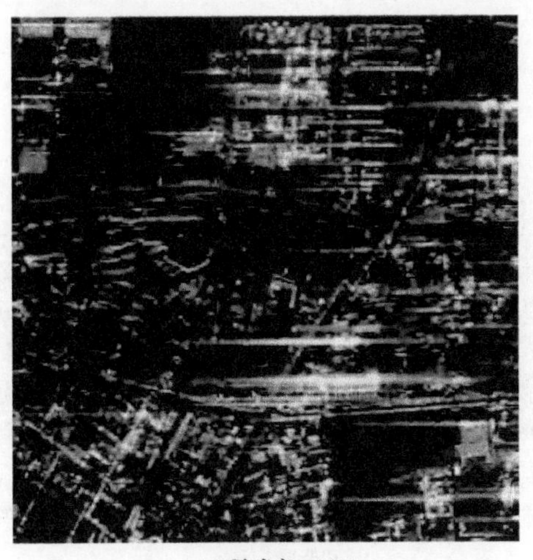

(e) 稀疏度>90%

图 6.2.6 不同稀疏度场景 70%降采样稀疏微波成像方法的重构图像

可以看出，随着场景变得不稀疏，相同的实验条件下重构图像性能依次下降。从图 6.2.6(c)所示稀疏度为 9.5%的场景中可以看出一定的“拖尾”现象，这是降采样情况下能量泄漏导致的。对于码头、城区等非稀疏场景，重构图像的拖尾现象非常严重。从表 6.2.2 可以看出，随着场景变得不稀疏，重构 MSE 显著增大。

表 6.2.2 不同稀疏度场景稀疏微波成像结果均方误差

场景	稀疏度/%	MSE
1	0.8	943.1
2	3	2105.1
3	9.5	2107.8
4	50	13986.5
5	>90	29967.2

从图 6.2.7 可以看出，70%降采样的条件下，稀疏度大于 10.5%时，系统重构性能已经进入重构“失败”区域；在稀疏度为 0.8%、3%和 9.5%时，位于重构“成功”区域内，相变图评估与实验结果一致。从实验结果可以看出，稀疏微波成像的降采样成像性能受到场景稀疏度的约束。在满足一定信噪比、稀疏度条件下，稀疏微波成像降采样方法可适用于稀疏场景。

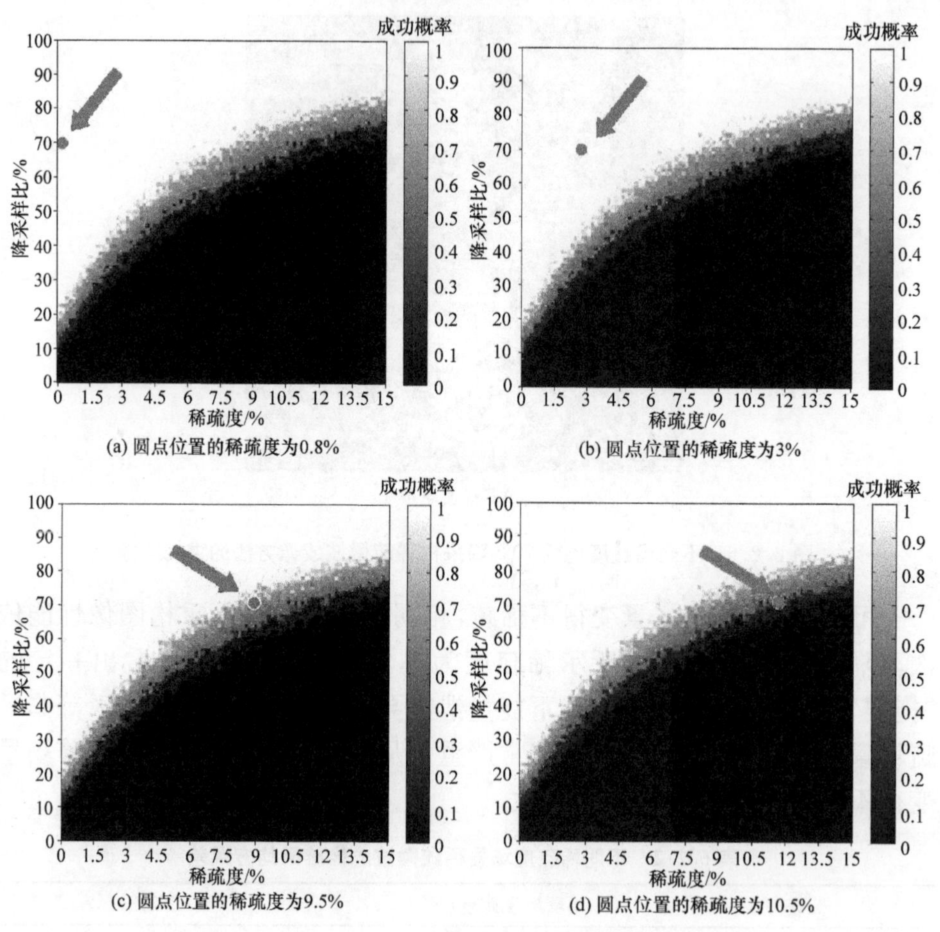

图 6.2.7　信噪比为 30dB 时不同稀疏度重构性能相变图

3. 不同采样方式性能

获取不同采样方式的稀疏微波雷达图像，验证采样方式对成像性能的影响。在实验中信号重构方法、降采样比和其他实验条件均相同。采样方式为均匀/非均匀两种，非均匀采样方法在方位向使用的是随机抖动降采样，降采样比为 70％。

实验结果如图 6.2.8 所示。可以看出，在相同的降采样比下非均匀采样的重构性能优于均匀采样。均匀采样显示出明显的方位模糊和重影。即使对于稀疏度为 50％的场景（见图 6.2.8(c)），虽然非均匀采样有“拖尾”现象，但是相对于均匀采样成像质量仍然较好。从表 6.2.3 中 MSE 的分析可以看出，不同场景均匀降采样的 MSE 大于非均匀降采样。

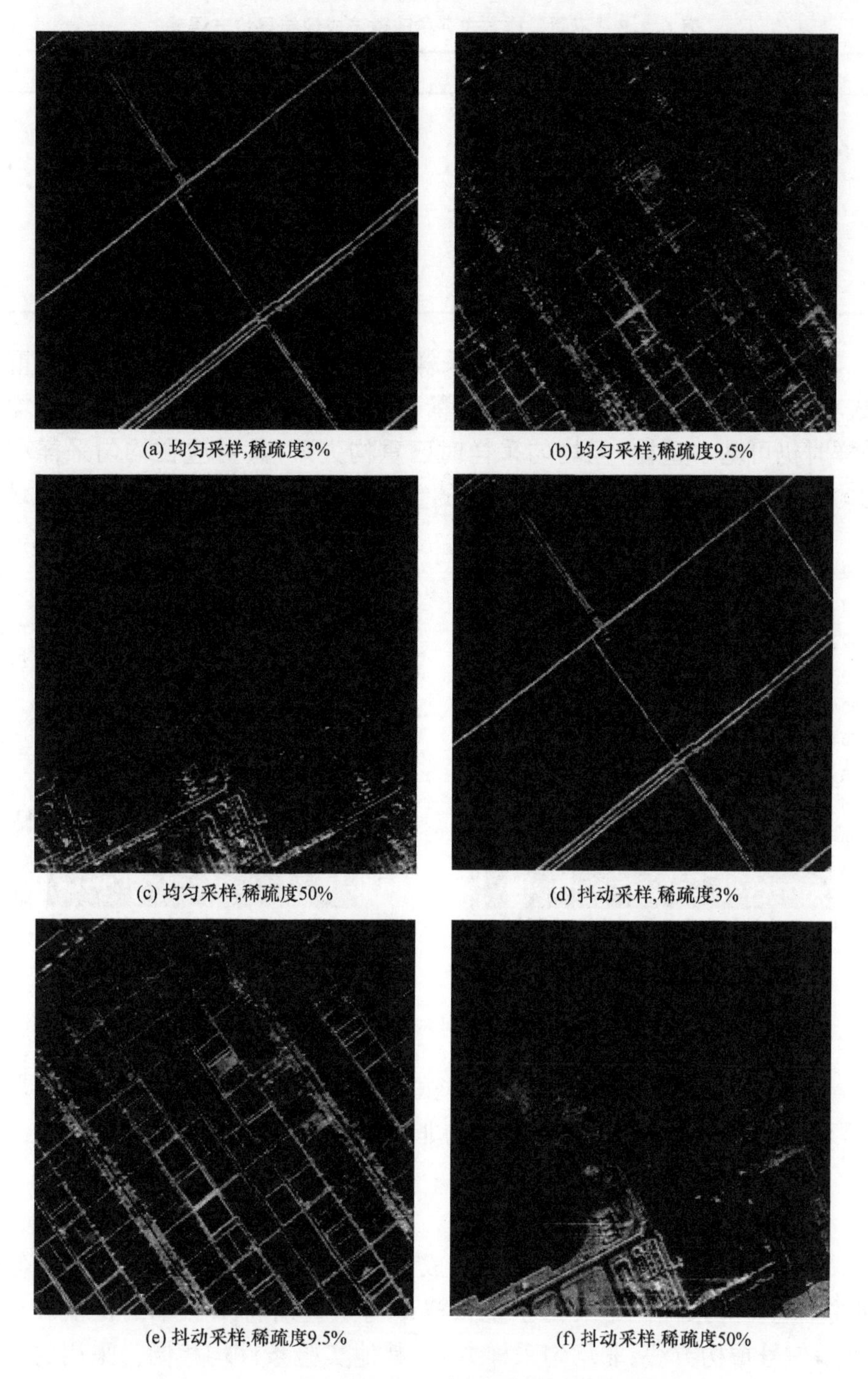

(a) 均匀采样,稀疏度3%　(b) 均匀采样,稀疏度9.5%

(c) 均匀采样,稀疏度50%　(d) 抖动采样,稀疏度3%

(e) 抖动采样,稀疏度9.5%　(f) 抖动采样,稀疏度50%

图 6.2.8　不同采样方式 70％降采样稀疏微波成像结果

表 6.2.3　不同采样方式下稀疏微波成像结果均方误差

场景	采样方式	稀疏度/%	MSE
1	非均匀	3	2105.1
1	均匀	3	2978.6
2	非均匀	9.5	2107.8
2	均匀	9.5	3653.1
3	非均匀	50	13986.5
3	均匀	50	26906.2

从图 6.2.9 可以看出，70%降采样的条件下，均匀采样的相变图重构“成功”区域小于非均匀采样。对于稀疏度为 9.5%左右的场景，在非均匀采样时仍可基本重构，但均匀采样时已重构失败，其对应在均匀采样和非均匀采样的相变图中分别位于各自的重构“失败”区域与重构“成功”区域。

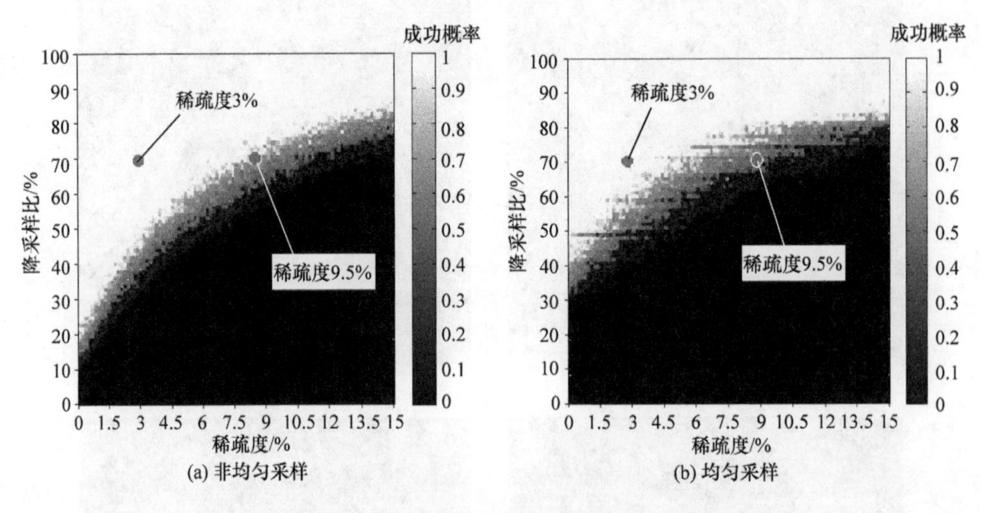

图 6.2.9　信噪比为 30dB 时不同采样方式重构性能相变图

从实验结果中可以看到，采样方式对于稀疏微波成像系统性能有着较大影响，以方位向抖动采样为代表的非均匀采样的性能优于均匀采样。

4. 不同降采样比性能

获取不同降采样比的稀疏微波成像雷达图像验证降采样比对成像性能的影响。降采样比定义为系统采样率与奈奎斯特采样率的比值。在实验中，信号重构方法、非均匀采样方式、其他实验条件均相同。采用的降采样比为 40%～90%。实验结果如图 6.2.10 和图 6.2.11 所示。

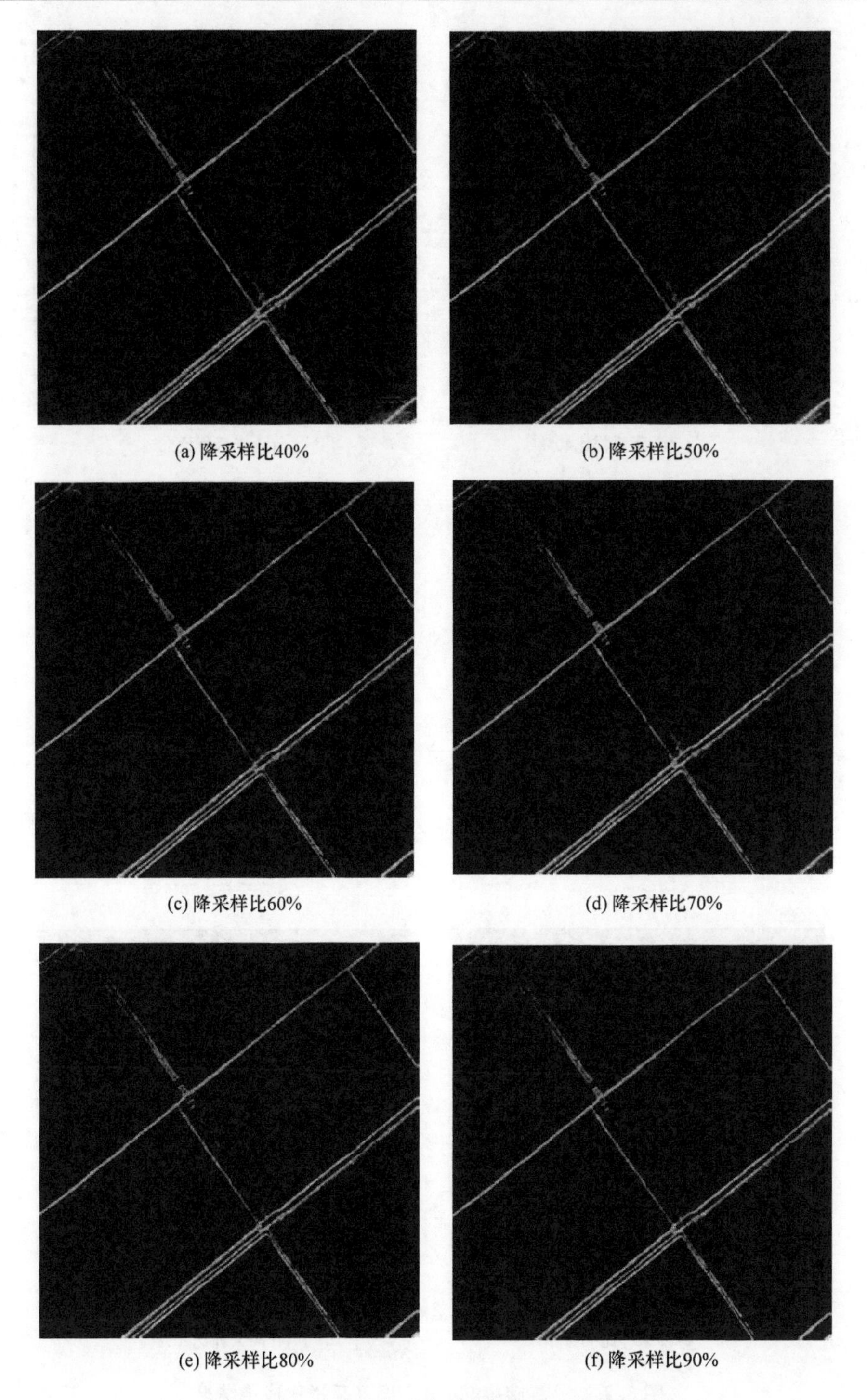

(a) 降采样比40%　(b) 降采样比50%

(c) 降采样比60%　(d) 降采样比70%

(e) 降采样比80%　(f) 降采样比90%

图 6.2.10　稀疏度 3%不同降采样比成像结果

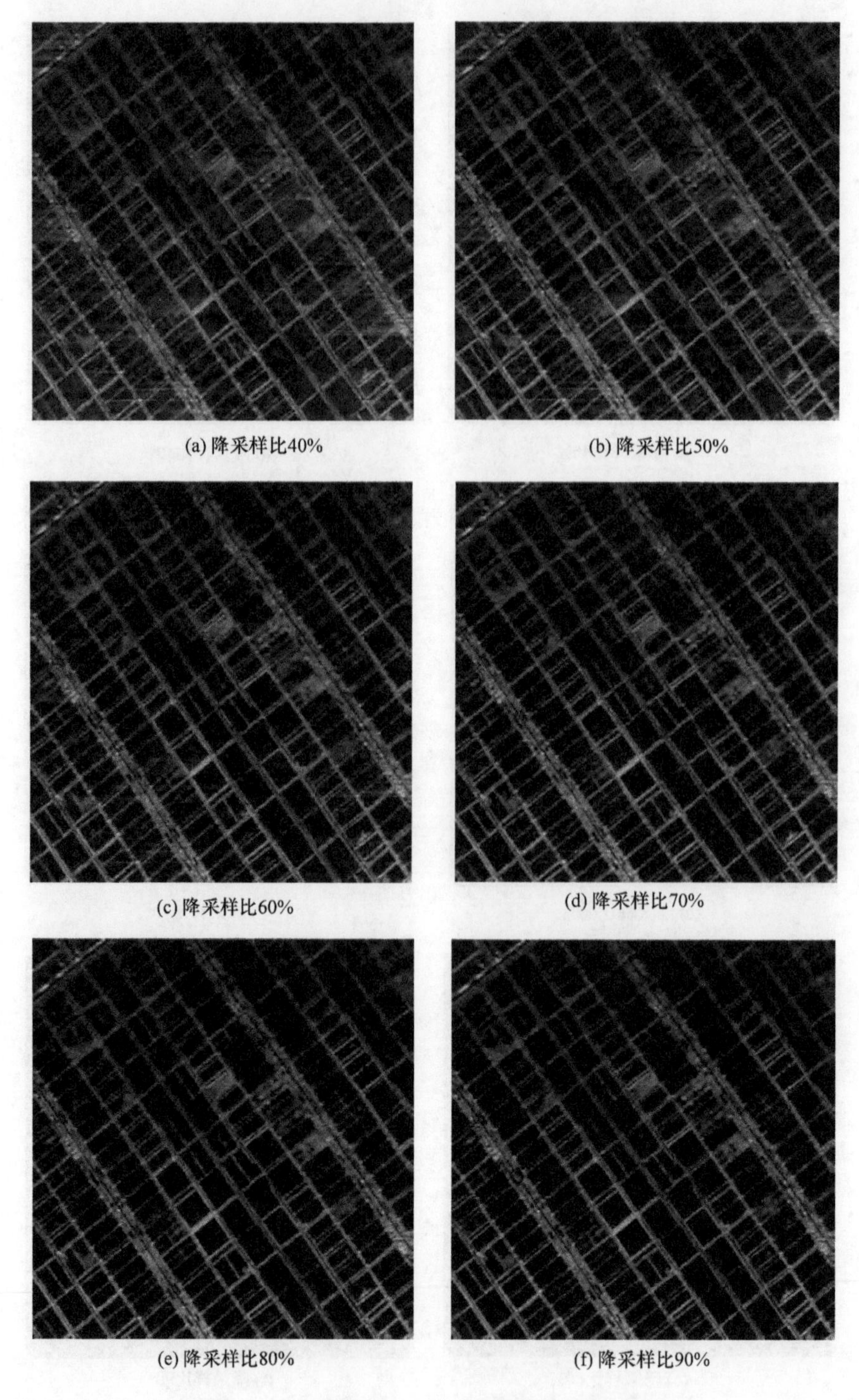

(a) 降采样比40%　(b) 降采样比50%

(c) 降采样比60%　(d) 降采样比70%

(e) 降采样比80%　(f) 降采样比90%

图 6.2.11　稀疏度 9.5%不同降采样比成像结果

可以看出,随着系统降采样比的增加,稀疏微波成像性能逐步提高。对于图 6.2.10 稀疏度为 3%的场景,在 40%降采样时,虽然有一定的“拖尾”现象,图像仍然较为清晰;对于图 6.2.11 稀疏度为 9.5%的场景,在降采样比低于 70%后成像性能就会大幅降低,相应相变图的分析同样证实了上述结论。

图 6.2.12 给出了两个场景的 MSE-降采样比曲线。可以看出,MSE 越小,重构性能越高。从 MSE 的分析可以看出,对于不同场景,随着降采样比的增加,MSE 降低;场景越稀疏,在低降采样比条件下 MSE 越小。

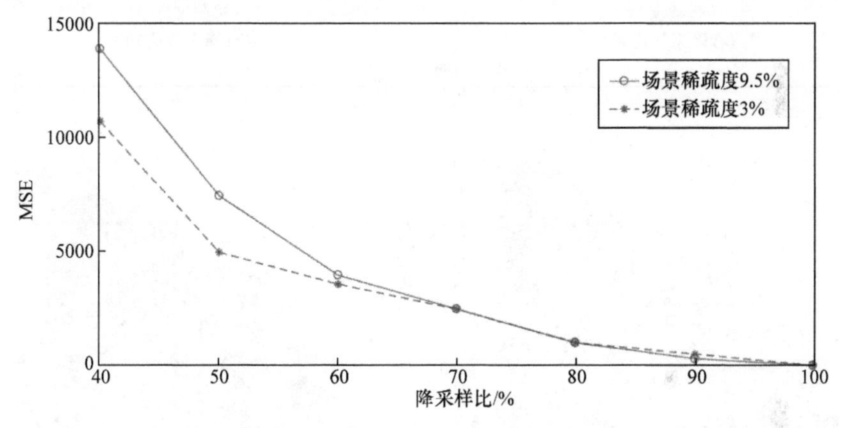

图 6.2.12　MSE-降采样比曲线

图 6.2.13 给出了信噪比为 30dB、稀疏度为 3%时不同降采样比重构性能相变图分析。可以看出,对于 3%的稀疏度,40%降采样比仍基本位于重构“成功”区域内。而图 6.2.14 中,给出了信噪比为 30dB、稀疏度为 9.5%时不同降采样比重构性能相变图分析。可以看出,9.5%的稀疏度相变界位于 70%降采样比附近;降采样比低于 70%则进入重构“失败”区域。由此可见,降采样比对于稀疏微波成像系统的重构性能有显著影响,在进行稀疏微波成像系统设计时,更稀疏的场景具有更多的降采样潜力,其降采样比应在系统设计时结合相变图工具进行选择。

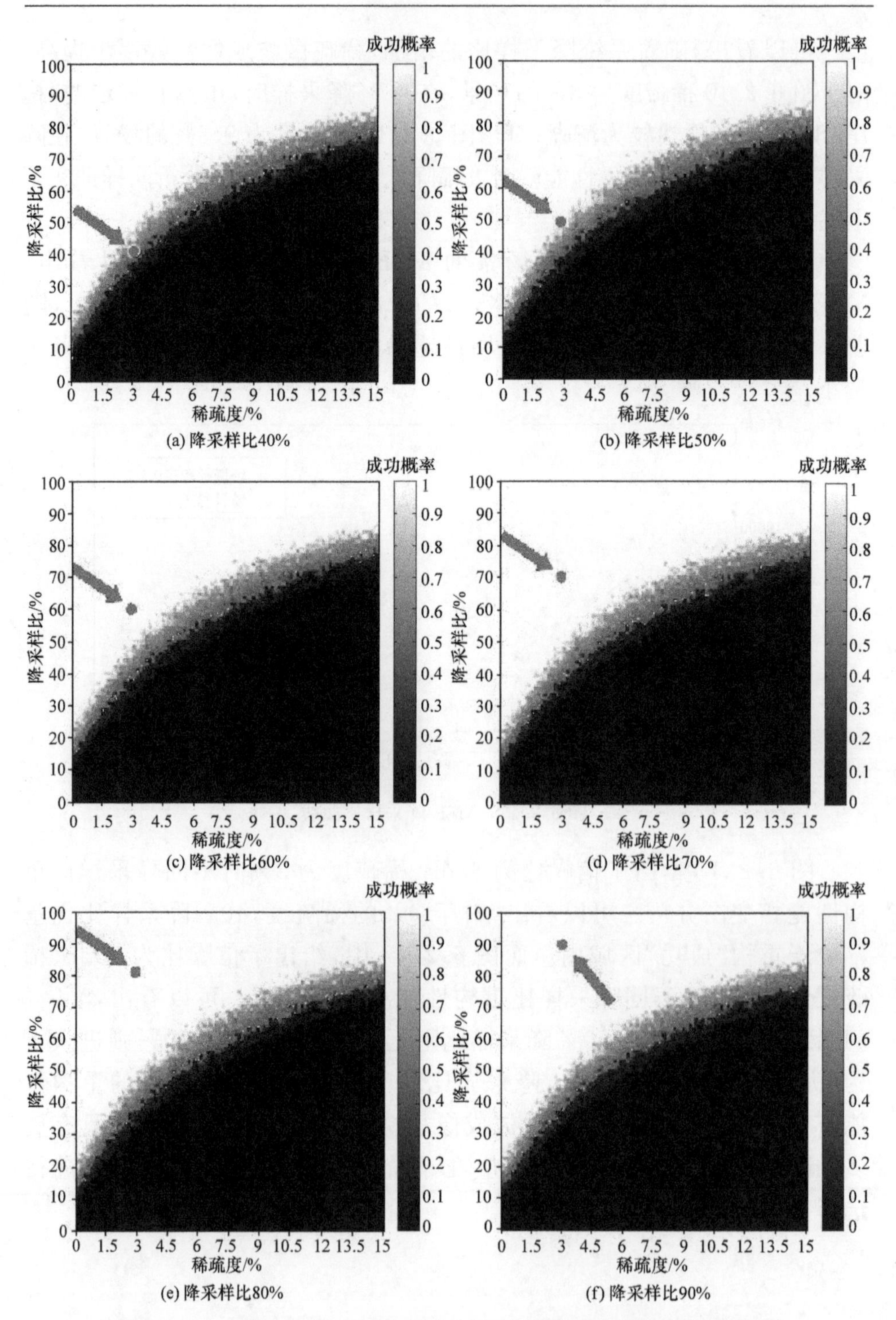

(a) 降采样比40%　(b) 降采样比50%

(c) 降采样比60%　(d) 降采样比70%

(e) 降采样比80%　(f) 降采样比90%

图 6.2.13　信噪比为 30dB、稀疏度为 3%时不同降采样比重构性能相变图

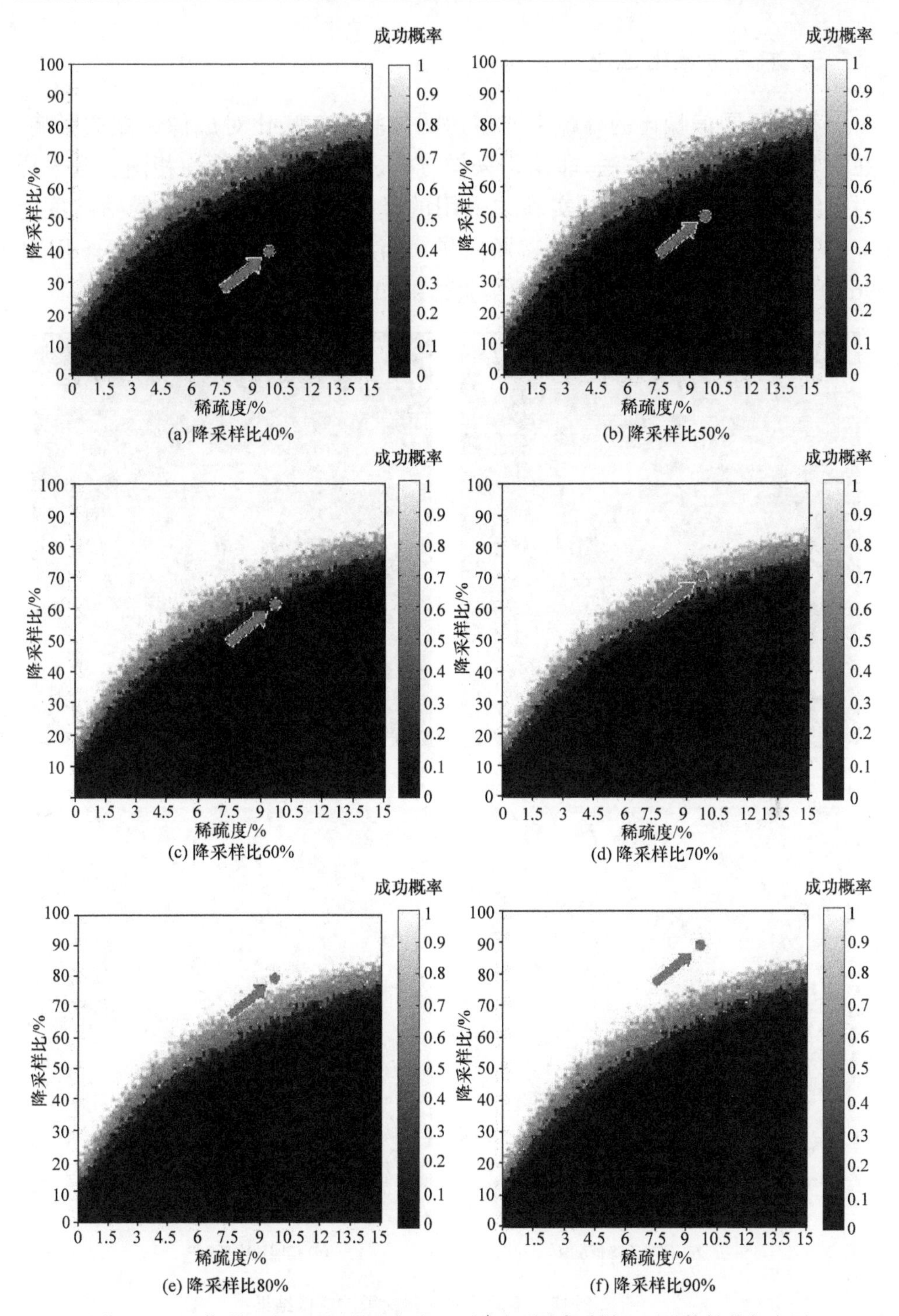

图 6.2.14　信噪比为 30dB、稀疏度为 9.5%时不同降采样比下重构性能相变图

5. 不同信噪比性能

利用不同信噪比的稀疏微波雷达图像验证信噪比对成像性能的影响。在实验中，信号重构方法、非均匀采样方式、其他实验条件均相同。满采样时系统信噪比约为 30dB，实验中采用的降采样比为 70%，场景稀疏度为 9.5%，通过对原始数据叠加高斯白噪声，使信噪比分别下降 3dB、6dB 和 9dB。不同信噪比稀疏微波成像实验结果如图 6.2.15 所示。

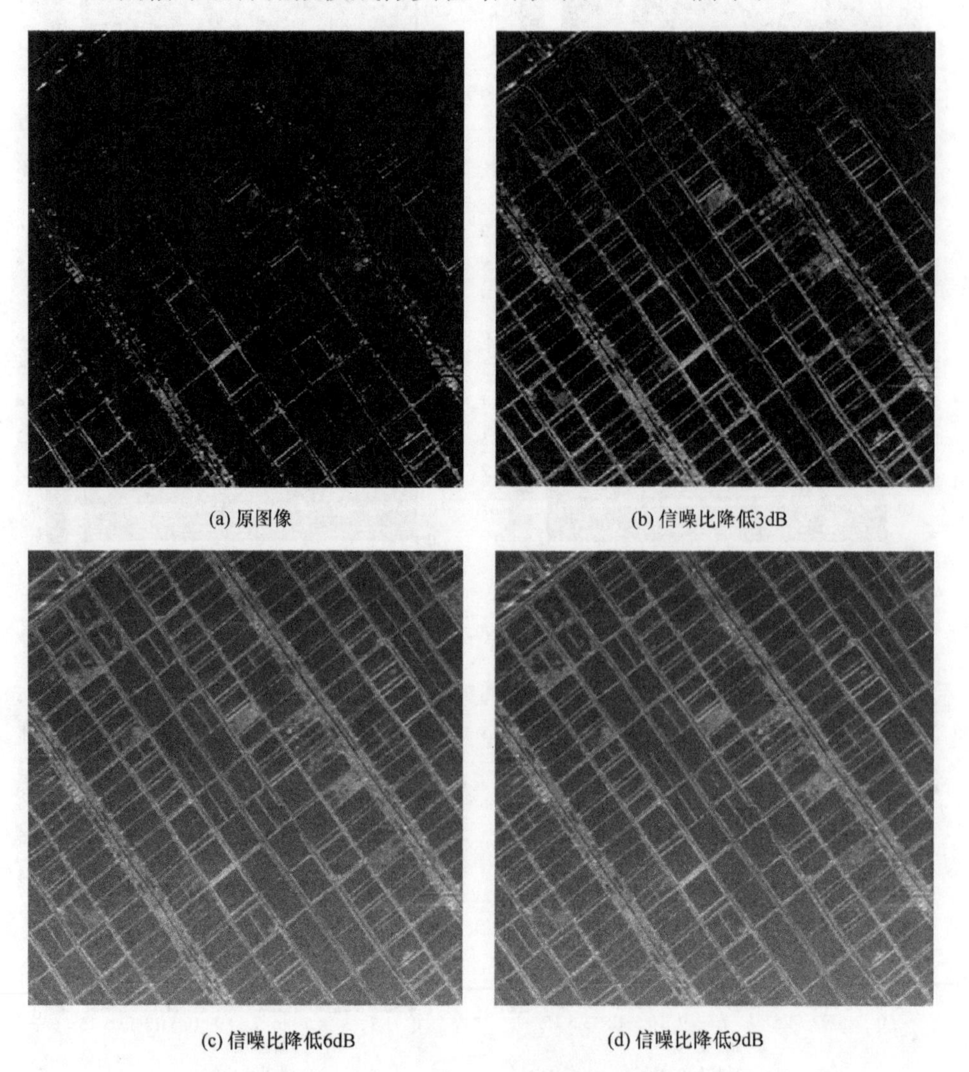

(a) 原图像　(b) 信噪比降低3dB

(c) 信噪比降低6dB　(d) 信噪比降低9dB

图 6.2.15　不同信噪比稀疏微波成像结果

图 6.2.16 反映了该成像区域不同信噪比条件下稀疏微波成像结果的均方误差。可以看出，随着系统信噪比的下降，MSE 增大，其成像性能依次下降。在信噪比降低 6dB 后已经开始出现重构“失败”，相变图分析同样证实了上述结论。从图 6.2.17 所示的相变图中可以看出，对于 9.5%稀疏度的场景，信噪比下降 3dB 后，进入了重构“失败”区域。

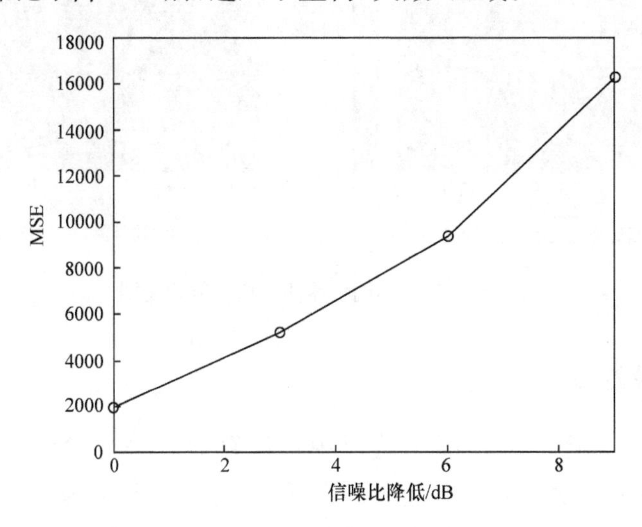

图 6.2.16　均方误差随信噪比变化曲线

信噪比对于稀疏微波成像性能有显著影响，高信噪比有利于提高系统的重构性能，但其又受到成本、天线尺寸、器件性能等因素的制约，对于稀疏微波成像系统，其信噪比的选择可结合相变图工具。

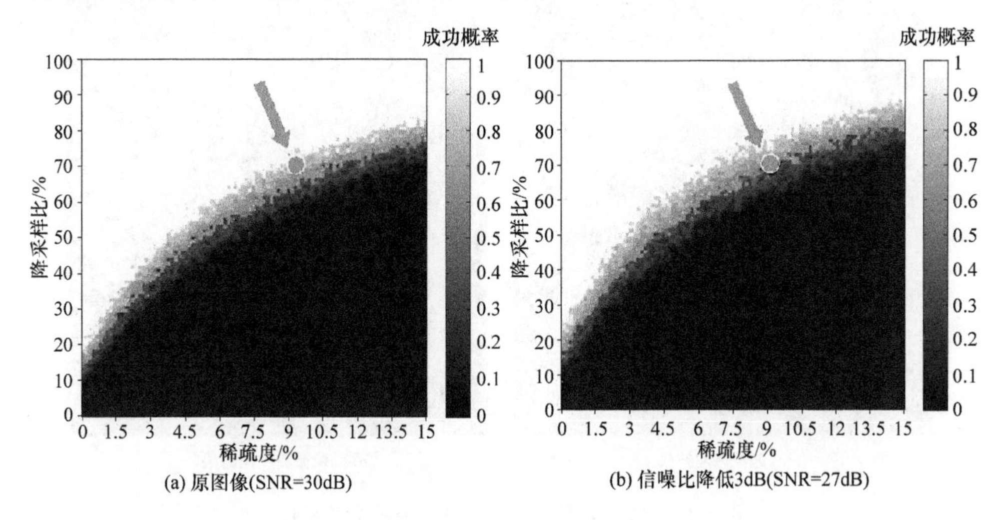

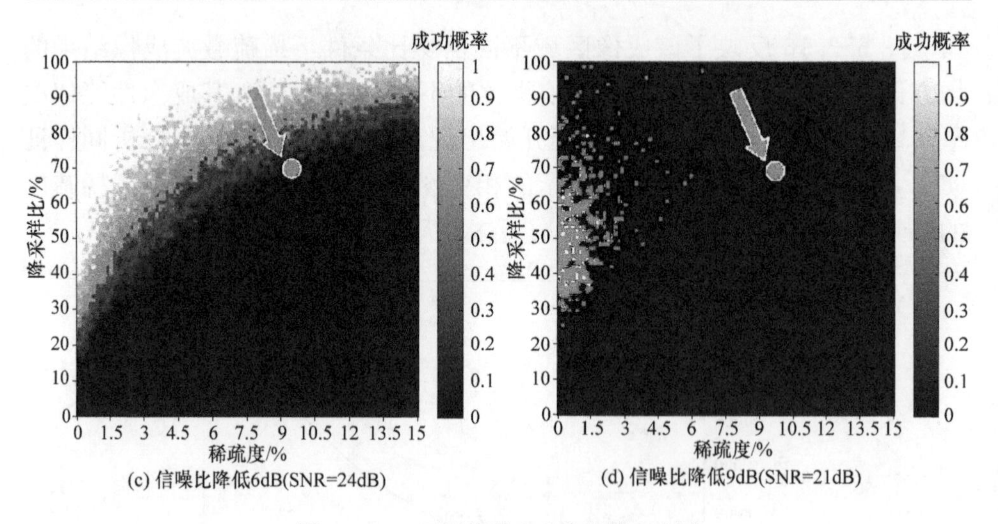

(c) 信噪比降低6dB(SNR=24dB)

(d) 信噪比降低9dB(SNR=21dB)

图 6.2.17　不同信噪比重构性能相变图

6. 分辨能力

稀疏微波成像的分辨能力可以用角反射器对进行验证。在实验中布设两个角反射器,其距离为 1.5m,系统理论地距分辨率为 1.58m。角反射器间距略小于系统地距分辨率。利用距离多普勒匹配滤波和稀疏微波成像方法分别进行处理,如图 6.2.18 所示。

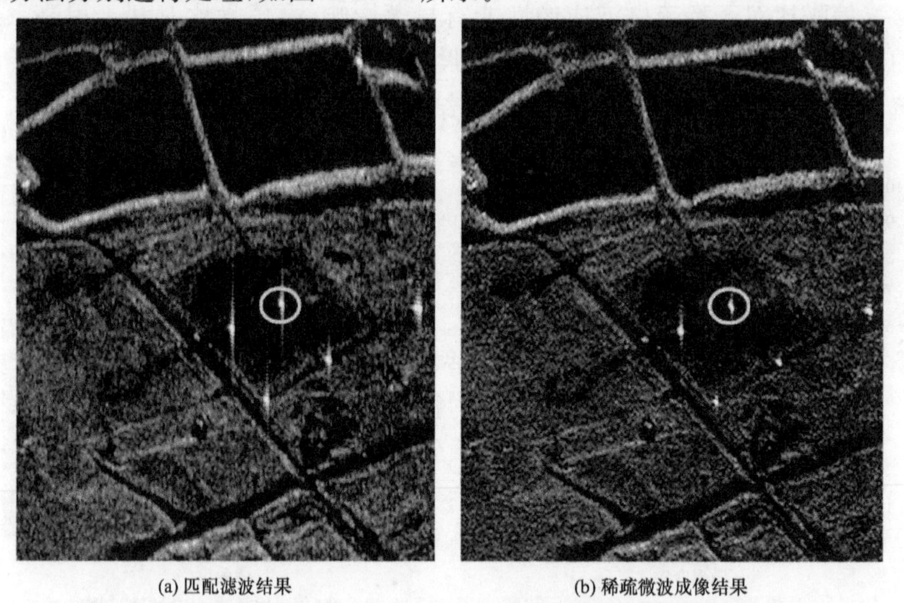
(a) 匹配滤波结果

(b) 稀疏微波成像结果

图 6.2.18　角反射器对匹配滤波与稀疏微波成像结果

图 6.2.19 给出了角反射器对成像结果方位向片图。可以看出，采用匹配滤波无法分辨开两个角反射器；采用稀疏微波成像方法可实现一定程度的分辨。单次实验存在一定的随机性，更多实验结果可见 6.3.1 节中的分析。

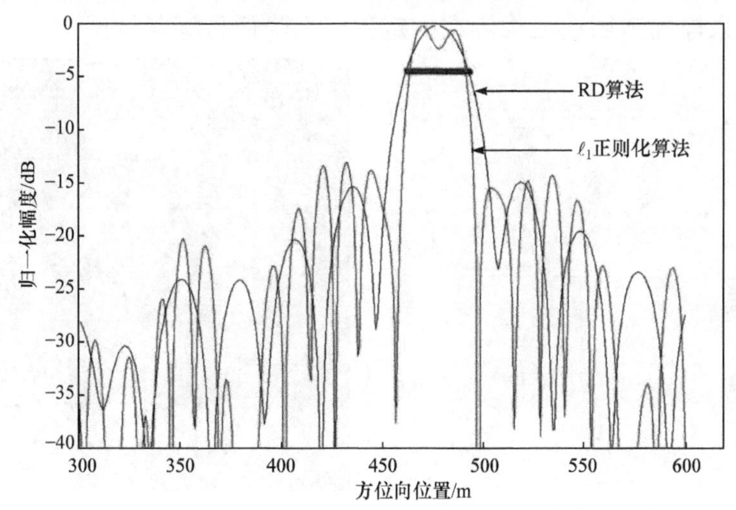

图 6.2.19　角反射对成像结果方位向切片图

7. 目标背景比

目标和背景杂波的定义与具体应用背景有关，例如，海面对舰船目标监测而言是背景杂波，但对于海洋纹理研究海面杂波则不能忽略。目前，在稀疏微波成像中常用的做法是将较强稀疏散射体视为目标，较弱散射体视为背景。目标区域如图 6.2.20(b)所示。

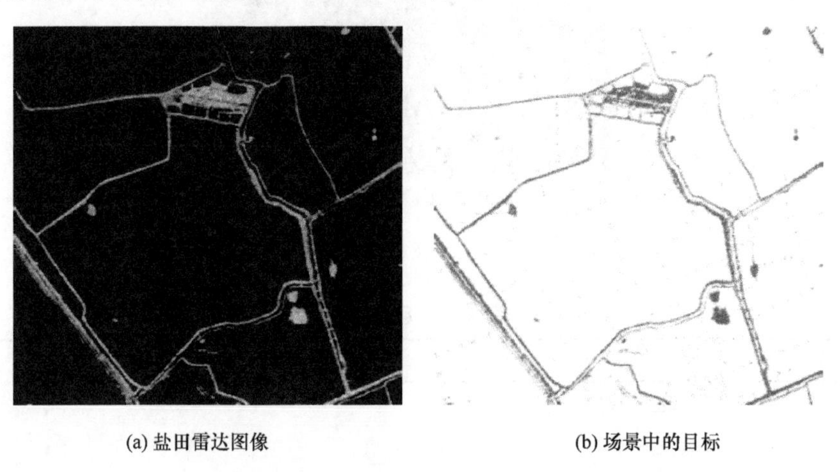

(a) 盐田雷达图像　　(b) 场景中的目标

图 6.2.20　盐田雷达图像中的目标与背景

稀疏微波成像所采用的稀疏重构算法，具有提升目标背景比的潜力，图 6.2.21 中的目标背景比如表 6.2.4 所示。由表 6.2.4 可以看出，采用稀疏微波成像方法可以提高雷达图像的目标背景比，相比于稀疏微波满采样成像，降采样稀疏微波成像会在一定程度上降低目标背景比。

(a) 匹配滤波成像

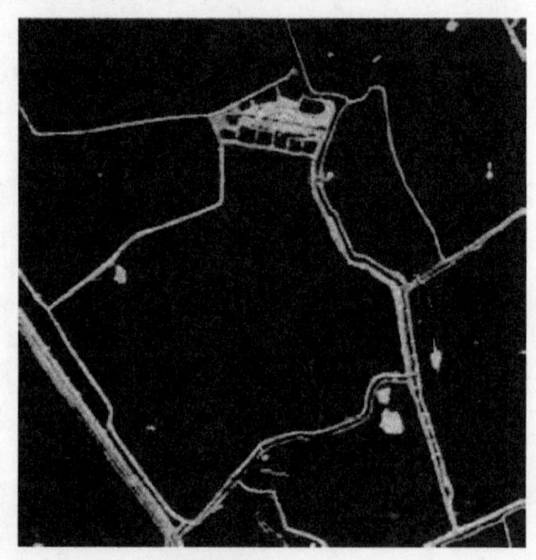

(b) 稀疏微波满采样成像

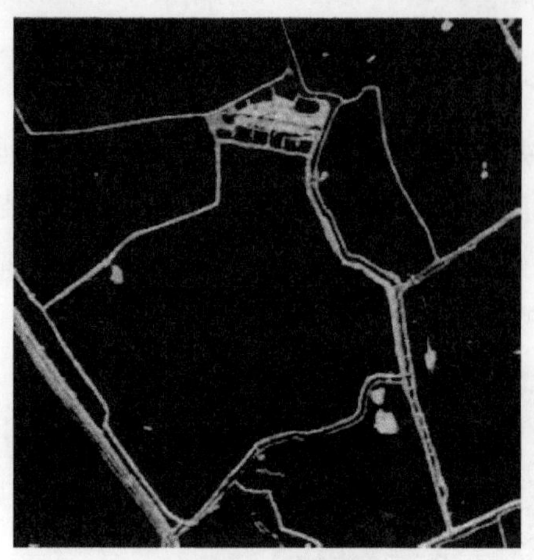

(c) 稀疏微波70%降采样成像

图 6.2.21　稀疏微波成像方法提升目标背景比结果

表 6.2.4　稀疏微波成像结果目标背景比

成像条件	目标背景比/dB
匹配滤波成像	41.42
稀疏微波满采样成像	85.68
稀疏微波 70%降采样成像	71.95

8. 海洋背景的保持能力

在对海洋目标的成像中，海洋背景纹理的保持对目标的识别具有重要的作用，舰船的尾迹更有助于判别目标的运动方向等信息。对降采样回波数据进行稀疏重构，通过合理的算法和参数选择，在海面无舰船目标时，采用稀疏微波成像的方法可以保留海面的纹理信息，在海面存在舰船目标时还可以保留运动舰船的尾迹信息，如图 6.2.22 所示。从图中还可以看出，假如目标存在运动，由于观测矩阵元素和实际值存在失配，方位向速度会造成目标散焦，径向速度会造成目标在方位向成像位置偏移，这样的现象与常规成像算法结果是相似的。

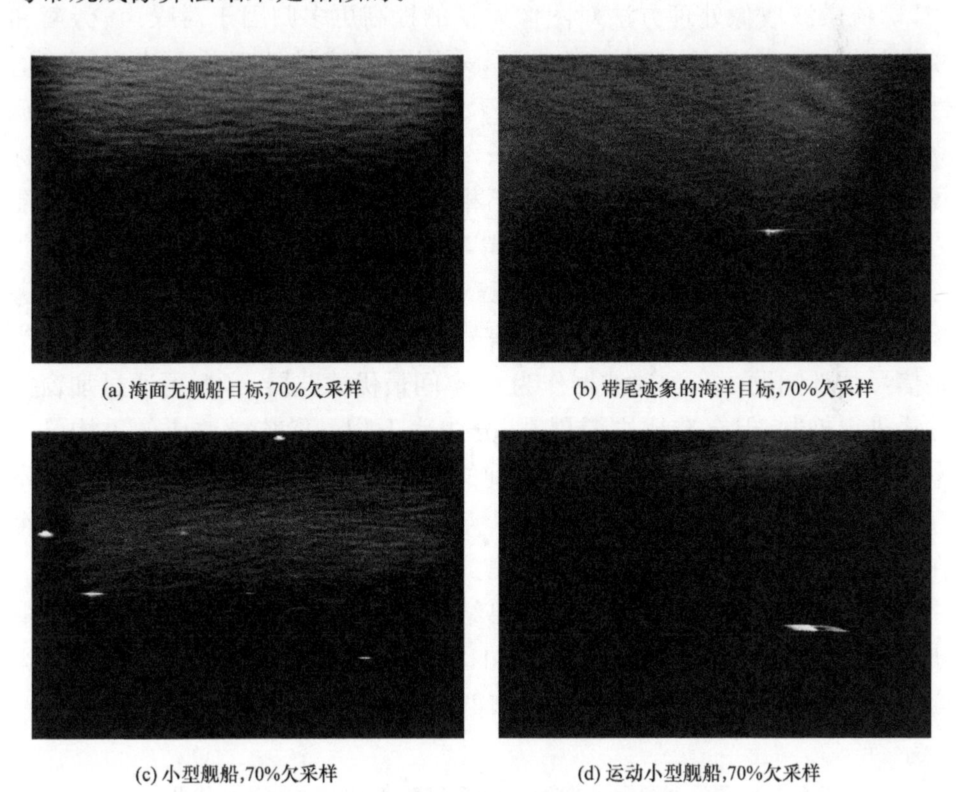

(a) 海面无舰船目标,70%欠采样　(b) 带尾迹象的海洋目标,70%欠采样

(c) 小型舰船,70%欠采样　(d) 运动小型舰船,70%欠采样

图 6.2.22　稀疏微波成像方法海洋背景保持结果

6.3 提升现有雷达成像性能实验验证

本节通过实际数据的处理分析，从分辨能力、旁瓣抑制、方位模糊抑制、目标背景比提升等方面说明可利用稀疏微波成像方法提升现有雷达系统的成像性能。

6.3.1 分辨能力提升和旁瓣抑制

研究结果表明，采用稀疏信号处理可实现城市建筑的高程向超分辨率成像(Zhu & Bamler，2012b)，但是对 SAR 而言，实测数据实验结果表明，稀疏微波成像处理方法对图像质量的提高更多归因于对噪声、旁瓣和模糊的抑制。在米级分辨率条件下，采用稀疏信号处理并不能实现普适性超分辨成像，原因有两方面：首先，SAR 场景目标通常不是由少量的孤立点构成的，不满足理想稀疏特性条件；其次，随着分辨单元的细化，目标场景网格密度增加，观测矩阵的列不相关性会急剧下降，从而导致重构能力下降。

在 SAR 成像中，图像中目标旁瓣与点目标的冲激响应有关，其峰值旁瓣比、积分旁瓣比等参数与波形和信号处理方法有关，成像过程可以认为是信号估计问题。匹配滤波器作为 ℓ_2 空间最优滤波器，旁瓣可通过加窗的方法进行抑制，但会造成主瓣展宽、分辨率下降。稀疏微波成像重构是一个 ℓ_q 空间中的信号检测问题，其得到的是对目标位置和幅度的估计，在不存在网格偏移成功重构的条件下，其点扩展函数将是一个冲激函数，不存在旁瓣。

稀疏微波成像对孤立点的成像结果如图 6.3.1(a)和(b)中的方框所示。由图 6.3.1 及表 6.3.1 可知，基于 ℓ_1 正则化重构的结果峰值旁瓣比大于匹配滤波结果，背景干净，并且 3dB 主瓣宽度较小，如图 6.3.2 所示。

表 6.3.1 基于稀疏微波成像与距离多普勒算法的孤立点重构结果对比

重构算法	归一化背景电平/dB	主瓣宽度		峰值旁瓣比	
		距离向/m	方位向/m	距离向/dB	方位向/dB
距离多普勒算法	−24.77	5.84	4.71	13.92	9.36
ℓ_1 正则化重构	−165.64	4.31	1.76	∞	17.29

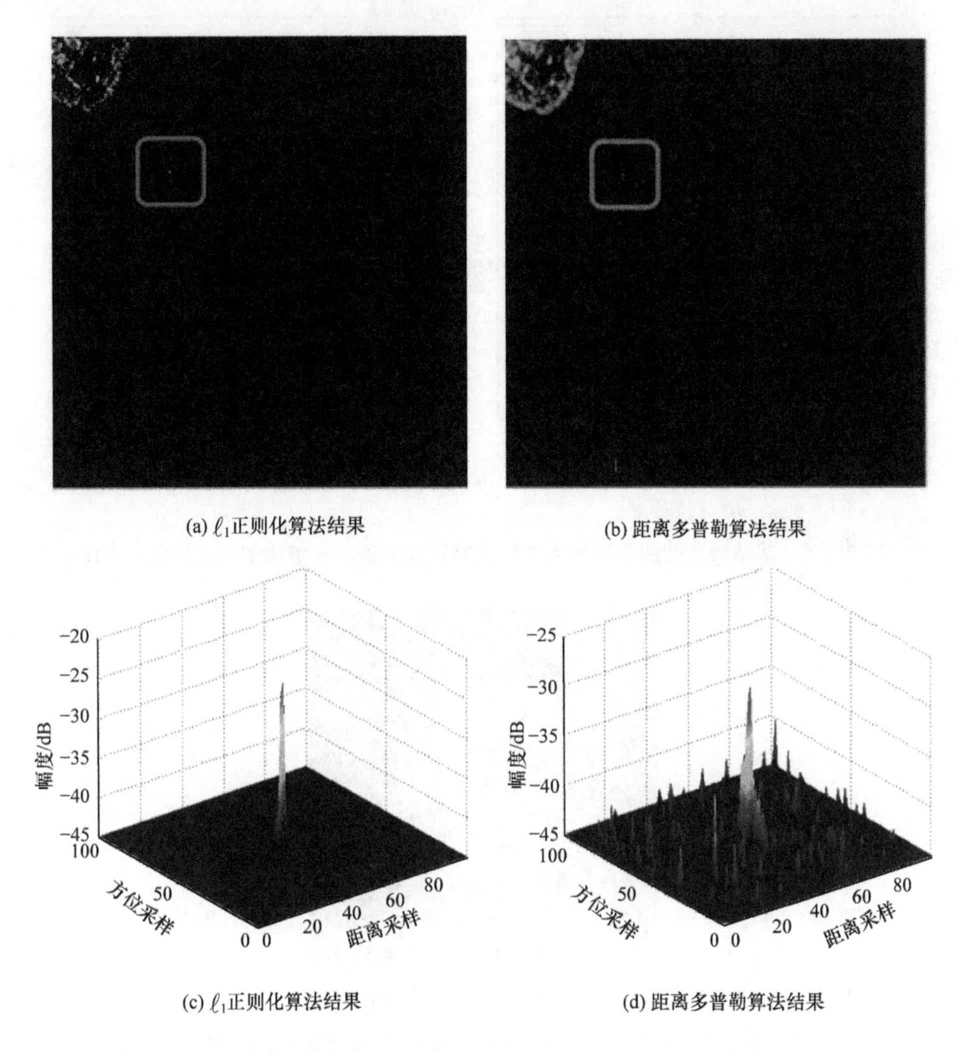

图 6.3.1　基于稀疏微波成像与距离多普勒算法的孤立点重构结果对比

测试稀疏微波成像对目标的分辨能力，实验中，角反射器对位置摆放如图 6.3.3 所示，这里只给出一组数据的结果，其中亮点为角反射器对。基于稀疏微波成像与距离多普勒算法角反射器对分辨能力对比如表 6.3.2 所示。对于匹配滤波方法，角反射器对 1、2、3、4、5、8 均无法分辨，而对于 ℓ_1 正则化重构结果，仅角反射器对 2 不能重构。由此可以看出，基于 ℓ_1 正则化重构结果的分辨能力优于匹配滤波结果。

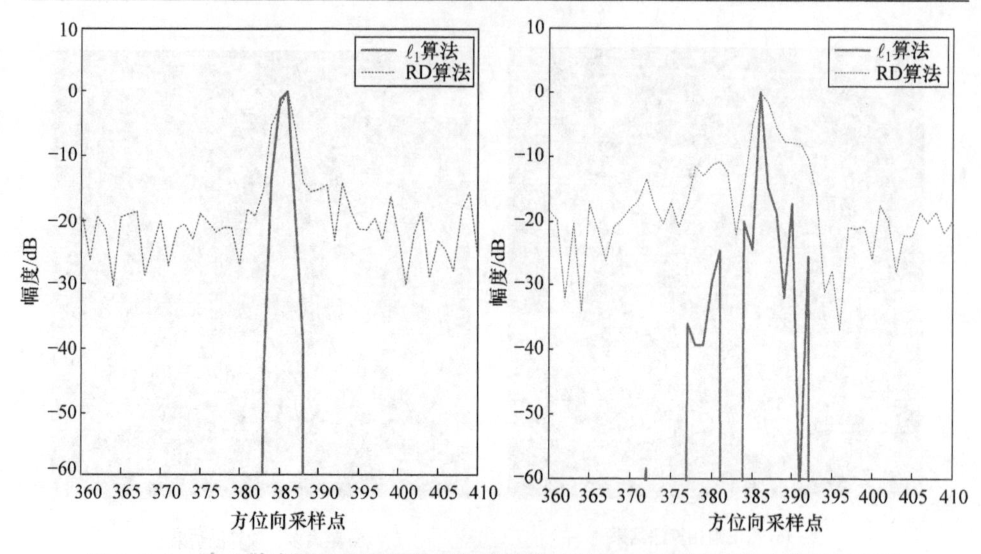

图 6.3.2　基于稀疏微波成像与距离多普勒算法的孤立点重构结果方位向切片图

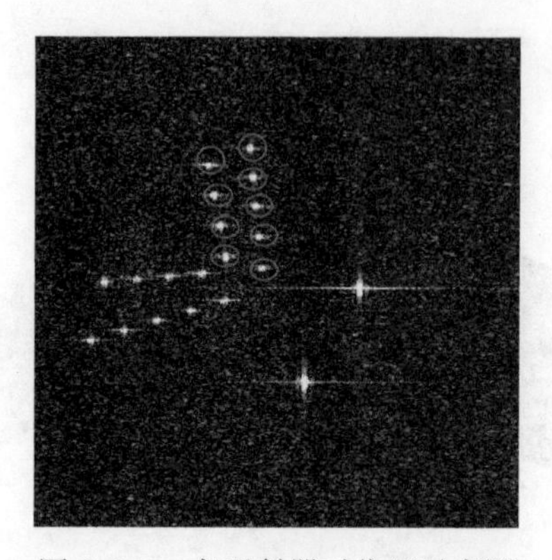

图 6.3.3　角反射器对位置示意图

表 6.3.2　基于稀疏微波成像与距离多普勒算法角反射器对分辨能力对比

角反射器对序号	真实距离/m	ℓ_1 正则化重构算法	距离多普勒算法	结论
1	1.5	能分辨	不能分辨	稀疏微波成像正则化重构算法区分目标的能力优于匹配滤波算法
2	2.0	不能分辨	不能分辨	
3	2.5	能分辨	不能分辨	
4	3.0	能分辨	能分辨	
5	3.0	能分辨	不能分辨	
6	3.5	能分辨	不能分辨	
7	3.5	能分辨	能分辨	
8	4.0	能分辨	不能分辨	
9	4.5	能分辨	能分辨	

6.3.2　方位模糊抑制

SAR 采用脉冲体制，由于实际天线方向图在主瓣之外并不为零，因此方位模糊不能避免，方位模糊的本质是方位向有限采样导致了频谱混叠。稀疏微波成像可利用包括天线主瓣和副瓣在内的方位向信息构造观测模型，结合方位模糊信号结构稀疏性进行重构处理(Fang et al.，2012；Zhang B C et al.，2012a，2013)，实现方位模糊抑制。

通过稀疏微波成像方法进行方位向模糊抑制实验，结果如图 6.3.4 和图 6.3.5 所示。由表 6.3.3 可看出，基于 ℓ_1 正则化重构的方位模糊信号比低于匹配滤波方法，因此与匹配滤波方法相比，ℓ_1 正则化重构方法具有更好的方位模糊抑制性能。

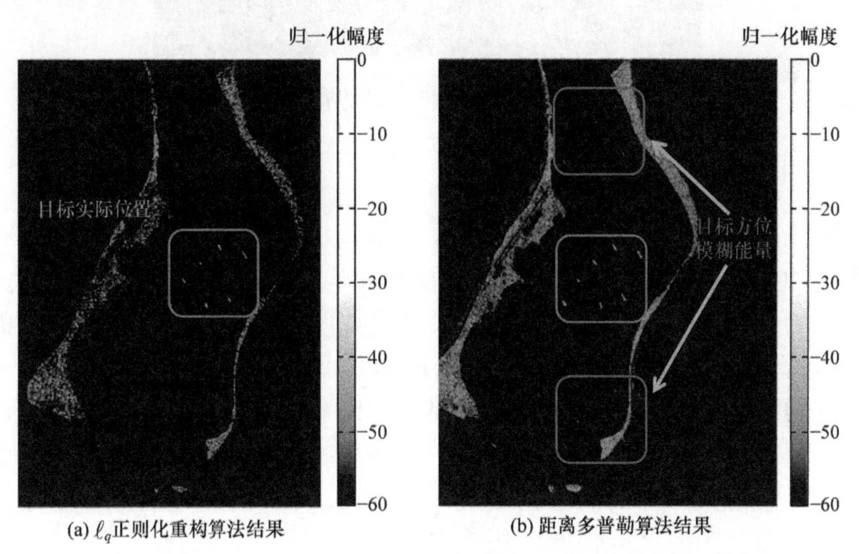

(a) ℓ_q正则化重构算法结果　(b) 距离多普勒算法结果

图 6.3.4　基于稀疏微波成像与距离多普勒算法舰船目标方位模糊对比

表 6.3.3　基于稀疏微波成像与距离多普勒算法舰船目标方位模糊信号比对比

舰船目标	距离多普勒算法/dB	ℓ_1 正则化重构算法/dB
A	−19.51	−30.96
B	−19.19	−36.58
C	−19.05	−33.20
D	−19.59	−33.81

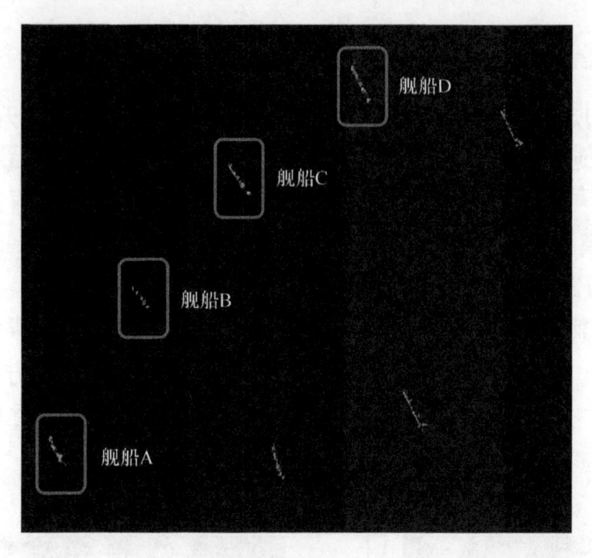

图 6.3.5 用于方位模糊抑制评估的舰船目标雷达图像

6.3.3 目标背景比提升

稀疏微波成像有很好的提升目标背景比能力，本小节主要分析其在阴影区域和镜面散射区域的场景成像效果。基于稀疏微波成像与距离多普勒算法的人工目标阴影区域重构结果对比如图 6.3.6 所示。由于电磁波受到遮挡，雷达图像中的阴影表现为暗区域。受强目标旁瓣的影响，通过匹配滤波器得到图像的阴影区域信号强度有时较大；而通过稀疏微波成像方法得到图像的阴影区域强度则很小。如表 6.3.4 所示，经过归一化后，距离多普勒算法得到图像的阴影区域强度为−42.0dB，而经过稀疏微波成像方法得到图像的阴影区域强度已趋近于零。

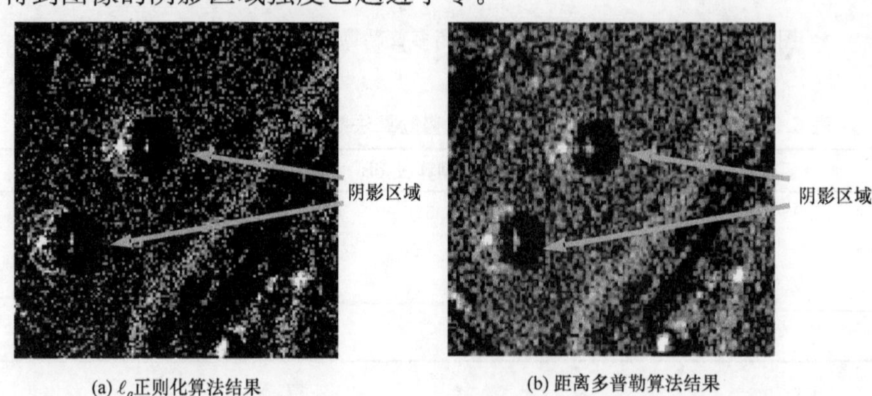

(a) ℓ_q正则化算法结果　　(b) 距离多普勒算法结果

图 6.3.6 基于稀疏微波成像与距离多普勒算法的人工目标阴影区域重构结果对比

表 6.3.4　基于稀疏微波成像与距离多普勒算法阴影区域归一化平均电平对比

成像方法	阴影区归一化平均电平/dB
距离多普勒方法	−42.0
ℓ_1 正则化重构方法	−127.5

基于稀疏微波成像与距离多普勒算法的机场跑道区域重构结果对比如图 6.3.7 所示。机场跑道平滑部分的电磁波散射为镜面散射,信号强度趋近于零。机场跑道区域重构结果方位向切片图如图 6.3.8 所示,表 6.3.5 为机场跑道杂波强度对比,经过归一化后,距离多普勒算法得到的机场跑道强度为−39.2dB,而经过稀疏微波成像方法获得的强度已趋近于零。

(a) 稀疏微波成像结果

(b) 距离多普勒算法

图 6.3.7　基于稀疏微波成像与距离多普勒算法的机场跑道区域重构结果对比

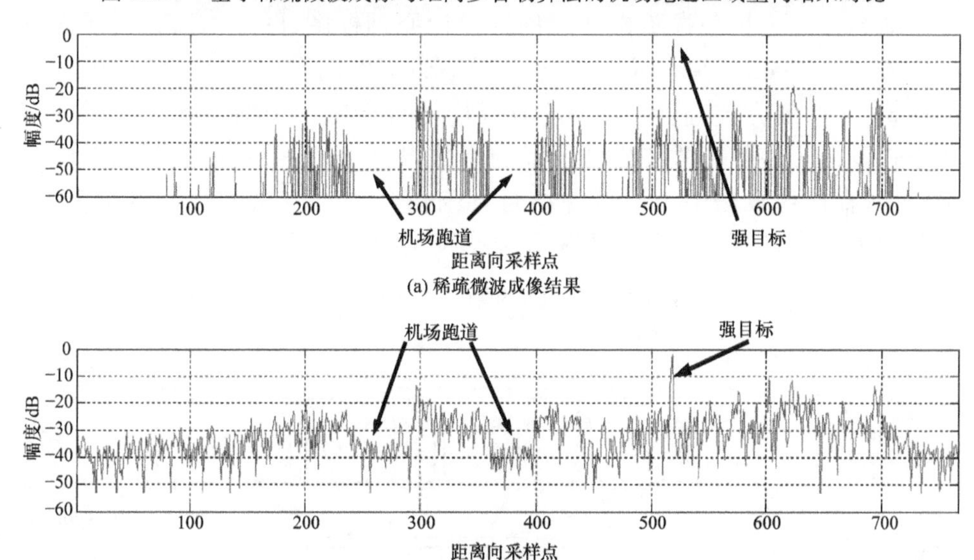

图 6.3.8　基于稀疏微波成像与距离多普勒算法的机场跑道区域重构结果方位向切片图

表 6.3.5　基于稀疏微波成像与距离多普勒算法机场跑道杂波强度对比

成像方法	机场跑道/dB
距离多普勒算法	−39.2
ℓ_1 正则化重构算法	−291.1

6.4　星载稀疏微波成像初步设计

6.4.1　设计原理

稀疏微波成像的一个典型应用就是高分辨率宽幅海洋 SAR 系统的设计。本节首先简要描述有关星载 SAR 参数的设计要素,然后在此基础上给出星载稀疏微波成像的设计框图。根据场景在稀疏条件下可进行欠采样处理获得场景目标信息的原理,可不改变现有雷达硬件设备,直接降低 SAR 方位向采样频率,经过恰当的波位选择实现更大的测绘带宽。此外,根据稀疏微波成像中非均匀采样重构图像质量优于均匀采样重构图像的特点,放宽星载多通道雷达成像系统设计中对 PRF 的约束条件,从而实现更大的测绘带宽。

1. 星载稀疏微波成像设计框图

图 6.4.1 为星载稀疏微波成像的设计原理框图,图中 NESZ 为等效噪声系数(ncise equivalent sigma zero,NESZ)。可以看出,SAR 成像中的扫描模式、多通道方式,甚至 MIMO 方式均可直接应用于稀疏微波成像的工作模式设计。在稀疏微波成像系统的参数设计中,必须考虑观测场景的先验知识;在成像算法中可以选择结合稀疏信号处理方法的快速解耦算法;相变图可用来计算雷达系统中欠采样率及发射功率等参数。

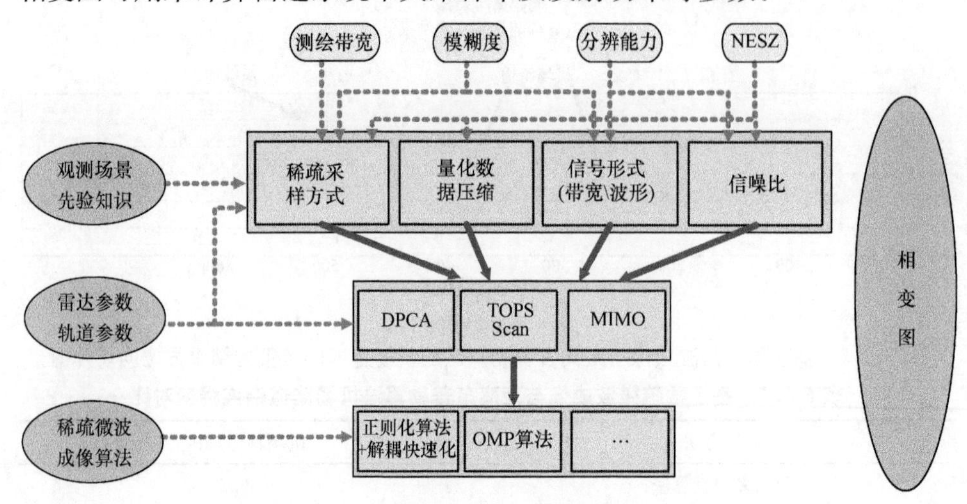

图 6.4.1　星载稀疏微波成像设计原理框图

2. 稀疏采样方式

稀疏微波成像中，随机采样要优于均匀采样方式。因此，若在不改变硬件设备的条件下实现更大测绘带宽的稀疏微波成像模式，可以采用均匀降采样的方式；若要实现成像效果最优，则可采用非均匀降采样的方式。

3. 量化方式

在考虑稀疏微波成像系统数据率因素约束时，可以综合量化压缩和降采样。分块自适应量化（block adaptive quantization，BAQ）在微波成像中已有广泛应用（Kwok & Johnson，1989）。通过图 6.4.2 相变图结果和图 6.4.3 的实验结果可以看出，量化比特数为 8，同样数据率下，采用降采样和 4bit BAQ 结合的方式重构结果较直接降采样结果更优。

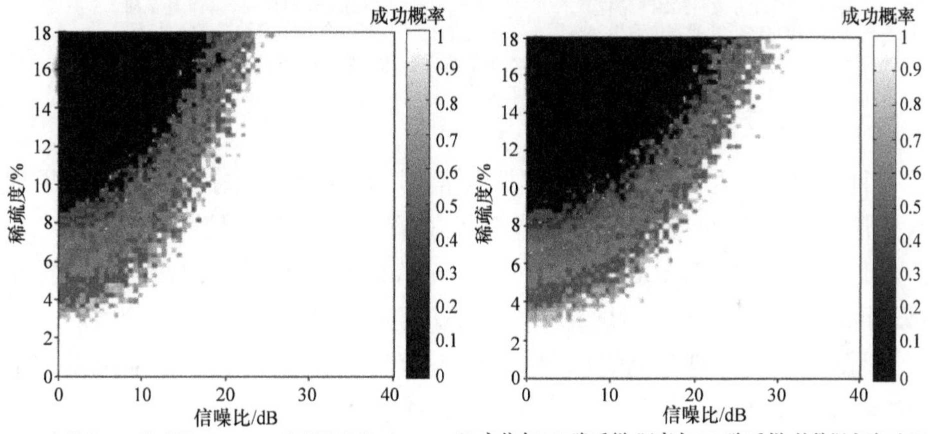

(a) 方位向50%降采样，4bit BAQ，总数据率降至25%　(b) 方位向50%降采样，距离向50%降采样，总数据率降至25%

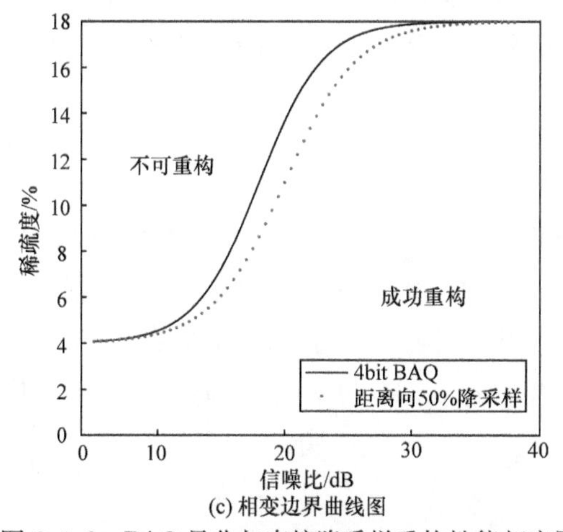

(c) 相变边界曲线图

图 6.4.2 BAQ 量化与直接降采样重构性能相变图

(a) 方位向50%降采样，4bit BAQ,总数据率降至25%

(b) 方位向50%降采样，距离向50%降采样，总数据率降至25%

图 6.4.3 BAQ 量化与直接降采样稀疏微波成像重构结果对比

4. 波形/带宽

目前成像雷达一般采用线性调频信号，而稀疏微波成像研究结果表明，采用正交信号的雷达成像性能要优于采用线性调频信号的雷达(江海等，2011；Zhang B C et al.，2012a；Shastry et al.，2010，2012，2015)。在系统设计时，需综合考虑波形选择和实现复杂度等因素。

根据雷达成像理论，雷达系统的带宽直接决定了分辨率。稀疏微波成像仿真和实验结果分析均表明：采用稀疏重构后观测目标分辨能力可得到一定程度的提升，但目前没有实验结果表明经稀疏信号处理得到的雷达图像具有普适性的超分辨率，原则上稀疏微波成像系统带宽选择与常规设计是一致的。

5. 信噪比

在稀疏微波成像中，过低的信噪比将极大地降低系统的重构性能，甚至造成重构失败，系统对信噪比的定量要求可以依据相变图获得。由于降采样稀疏微波雷达减少了相干积累的脉冲个数，降低了图像信噪比，这种损失可通过增加天线增益、系统功率、发射脉宽等手段加以补偿。

6.4.2 设计实例

由三维相变图分析可知，当场景稀疏度、信噪比满足一定的条件时，欠采样也可以实现观测场景雷达图像的无模糊重构，当采样方式为非均匀采样时，所获得的图像性能更优。非均匀采样需要对雷达的采样、控制等模块进行重新设计，实现较为复杂；均匀降采样可不改变现有雷达硬件设备，直接降低 SAR 方位向采样频率，经过波位选择实现更大的测绘带宽。这说明利用现有星载 SAR 可以开展稀疏微波成像原理性实验验证。

以 RadarSat-1 单通道工作模式为例进行说明。在设计时降采样比设为 75%，天线高度不变，脉冲宽度增加，峰值发射功率不变。表 6.4.1 为基于常规设计的成像雷达和稀疏微波成像雷达的参数设计对比。由表可见，条带模式成像测绘带宽可以从 50km 增大至 90km。单通道星载 SAR 系统常规波位选择及稀疏微波成像波位选择如表 6.4.2 和表 6.4.3 所示，其示意图如图 6.4.4 和图 6.4.5 所示。此外，在实际实验参数设计中，必须考虑波束宽度是否覆盖了整个测绘带宽；测绘带宽增大后的原始回波数据率是否满足数传通道容量的要求等约束条件。

表 6.4.1　单通道星载 SAR 系统参数

雷达参数	常规	稀疏
发射天线尺寸：长度/m×高度/m	7.5×0.8	7.5×0.8
接收天线尺寸：长度/m×高度/m	7.5×2.5	7.5×2.5
分辨率：方位/m×距离/m	5 × 5	5×5
测绘带宽/km	50	90
通道数	1	1
数据率/(Gbit/s)	0.55～0.65	0.70～0.78
平均功率/W	890	940
峰值功率/W	8700	8800

表 6.4.2　单通道星载 SAR 系统常规波位选择表

雷达参数	F1	F2	F3	F4	F5	F6	F7
近距入射角/(°)	25.5	28.4	31.27	33.77	36.23	38.65	41.33
远距入射角/(°)	28.85	31.73	34.17	36.8	39.08	41.58	44.05
测绘带宽/km	50.00	50.00	50.00	50.00	50.00	50.00	50.00
脉冲重复频率/Hz	2110	2044	2394	2089	1908	2100	1918
发射信号带宽/MHz	75	70	65	60	50	55	55
数据率/(Mbit/s)	566.6	569.1	605.7	577.7	519.0	617.4	553.6
方位模糊信号比/dB	19.11	17.42	24.40	18.58	18.01	18.86	18.25

续表

雷达参数	F1	F2	F3	F4	F5	F6	F7
距离模糊信号比/dB	28.9	27.4	27.2	27.2	20.0	20.3	19.9
平均功率/kW	0.711	0.759	0.815	0.873	0.940	1.017	1.116
峰值功率/kW	6.743	7.426	6.811	8.361	9.853	9.681	11.641

表 6.4.3 单通道星载 SAR 系统稀疏微波成像波位选择表

雷达参数	F1	F2	F3	F4	F5
近距入射角/(°)	26.52	30.98	36.35	38.33	42.9
远距入射角/(°)	32.77	36.67	41.13	43.35	46.75
测绘带宽/km	90	90	90	90	90
脉冲重复频率/Hz	1798	1471	1649	1488	1642
信号带宽/MHz	70	65	60	55	50
数据率/(Mbit/s)	935.0	745.0	769.0	762.0	705.0
方位模糊信号比/dB	−21.54	−18.80	−18.66	−18.04	−18.54
距离模糊信号比/dB	−26.9	−27.5	−26.3	−26.1	−27.8
平均功率/kW	0.727	0.8091	0.944	1.006	1.184
峰值功率/kW	6.066	8.251	8.582	10.138	10.813

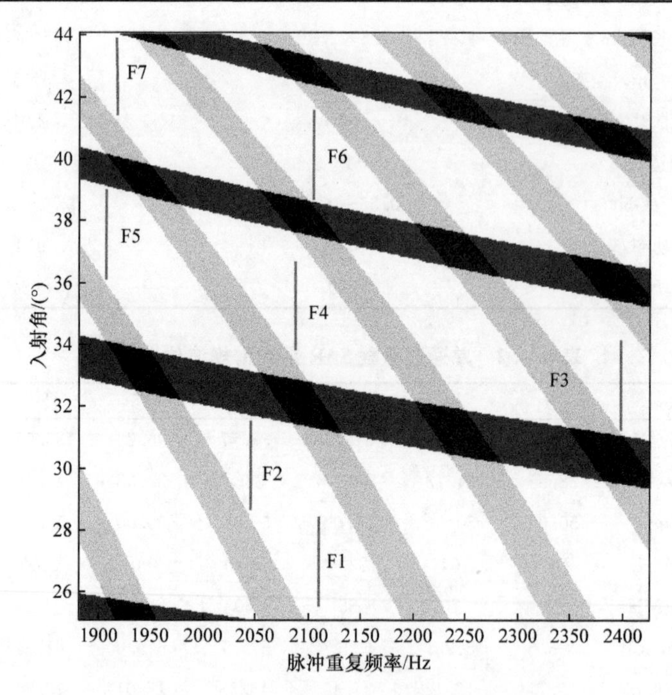

图 6.4.4 单通道雷达常规波位选择示意图

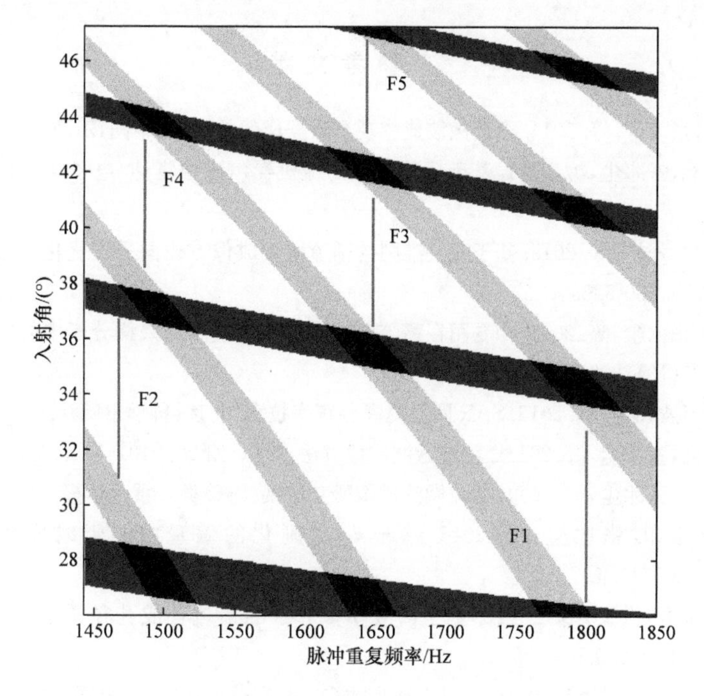

图 6.4.5　单通道稀疏微波成像雷达波位选择示意图

6.5　本章小结

稀疏微波成像是近年来发展起来的雷达成像领域的新理论、新体制和新方法,需开展实验对其原理、方法和性能方面进行验证和评估。本章首先对机载稀疏微波成像原理验证实验进行了详细阐述,然后对稀疏微波成像提升现有系统性能方面进行了实验验证,最后介绍了星载稀疏微波成像实验的初步设计实例,为稀疏微波成像实际工程应用设计提供了技术支持。

参考文献

洪文,向寅,张冰尘,等. 2014. 稀疏微波成像观测数据成像的方法:中国,ZL201310055233.7.

江海,林月冠,张冰尘,等. 2011. 基于压缩感知的随机噪声成像雷达. 电子与信息学报,33(3):672-676.

蒋成龙,赵曜,张柘,等. 2015. 基于相关准则的稀疏微波成像方位向采样优化方法. 电子与信息学报,37(3):580-586.

田野,毕辉,张冰尘,等. 2015. 相变图在稀疏微波成像变化检测降采样分析中的应用. 电子与信息学报,37(10):2335-2341.

王正明,朱炬波,谢美华. 2013. SAR图像提高分辨率技术. 北京:科学出版社.

吴一戎,洪文,张冰尘,等. 2011a. 稀疏微波成像方法:中国,ZL201010147595.5.

吴一戎,洪文,张冰尘,等. 2014. 稀疏微波成像研究进展(科普类). 雷达学报,3(4):383-395.

吴一戎,全相印,张冰尘,等. 2016. 基于 l_q 正则化的偏置中心天线成像方法:中国,ZL201610202747.4.

吴一戎,徐宗本,洪文,等. 2011b. 基于回波模拟算子的稀疏合成孔径雷达成像方法:中国,ZL201110182202.9.

吴一戎,张冰尘,洪文,等. 2011c. 一种多通道或多时相雷达成像方法:中国,ZL201010183421.4.

向寅,张冰尘,洪文. 2013. 基于Lasso的稀疏微波成像分块成像原理与方法研究. 雷达学报,2(3):271-277.

徐宗本,吴一戎,张冰尘,等. 2018. 基于 $L_{1/2}$ 正则化理论的稀疏雷达成像. 中国科学,63(14):1306-1319.

杨俊刚,黄晓涛,金添. 2014. 压缩感知雷达成像. 北京:科学出版社.

杨汝良. 2013. 高分辨率微波成像. 北京:国防工业出版社.

张冰尘,洪文,吴一戎,等. 2013. 一种基于 l_q 的成像雷达方位模糊抑制方法:中国,ZL201110310655.5.

张澄波. 1989. 综合孔径雷达:原理、系统分析与应用. 北京:科学出版社.

赵曜,毕辉,张冰尘. 2014. 获得稀疏微波成像相变图的方法:中国,ZL201410225128.8.

赵曜,张冰尘,洪文,等. 2013. 基于RIPless理论的稀疏微波成像波形分析方法. 雷达学报,2(3):265-270.

Aberman K,Eldar Y C. 2017. Sub-Nyquist SAR via Fourier domain range-Doppler processing. IEEE Transactions on Geoscience and Remote Sensing,55(11):6228-6244.

Aeron S,Saligrama V,Zhao M. 2010. Information theoretic bounds for compressed sensing. IEEE Transactions on Information Theory,56(10):5111-5130.

Aguilera E,Nannini M,Reigber A. 2012a. Multisignal compressed sensing for polarimetric SAR tomography. IEEE Geoscience and Remote Sensing Letters,9(5):871-875.

Aguilera E,Nannini M,Reigber A. 2012b. Wavelet-based compressed sensing for SAR tomography of forested areas//The 9th European Conference on Synthetic Aperture Radar, Nuremberg.

Aguilera E, Nannini M, Reigber A. 2013. Wavelet-based compressed sensing for SAR tomography of forested areas. IEEE Transactions on Geoscience and Remote Sensing, 51(12): 5283-5295.

Ahmed N, Natarajan T, Rao K R. 1974. Discrete cosine transform. IEEE Transactions on Computers, C-23(1): 90-93.

Alonso M T, Lopez-Dekker P, Mallorqui J J. 2010. A novel strategy for radar imaging based on compressive sensing. IEEE Transactions on Geoscience and Remote Sensing, 48(12): 4285-4295.

Amin M. 2015. Compressive Sensing for Urban Radar. Boca Raton: CRC Press.

Anitori L, Maleki A, Otten M, et al. 2013. Design and analysis of compressed sensing radar detectors. IEEE Transactions on Signal Processing, 61(4): 813-827.

Ash J N, Ertin E, Potter L C, et al. 2014. wide-angle synthetic radar imaging: models and algorithms for anisotropic Scattering IEEE Signal Processing Magazine, 31(4): 16-26.

Austin C D, Ertin E, Moses R L. 2011. Sparse Signal methods for 3-D radar imaging. IEEE Journal of Selected Topics in Signal Processing, 5(3): 408-423.

Babacan S D, Mancera L, Molina R, et al. 2009. Non-convex priors in bayesian compressed sensing//The 17th European Signal Processing Conference, Glasgow.

Bach F, Jenatton R, Mairal J, et al. 2012. Structured sparsity through convex optimization. Statistical Science, 27(4): 450-468.

Bae J H, Kang B S, Kim K T, et al. 2015. Performance of sparse recovery algorithms for the reconstruction of radar images from incomplete RCS data. IEEE Geoscience and Remote Sensing Letters, 12(4): 860-864.

Bahai A R S, Saltzberg B R, Ergen M. 2004. Multi-Carrier Digital Communications: Theory and Applications of OFDM. 2nd ed. New York: Springer.

Balakrishnan A. 1962. On the problem of time jitter in sampling. IRE Transactions on Information Theory, 8(3): 226-236.

Bamler R. 1992. A comparison of range-doppler and wavenumber domain SAR focusing algorithms. IEEE Transactions on Geoscience and Remote Sensing, 30(4): 706-713.

Bao Q, Lin Y, Hong W, et al. 2016. Multi-circular synthetic aperture radar imaging processing procedure based on compressive sensing//The 4th International Workshop on Compressed Sensing Theory and Its Applications to Radar, Sonar and Remote Sensing, Aachen.

Bao Q, Lin Y, Hong W, et al. 2017. Holographic SAR tomography image reconstruction by combination of adaptive imaging and sparse bayesian inference. IEEE Geoscience and Remote Sensing Letters, 14(8): 1248-1252.

Baraniuk R G. 2007. Compressive sensing. IEEE Signal Processing Magazine, 24(4): 118-121.

Baraniuk R G. 2011. More is less: Signal processing and the data deluge. Science, 331(6018): 717-719.

Baraniuk R G, Steeghs P. 2007. Compressive radar imaging//IEEE Radar Conference, Boston.

Baron D, Duarte M F, Wakin M B, et al. 2009. Distributed compressive sensing//IEEE International Conference on Acoustics Speech and Signal Processing. Taipei: 2886-2889.

Batu O, Çetin M. 2011. Parameter selection in sparsity-driven SAR imaging. IEEE Transactions on Aerospace and Electronic Systems, 47(4): 3040-3050.

Beck A, Teboulle M. 2009. A fast iterative shrinkage-thresholding algorithm for linear inverse problems. SIAM Journal on Imaging Sciences, 2(1): 183-202.

Becker S R, Bobin J, Candès E J. 2011a. NESTA: A fast and accurate first-order method for sparse recovery. SIAM Journal on Imaging Sciences, 4(1): 1-39.

Becker S R, Candès E J, Grant M C. 2011b. Templates for convex cone problems with applications to sparse signal recovery. Mathematical Programming Computation, 3(3): 165-218.

Bengio S, Pereira F, Singer Y, et al. 2009. Group sparse coding. Advances in Neural Information Processing Systems, 22: 82-89.

Ben-Haim Z, Eldar Y C, Elad M. 2010. Coherence-based performance guarantees for estimating a sparse vector under random noise. IEEE Transactions on Signal Processing, 58(10): 5030-5043.

Berger C R, Zhou S, Willett P, et al. 2008. Compressed sensing for OFDM/MIMO radar//The 42nd Asilomar Conference on Signals, Systems and Computers, Pacific Grove.

Bhattacharya S, Blumensath T, Mulgrew B, et al. 2007. Fast encoding of synthetic aperture radar raw data using compressed sensing//The 14th Workshop on Statistical Signal Processing, Madison.

Bhattacharya S, Blumensath T, Mulgrew B, et al. 2008. Synthetic aperture radar raw data encoding using compressed sensing//IEEE Radar Conference, Rome.

Bi H, Zhang B C, Zhu X X, et al. 2016a. ℓ_q regularization method for spaceborne SCANSAR and TOPS SAR imaging//The 11st European Conference on Synthetic Aperture Radar, Hamburg.

Bi H, Zhang B C, Zhu X X, et al. 2016b. CFAR detection for the complex approximated message passing reconstructed SAR image//The 4th International Workshop on Compressed Sensing Theory and its Applications to Radar, Sonar and Remote Sensing, Aachen: 133-137.

Bi H, Zhang B C, Zhu X X, et al. 2017a. Extended chirp scaling-baseband azimuth scaling-based azimuth-range decouple L_1 regularization for TOPS SAR imaging via CAMP. IEEE Transactions on Geoscience and Remote Sensing, 55(7): 3748-3763.

Bi H, Zhang B C, Zhu X X, et al. 2017b. Azimuth-range decouple based L_1 regularization method for wide ScanSAR imaging via extended chirp scaling. Journal of Applied Remote Sensing, 11(1): 015007.

Bi H, Zhang B C, Zhu X X, et al. 2017c. L_1-regularization-based SAR imaging and CFAR detection via complex approximated message passing. IEEE Transactions on Geoscience and Remote Sensing, 55(6): 3426-3440.

Bi H, Bi G A, Zhang B C, et al. 2018. Complex image based sparse SAR imaging and its equivalence. IEEE Transactions on Geoscience and Remote Sensing, 56(9): 5006-5014.

Bioucas-Dias J M, Figueiredo M A T. 2007. Two-step algorithms for linear inverse problems with non-quadratic regularization//IEEE International Conference on Image Processing, San Antonio.

Blumensath T, Davies M E. 2008. Gradient pursuits. IEEE Transactions on Signal Processing, 56(6): 2370-2382.

Blumensath T, Davies M E. 2009. Iterative hard thresholding for compressed sensing. Applied and Computational Harmonic Analysis, 27(3): 265-274.

Blumensath T, Davies M E. 2010. Normalized iterative hard thresholding: Guaranteed stability and performance. IEEE Journal of Selected Topics in Signal Processing, 4(2): 298-309.

Bouzerdoum A, Tivive F H C, Abeynayake C. 2016. Target detection in GPR data using joint low-rank and sparsity constraints//SPIE Commercial + Scientific Sensing and Imaging, Baltimore, 9857: 98570A.

Brown J. 1981. Multi-channel sampling of low-pass signals. IEEE Transactions on Circuits and Systems, 28(2): 101-106.

Budillon A, Evangelista A, Schirinzi G. 2011. Three-dimensional SAR focusing from multipass signals using compressive sampling. IEEE Transactions on Geoscience and Remote Sensing, 49(1): 488-499.

Cafforio C, Prati C, Rocca F. 1991. SAR data focusing using seismic migration techniques. IEEE Transactions on Aerospace and Electronic Systems, 27(2): 194-207.

Callaghan G D, Longstaff I D. 1999. Wide-swath space-borne SAR using a quad-element array. IEE Proceedings - Radar, Sonar and Navigation, 146(3): 159-165.

Candès E J, Romberg J. 2005. ℓ_1-magic: Recovery of sparse signals via convex programming. http://www.cs.bham.ac.uk/~axk/Sakinah/inspiring_readings/l1magic.pdf[2005-10-10].

Candès E J, Tao T. 2005. Decoding by linear programming. IEEE Transactions on Information Theory, 51(12): 4203-4215.

Candès E J, Romberg J. 2007. Sparsity and incoherence in compressive sampling. Inverse Problem, 23: 969-985.

Candès E J, Romberg J, Tao T. 2006a. Robust uncertainty principles: Exact signal reconstruction from highly incomplete frequency information. IEEE Transactions on Information Theory, 52(2): 489-509.

Candès E J, Romberg J, Tao T. 2006b. Stable signal recovery from incomplete and inaccurate measurements. Communications on Pure and Applied Mathematics，59(8)：1207-1223.

Candès E J，Plan Y. 2011. Probablistic and RIPless theory of Compressed Sensing，IEEE Transactions on Information Theory，57(11)：7235-7254.

Candès E J，Tao T. 2006. Near-optimal signal recovery from random projections：Universal encoding strategies. IEEE Transactions on Information Theory，52(12)：5406-5425.

Candès E J，Wakin M B. 2008. An introduction to compressive sampling. IEEE Signal Processing Magazine，25(2)：21-30.

Carrara W G，Goodman R S，Majewski R M. 1995. Spotlight Synthetic Aperture Radar-Signal Processing Algorithms. Boston：Artech House.

Chartrand R. 2007. Exact reconstruction of sparse signals via nonconvex minimization. IEEE Signal Processing Letters，14(10)：707-710.

Chen S S，Donoho D L，Saunders M A . 1998. Atomic decomposition by basis pursuit. SIAM Journal on Scientific Computing，20(1)：33-61.

Chen Y J，Zhang Q，Luo Y，et al. 2016. Measurement matrix optimization for ISAR sparse imaging based on genetic algorithm. IEEE Geoscience and Remote Sensing Letters，13(12)：1875-1879.

Cohen A，Dahmen W，Devore R. 2009. Compressed sensing and best *k*-term approximation. Journal of the American Mathematical Society，22(1)：211-231.

Cumming I G，Wong F H. 2005. Digital Processing of Synthetic Aperture Radar Data：Algorithms and Implementation. Boston：Artech house.

Curlander J C，McDonough R N. 1991. Synthetic Aperture Radar：Systems and Signal Processing. New York：Wiley.

Currie A，Brown M A. 1992. Wide-swath SAR. IEE Proceedings F-Radar and Signal Processing，139(2)：122-135.

Cutrona L J，Hall G O. 1962. A comparison of techniques for achieving fine azimuth resolution. IRE Transactions on Military Electronics，MIL-6(2)：119-121.

Dai W，Milenkovic O. 2009. Subspace pursuit for compressive sensing signal reconstruction. IEEE Transactions on Information Theory，55(5)：2230-2249.

Dalessandro M M，Tebaldini S. 2012. Phenomenology of P-band scattering from a tropical forest through three-dimensional SAR tomography. IEEE Geoscience and Remote Sensing Letters，(3)：442-446.

Daubechies I，Defrise M，De Mol C. 2004. An iterative thresholding algorithm for linear inverse problems with a sparsity constraint. Communications on Pure and Applied Mathematics，57：1413-1457.

Domenico B，Budillon A，Schirinzi G. 2012. Compressive sampling in SAR tomography：Results on COSMO-skymed data//IEEE International Geoscience and Remote Sensing Symposium.

Munich:475-478.

Donoho D L. 2006. Compressed sensing. IEEE Transactions on Information Theory,52(4):1289-1306.

Donoho D L,Stark P B. 1989. Uncertainty principles and signal recovery. SIAM Journal on Applied Mathematics,49(3):906-931.

Donoho D L,Huo X. 2001. Uncertainty principles and ideal atomic decomposition. IEEE Transactions on Information Theory,47(7):2845-2862.

Donoho D L,Elad M. 2003. Optimally sparse representation in general(nonorthogonal) dictionaries via ℓ_1 minimization. Proceedings of the National Academy of Sciences of the United States of America,100(5):2197-2202.

Donoho D L,Stodden V. 2006. Breakdown point of model selection when the number of variables exceeds the number of observations//The 2006 International Joint Conference on Neural Networks Proceeding,Vancouver.

Donoho D L,Elad M,Temlyakov V N. 2006. Stable recovery of sparse overcomplete representations in the presence of noise. IEEE Transactions on Information Theory,52(1):6-18.

Donoho D L,Tanner J. 2009. Observed universality of phase transitions in high-dimensional geometry,with implications for modern data analysis and signal processing. Philosophical Transactions of the Royal Society of London A:Mathematical,Physical and Engineering Sciences,367(1906):4273-4293.

Donoho D L,Tsaig Y,Drori I,et al. 2012. Sparse solution of underdetermined systems of linear equations by stagewise orthogonal matching pursuit. IEEE Transactions on Information Theory,58(2):1094-1121.

Dossal C,Chabanol M L,Peyré G,et al. 2012. Sharp support recovery from noisy random measurements by ℓ_1 minimization. Applied and Computational Harmonic Analysis,33(1):24-43.

Duarte M F,Sarvotham S,Baron D,et al. 2005. Distributed compressed sensing of jointly sparse signals//Conference Record of the 39th Asilomar Conference on Signals,Systems and Computers,Pacific Grove.

Duarte M F,Davenport M A,Takhar D,et al. 2008. Single-pixel imaging via compressive sampling. IEEE Signal Processing Magazine,25(2):83-91.

Duarte M F,Eldar Y C. 2011. Structured compressed sensing:From theory to applications. IEEE Transactions on Signal Processing,59(9):4053-4085.

Elad M. 2010. Sparse and Redundant Representations:From Theory to Applications in Signal and Image Processing. New York:Springer Science,Business Media.

Eldar Y C,Kuppinger P,Bölcskei H. 2010. Block-sparse signals:Uncertainty relations and efficient recovery. IEEE Transactions on Signal Processing,58(6):3042-3054.

Eldar Y C,Kutyniok G. 2012. Compressed Sensing:Theory and Application. Cambridge:Cambridge University Press.

Emmanuel J C, Donoho D L. 1999. Curvelets—A surprisingly effective nonadaptive representation for objects with edges. Astronomy and Astrophysics, 283(3): 1051-1057.

Ender J. 2010. On compressive sensing applied to radar. Signal Processing, 90(5): 1402-1414.

Ender J. 2013. A brief review of compressive sensing applied to radar//The 14th International Radar Symposium, Dresden.

Fang J, Xu Z, Jiang C, et al. 2012. SAR range ambiguity suppression via sparse regularization//IEEE International Geoscience and Remote Sensing Symposium, Munich.

Fang J, Xu Z, Zhang B C, et al. 2013. Fast compressed sensing SAR imaging based on approximated observation. IEEE Journal of Selected Topics in Applied Earth Observations and Remote Sensing, 7(1): 352-363.

Fang J, Zhang B C, Xu Z B, et al. 2014. On selection of the observation model for multilook compressed sensing SAR imaging//The 10th European Conference on Synthetic Aperture Radar, Berlin.

Figueiredo M A T, Nowak R D, Wright S J. 2007. Gradient projection for sparse reconstruction: application to compressed sensing and other inverse problems. IEEE Journal of Selected Topics in Signal Processing, 1(4): 586-597.

Fornaro G, Serafino F, Soldovieri F. 2003. Three-dimensional focusing with multipass SAR data. IEEE Transactions on Geoscience and Remote Sensing, 41(3): 507-517.

Fornaro G, Lombardini F, Serafino F. 2005. Three-dimensional multipass SAR focusing: Experiments with long-term spaceborne data. IEEE Transactions on Geoscience and Remote Sensing, 43(4): 702-714.

Gebert N. 2009. Multi-channel azimuth processing for high-resolution wide-swath SAR imaging [PhD Dissertation]. Karlsruhe: Karlsruhe Institute of Technology.

Gu F F, Zhang Q, Chi L, et al. 2015. A novel motion compensating method for MIMO-SAR imaging based on compressed sensing. IEEE Sensors Journal, 15(4): 2157-2165.

Guo J, Zhang J, Yang K, et al. 2015. Information capacity and sampling ratios for compressed sensing-based SAR imaging. IEEE Geoscience and Remote Sensing Letters, 12(4): 900-904.

Gurbuz A C, Mcclellan J H, Scott W R. 2007. Compressive sensing for GPR imaging//Conference Record of the Forty-First Asilomar Conference on Signals, Systems and Computers, Pacific Grove.

Gurbuz A C, Mcclellan J H, Scott W R. 2009a. A compressive sensing data acquisition and imaging method for stepped frequency GPRs. IEEE Transactions on Signal Processing, 57(7): 2640-2650.

Gurbuz A C, Mcclellan J H, Scott W R. 2009b. Compressive sensing for subsurface imaging using ground penetrating radar. Signal Processing, 89(10): 1959-1972.

Gurbuz A C, Mcclellan J H, Scott W R. 2012. Compressive sensing of underground structures using GPR. Digital Signal Processing, 22(1): 66-73.

Hadi M, Alshebeili S, Jamil K, et al. 2015. Compressive sensing applied to radar systems: An overview. Signal Image and Video Processing, 9(1): 25-39.

Hale E T, Yin W T, Zhang Y. 2008. Fixed-point continuation for ℓ_1-minimization: Methodology and convergence. SIAM Journal on Optimization, 19(3): 1107-1130.

Hale E T, Yin W T, Zhang Y. 2009. Fixed-point continuation applied to compressed sensing: Implementation and numerical experiments. Journal of Computational Mathematics, 28(2): 170-194.

Healy D. 2007. Analog-to-information(A-to-I) receiver development program. Arlington, Defense Advanced Research Projects Agency (DARPA), Microsystems Technology Office (MTO), BAA 08-03.

Herman M A, Strohmer T. 2009. High-resolution radar via compressed sensing. IEEE Transactions on Signal Processing, 57(6): 2275-2284.

Hong W, Tian Y, Zhang B C, et al. 2012. Assessment methods based on phase diagrams for sparse microwave imaging//The 1st International Workshop on Compressed Sensing Theory and its Applications to Radar, Sonar and Remote Sensing, Bonn.

Hong W, Zhang B C, Zhang Z, et al. 2014. Radar imaging with sparse constraint: Principle and initial experiment//The 10th European Conference on Synthetic Aperture Radar, Berlin.

Huang Q, Qu L, Wu B H, et al. 2010. UWB through-wall imaging based on compressive sensing. IEEE Transactions on Geoscience and Remote Sensing, 48(3): 1408-1415.

Jakowatz C V, Wahl D E, Eichel P H, et al. 1996. Spotlight-Mode Synthetic Aperture Radar: A Signal Processing Approach. Norwell: Kluwer Academic Publishers.

Jenatton R, Mairal J, Obozinski G, et al. 2010. Proximal methods for sparse hierarchical dictionary learning//Proceedings of the 27th International Conference on Machine Learning, Haifa.

Ji S, Xue Y, Carin L. 2008. Bayesian compressive sensing. IEEE Transactions on Signal Processing, 56: 2346-2356.

Jiang C L, Jiang H, Zhang B C, et al. 2012a. SNR analysis for SAR imaging from raw data via compressed sensing//The 9th European Conference on Synthetic Aperture Radar, Nuremberg.

Jiang C L, Zhang B C, Zhang Z, et al. 2012b. Experimental results and analysis of sparse microwave imaging from spaceborne radar raw data. Science China Information Sciences, 55(8): 1801-1815.

Jiang C L, Zhang B C, Fang J, et al. 2014. Efficient ℓ_q regularisation algorithm with range-azimuth decoupled for SAR imaging. Electronics Letters, 50(3): 204-205.

Jiang C L, Lin Y, Zhang Z, et al. 2015. WASAR imaging based on message passing with structured sparse constraint: approach and experiment//The 3rd International Workshop on Compressed Sensing Theory and its Applications to Radar, Sonar and Remote Sensing, Pisa.

Jiang H, Zhang B C, Lin Y, et al. 2010. Random noise SAR based on compressed sensing//IEEE International Geoscience and Remote Sensing Symposium, Honolulu.

Jiang H, Jiang C L, Zhang B C, et al. 2011. Experimental results of spaceborne stripmap SAR raw data imaging via compressed sensing//The IEEE CIE International Conference on Radar, Chengdu.

Kelly S I, Du C, Rilling G, et al. 2012. Advanced image formation and processing of partial synthetic aperture radar data. IET Signal Processing, 6(5): 511-520.

Kim S J, Koh K, Lustig M, et al. 2007. An interior-point method for large-scale ℓ_1-regularized least squares. IEEE Journal of Selected Topics in Signal Processing, 1(4): 606-617.

Knaell K K, Cardillo G P. 1995. Radar tomography for the generation of three-dimensional images. IEE Proceedings - Radar Sonar and Navigation, 142(2): 54-60.

Krieger G, Gebert N, Moreira A. 2004. Unambiguous SAR signal reconstruction from nonuniform displaced phase center sampling. IEEE Geoscience and Remote Sensing Letters, 1(4): 260-264.

Krieger G, Gebert N, Moreira A. 2008. Multidimensional waveform encoding for synthetic aperture radar remote sensing//IET International Conference on Radar Systems, Edinburgh.

Kueng R, Gross D. 2014. RIPless compressed sensing from anisotropic measurements. Linear Algebra and its Applications, 441: 110-123.

Kwok R, Johnson W T K. 1989. Block adaptive quantization of Magellan SAR data. IEEE Transactions on Geoscience and Remote Sensing, 27(4): 375-383.

Lagunas E, Amin M G, Ahmad F. 2015. Through-the-wall radar imaging for heterogeneous walls using compressive sensing//The 3rd International Workshop on Compressed Sensing Theory and Its Applications to Radar, Sonar and Remote Sensing, Pisa.

Laska J N, Kirolos S, Duarte M F, et al. 2007. Theory and implementation of an analog-to-information converter using random demodulation//IEEE International Symposium on Circuits and Systems, New Orleans.

Li J, Stoica P. 2009. MIMO Radar Signal Processing. Hoboken: Wiley.

Li X, Liang L, Guo H, et al. 2015. Compressive sensing for multibaseline polarimetric SAR tomography of forested areas. IEEE Transactions on Geoscience and Remote Sensing, 54(1): 153-166.

Lin Y, Hong W, Tan W X, et al. 2009. Compressed sensing technique for circular SAR imaging// IET International Radar Conference, Guilin.

Lin Y G, Zhang B C, Hong W, et al. 2010. Along-track interferometric SAR imaging based on distributed compressed sensing. Electronics Letters, 46: 85-860.

Lin Y G, Zhang B C, Jiang H, et al. 2012. Multi-channel SAR imaging based on distributed compressive sensing. Science China Information Sciences, 55(2): 245-259.

Lombardini F. 2005. Differential tomography: A new framework for SAR interferometry. IEEE Transactions on Geoscience and Remote Sensing, 43(1): 37-44.

Lu Z, Pong T K, Zhang Y. 2012. An alternating direction method for finding dantzig selectors. Computational Statistics and Data Analysis, 56(12): 4037-4046.

Lustig M, Donoho D, Pauly J M. 2007. Sparse MRI: The application of compressed sensing for rapid MR imaging. Magnetic Resonance in Medicine, 58(6): 1182-1195.

Mairal J, Jenatton R, Obozinski G, et al. 2011. Convex and network flow optimization for structured sparsity. Journal of Machine Learning Research, 12: 2681-2720.

Maleki A, Anitori L, Yang Z, et al. 2013. Asymptotic analysis of complex LASSO via complex approximate message passing (CAMP). IEEE Transactions on Information Theory, 59(7): 4290-4308.

Mallat S G. 2009. A Wavelet Tour of Signal Processing: The Sparse Way. 3rd ed. Amsterdam, Boston: Elsevier /Academic Press.

Mallat S G, Zhang Z F. 1993. Matching pursuits with time-frequency dictionaries. IEEE Transactions on Signal Processing, 41(12): 3397-3415.

Massonnet D, Souyris J C. 2008. Imaging with Synthetic Aperture Radar. Lausanne: EPFL Press.

Meta A, Prats P, Steinbrecher U, et al. 2008. TerraSAR-X TOPSAR and ScanSAR comparison// The 7th European Conference on Synthetic Aperture Radar, Friedrichshafen.

Meta A, Mittermayer J, Prats P, et al. 2010. TOPS imaging with TerraSAR-X: Mode design and performance analysis. IEEE Transactions on Geoscience and Remote Sensing, 48(2): 759-769.

Mishali M, Eldar Y C. 2010. From theory to practice: Sub-Nyquist sampling of sparse wideband analog signals. IEEE Journal of Selected Topics in Signal Processing, 4(2): 375-391.

Mishali M, Eldar Y C, Dounaevsky O, et al. 2011a. Xampling: Analog to digital at sub-Nyquist rates. IET Circuits, Devices and Systems, 5(1): 8-20.

Mishali M, Eldar Y C, Elron A J. 2011b. Xampling: Signal acquisition and processing in union of subspaces. IEEE Transactions on Signal Processing, 59(10): 4719-4734.

Mittermayer J, Lord R, Borner E. 2003. Sliding spotlight SAR processing for TerraSAR-X using a new formulation of the extended chirp scaling algorithm//IEEE International Geoscience and Remote Sensing Symposium, Toulouse.

Montazeri S, Zhu X X, Eineder M, et al. 2016. Three-dimensional deformation monitoring of urban infrastructure by tomographic SAR using multitrack TerraSAR-X data stacks. IEEE Transactions on Geoscience and Remote Sensing, 54(12): 6868-6878.

Moreira A, Mittermayer J, Scheiber R. 1996. Extended chirp scaling algorithm for air- and spaceborne SAR data processing in stripmap and ScanSAR imaging modes. IEEE Transactions on Geoscience and Remote Sensing, 34(5): 1123-1136.

Munson D C J, O'Brien J D, Jenkins W. 1983. A tomographic formulation of spotlight-mode synthetic aperture radar. Proceedings of the IEEE,71(8):917-925.

Needell D,Tropp J A. 2009. CoSaMP: Iterative signal recovery from incomplete and inaccurate samples. Applied and Computational Harmonic Analysis,26:301-321.

Needell D,Vershynin R. 2010. Signal recovery from incomplete and inaccurate measurements via regularized orthogonal matching pursuit. IEEE Journal of Selected Topics in Signal Processing,4(2):310-316.

Nozben Ö,Çetin M. 2012. A sparsity-driven approach for joint SAR imaging and phase error correction. IEEE Transactions on Image Processing,21(4):2075-2088.

Nyquist H. 1928. Certain topics in telegraph transmission theory. Transactions of the American Institute of Electrical Engineers,47(2):617-644.

Oliver C, Quegan S. 2004. Understanding Synthetic Aperture Radar Images. Raleigh: SciTech Publishing Inc.

Olshausen B A,Field D J. 1996. Emergence of simple-cell receptive field properties by learning a sparse code for natural images. Nature,381:607-609.

Papoulis A. 1968. Systems and Transforms with Applications in Optics. New York: McGraw-Hill.

Patel V M,Easley G R,Healy D. 2010. Compressed synthetic aperture radar. IEEE Journal of Selected Topics in Signal Processing,4(2):244-254.

Ponce O,Prats-Iraola P,Pinheiro M,et al. 2014. Fully polarimetric high-resolution 3-D imaging with circular SAR at L-band. IEEE Transactions on Geoscience and Remote Sensing,52(6): 3074-3090.

Potter L C,Ertin E,Parker J T,et al. 2010. Sparsity and compressed sensing in radar imaging. Proceedings of IEEE,98(6):1006-1020.

Prats P,Scheiber R,Mittermayer J,et al. 2010. Processing of sliding spotlight and TOPS SAR data using baseband azimuth scaling. IEEE Transactions on Geoscience and Remote Sensing, 48(2):770-780.

Prünte L. 2012. Application of distributed compressed sensing for GMTI purposes//IET International Conference on Radar Systems,Glasgow.

Prünte L. 2014. Detection performance of GMTI from SAR images with CS//The 10th European Conference on Synthetic Aperture Radar,Berlin.

Prünte L. 2016. Compressed sensing for removing moving target artifacts and reducing noise in SAR images//The 11st European Conference on Synthetic Aperture Radar,Hamburg.

Qin S,Zhang Y D,Wu Q,et al. 2014. Large-scale sparse reconstruction through partitioned compressive sensing//The 19th International Conference on Digital Signal Processing, Hong Kong.

Quan X Y,Zhang Z,Zhang B C,et al. 2015. A study of BP-CAMP algorithm for SAR imaging//

IEEE International Geoscience and Remote Sensing Symposium, Milan.

Quan X Y, Zhang B C, Liu J G, et al. 2016a. An efficient general algorithm for SAR imaging: Complex approximate message passing combined with backprojection. IEEE Geoscience and Remote Sensing Letters, 13(4): 535-539.

Quan X Y, Zhang B C, Zhu X X, et al. 2016b. Unambiguous SAR imaging for nonuniform DPC sampling: ℓ_q regularization method using filter bank. IEEE Geoscience and Remote Sensing Letters, 13(11): 1596-1600.

Quan X Y, Zhang B C, Zhu X X, et al. 2016c. DPCA imaging from nonuniform sampling: An ℓ_q regularization based approach//The 11st European Conference on Synthetic Aperture Radar, Hamburg.

Raney R K, Runge H, Bamler R, et al. 1994. Precision SAR processing using chirp scaling. IEEE Transactions on Geoscience and Remote Sensing, 32(4): 786-799.

Reigber A, Moreira A. 2000. First demonstration of airborne SAR tomography using multibaseline L-band data. IEEE Transactions on Geoscience and Remote Sensing, 38(5): 2142-2152.

Rilling G, Davies M, Mulgrew B. 2009. Compressed sensing based compression of SAR raw data//Signal Processing with Adaptive Sparse Structured Representations, Saint Malo.

Romberg J. 2009. Compressive sensing by random convolution. SIAM Journal on Imaging Sciences, 2(4): 1098-1128.

Rosenfeld M. 2013. In praise of the Gram matrix//Graham R L, Nešetřil J, Butler S. The Mathematics of Paul Erdös I. 2nd ed. New York: Springer: 551-557.

Rudin L I, Osher S, Fatemi E. 1992. Nonlinear total variation based noise removal algorithms. Physica D: Nonlinear Phenomena, 60(1-4): 259-268.

Russell B. 1949. History of Western Philosophy. London: George Allen & Unwin, Ltd.

Samadi S, Çetin M, Masnadi-Shirazi M A. 2011. Sparse representation-based synthetic aperture radar imaging. IET Radar Sonar and Navigation, 5(2): 182-193.

Samadi S, Çetin M, Masnadi-Shirazi M A. 2013. Multiple feature-enhanced SAR imaging using sparsity in combined dictionaries. IEEE Geoscience and Remote Sensing Letters, 10(4): 821-825.

Santosa F, Symes W W. 1986. Linear inversion of band-limited reflection seismograms. SIAM Journal on Scientific and Statistical Computing, 7(4): 1307-1330.

Sarvotham S, Baron D, Baraniuk R G. 2006. Measurements vs. bits: Compressed sensing meets information theory//Allerton Conference on Communication, Control and Computing, Monticello.

Shannon C E. 1949. Communication in the presence of noise. Proceedings of the IRE, 37(1): 10-21.

Shastry M C, Narayanan R M, Rangaswamy M. 2010. Compressive radar imaging using white stochastic waveforms//International Waveform Diversity and Design Conference, Niagara Falls.

Shastry M C, Kwon Y, Narayanan R M, et al. 2012. Analysis and design of algorithms for compressive sensing based noise radar systems//The 7th Sensor Array and Multichannel Signal Processing Workshop, Hoboken.

Shastry M C, Narayanan R M, Rangaswamy M. 2015. Sparsity-based signal processing for noise radar imaging. IEEE Transactions on Aerospace and Electronic Systems, 51(1): 314-325.

Sherwin C W, Ruina J P, Rawcliffe R D. 1962. Some early developments in synthetic aperture radar systems. IRE Transactions on Military Electronics, 1051: 111-115.

Soumekh M, 1999. Synthetic Aperture Radar Signal Processing with MATLAB Algorithms. New York: Wiley.

Stanley H E, Wong V K. 1971. Introduction to Phase Transitions and Critical Phenomena. New York: Oxford University Press.

Stiefel M, Leigsnering M, Zoubir A M, et al. 2016. Distributed greedy signal recovery for through-the-wall radar imaging. IEEE Geoscience and Remote Sensing Letters, 13(10): 1477-1481.

Stojanovic I, Çetin M, Karl W C. 2008. Joint space aspect reconstruction of wide-angle SAR exploiting sparsity. Algorithms for Synthetic Aperture Radar Imagery XV, SPIE Defense and Security Symposium, 6970: 697005.

Stojanovic I, Karl W C. 2010. Imaging of moving targets with multi-static SAR using an overcomplete dictionary. IEEE Journal of Selected Topics in Signal Processing, 4(1): 164-176.

Stojanovic I, Karl W C, Çetin M. 2013. Compressed sensing of mono-static and multi-static SAR. IEEE Geoscience and Remote Sensing Letters, 10(6): 1444-1448.

Strohmer T, Heath R W. 2003. Grassmannian frames with applications to coding and communication. Applied and Computational Harmonic Analysis, 14(3): 257-275.

Suksmono A B, Bharata E, Lestari A A, et al. 2008. A compressive SFCW-GPR system//Proceedings of the 12th International Conference on GPR, Denpasar.

Suksmono A B, Bharata E, Lestari A A, et al. 2010. Compressive stepped-frequency continuous-wave ground-penetrating radar. IEEE Geoscience and Remote Sensing Letters, 7(4): 665-669.

Sun J P, Zhang Y X, Chen Z B, et al. 2012. A novel spaceborne SAR wide-swath imaging approach based on poisson disk-like nonuniform sampling and compressive sensing. Science China Information Sciences, 55: 1876-1887.

Thompson P, Wahl D E, Eichel P H, et al. 1996. Spotlight-Mode Synthetic Aperture Radar: A Signal Processing Approach. Boston: Kluwer Academic Publishers.

Tian Y, Jiang C L, Lin Y, Zhang B C, et al. 2011. An evaluation method for sparse microwave imaging radar system using phase diagrams//The IEEE CIE International Conference on Radar,

Chengdu.

Tibshirani R. 1996. Regression shrinkage and selection via the LASSO. Journal of the Royal Statistical Society, Series B, 58(1): 267-288.

Tropp J A. 2004. Greed is good: Algorithmic results for sparse approximation. IEEE Transactions on Information Theory, 50(10): 2231-2242.

Tropp J A, Gilbert A C. 2007. Signal recovery from random measurements via orthogonal matching pursuit. IEEE Transactions on Information Theory, 53(12): 4655-4666.

Tropp J A, Laska J N, Duarte M F, et al. 2010. Beyond Nyquist: Efficient sampling of sparse bandlimited signals. IEEE Transactions on Information Theory, 56(1): 520-544.

Tropp J A, Wakin M B, Duarte M F, et al. 2006. Random filters for compressive sampling and reconstruction//IEEE International Conference on Acoustics, Speech and Signal Processing, Toulouse.

Varshney K R, Çetin M, Fisher J W, et al. 2008. Sparse representation in structured dictionaries with application to synthetic aperture radar. IEEE Transactions on Signal Processing, 56(8): 3548-3561.

Wang X Q, Li G, Wan Q, et al. 2017. Look-ahead hybrid matching pursuit for multipolarization through-wall radar imaging. IEEE Transactions on Geoscience and Remote Sensing, 55(7): 4072-4081.

Wei Z H, Jiang C, Zhang B C, et al. 2016a. WASAR imaging with backprojection based group complex approximate message passing. Electronics Letters, 52(23): 1950-1952.

Wei Z H, Zhang B C, Bi H, et al. 2016b. Group sparsity based airborne wide angle SAR imaging//Image and Signal Processing for Remote Sensing XXII. SPIE Remote Sensing, Edinburgh.

Wei Z H, Han B, Xu Z L, et al. 2018. An accurate SAR imaging method based on generalized minimax concave penalty//The 12th European Conference on Synthetic Aperture Radar, Aachen.

Wiley C A. 1965. Pulsed doppler radar methods and apparatus: US, US3196436.

Woodward P M. 1953. Probability and Information Theory, with Application to Radar. Oxford, New York: Pergamon Press.

Wu C Y, Bi H, Zhang B C, et al. 2017. L_1 regularization recovered SAR images based interferometric SAR imaging via complex approximated message passing//Image and Signal Processing for Remote Sensing XXIII. SPIE Remote Sensing, Warsaw, 10427: 1042717.

Wu C Y, Wei Z H, Bi H, et al. 2018. InSAR imaging based on L_1 regularization joint reconstruction via complex approximated message passing. Electronics Letters, 54(4): 237-239.

Xu Z B, Zhang H, Wang Y, et al. 2010. $L_{1/2}$ regularizer. Science China Information Sciences, 53(6): 1159-1169.

Xu Z B, Guo H L, Wang Y, et al. 2012. Representative of $L_{1/2}$ regularization among L_q ($0<q\leqslant 1$) regularizations: An experimental study based on phase diagram. Acta Automatica Sinica, 38(7): 1225-1228.

Xu Z L, Wei Z H, Wu C Y, et al. 2018a. Comparison of raw data based and complex image based sparse SAR imaging methods//The 5th International workshop on Compressed Sensing Theory and Its Applications to Radar. Sonar and Remote Sensing, Siegen.

Xu Z L, Wei Z H, Zhang B C. 2018b. Multichannel sliding spotlight SAR imaging based on sparse signal processing//IEEE International Geoscience and Remote Sensing Symposium, Valencia.

Yang J, Zhang Y. 2011. Alternating direction algorithms for ℓ_1-problems in compressive sensing. SIAM Journal on Scientific Computing, 33(1): 250-278.

Yang J, Thompson J, Huang X, et al. 2013. Segmented reconstruction for compressed sensing SAR imaging. IEEE Transactions on Geoscience and Remote Sensing, 51(7): 4214-4225.

Yang J, Jin T, Huang X, et al. 2014. Sparse MIMO array forward-looking GPR imaging based on compressed sensing in clutter environment. IEEE Transactions on Geoscience and Remote Sensing, 52(7): 4480-4494.

Yegulalp A F. 1999. Fast backprojection algorithm for synthetic aperture radar//Proceedings of the IEEE Radar Conference. Radar into the Next Millennium (Cat. No. 99CH36249), Waltham.

Yin W T, Osher S, Goldfarb D, et al. 2008. Bregman iterative algorithms for ℓ_1-minimization with applications to compressed sensing. SIAM Journal on Imaging Sciences, 1(1): 143-168.

Yoon Y S, Amin M G. 2008. Compressed sensing technique for high-resolution radar imaging. Proceedings of SPIE-The International Society for Optical Engineering, 6968: 69681A-69681A-10.

Yu Y, Petropulu A P, Poor H V. 2010. MIMO radar using compressive sampling. IEEE Journal of Selected Topics in Signal Processing, 4(1): 146-163.

Yu Y, Petropulu A P, Poor H V. 2011. Measurement matrix design for compressive sensing based MIMO radar. IEEE Transactions on Signal Processing, 59(11): 5338-5352.

Yuan L, Liu J, Ye J. 2013. Efficient methods for overlapping group lasso. IEEE Transactions on Pattern Analysis and Machine Intelligence, 35(9): 2104-2116.

Yuan M, Lin Y. 2006. Model selection and estimation in regression with grouped variables. Journal of the Royal Statistical Society: Series B(Statistical Methodology), 68(1): 49-67.

Zan F D, Guarnieri A M M. 2006. TOPSAR: Terrain observation by progressive scans. IEEE Transactions on Geoscience and Remote Sensing, 44(9): 2352-2360.

Zeng J, Fang J, Xu Z. 2012. Sparse SAR imaging based on $L_{1/2}$ regularization. Science China Information Sciences, 55(8): 1755-1775.

Zhang B C, Jiang H, Hong W, et al. 2010. Synthetic aperture radar imaging of sparse targets via compressed sensing//The 8th European Conference on Synthetic Aperture Radar, Aachen.

Zhang B C, Hong W, Wu Y R. 2012a. Sparse microwave imaging: Principles and applications. Science China Information Sciences, 55(8): 1722-1754.

Zhang B C, Zhang Z, Hong W, et al. 2012b. Applications of distributed compressive sensing in multi-channel synthetic aperture radar//The 1st International Workshop on Compressed Sensing Theory and its Applications to Radar, Sonar and Remote Sensing, Bonn.

Zhang B C, Jiang C L, Zhang Z, et al. 2013. Azimuth ambiguity suppression for SAR imaging based on group sparse reconstruction//The 2nd International Workshop on Compressed Sensing Theory and its Applications to Radar, Sonar and Remote Sensing, Bonn.

Zhang B C, Zhang Z, Jiang C L, et al. 2015. System design and first airborne experiment of sparse microwave imaging radar: initial results. Science China Information Sciences, 58(6): 1-10.

Zhang L, Xing M, Qiu C W, et al. 2009. Achieving higher resolution ISAR imaging with limited pulses via compressed sampling. IEEE Geoscience and Remote Sensing Letters, 6(3): 567-571.

Zhang L, Xing M, Qiu C W, et al. 2010. Resolution enhancement for inversed synthetic aperture radar imaging under low SNR via improved compressive sensing. IEEE Transactions on Geoscience and Remote Sensing, 48(10): 3824-3838.

Zhang L, Qiao Z J, Xing M D, et al. 2012. High-resolution ISAR imaging by exploiting sparse apertures. IEEE Transactions on Antennas and Propagation, 60(2): 997-1008.

Zhang W J, Hoorfar A. 2015. A generalized approach for SAR and MIMO radar imaging of building interior targets with compressive sensing. IEEE Antennas and Wireless Propagation Letters, 14: 1052-1055.

Zhang Z, Zhang B C, Hong W, et al. 2012a. Waveform design for L_q regularization based radar imaging and an approach to radar imaging with non-moving platform//The 9th European Conference on Synthetic Aperture Radar, Munchen.

Zhang Z, Zhang B C, Jiang C L, et al. 2012b. Influence factors of sparse microwave imaging radar system performance: approaches to waveform design and platform motion analysis. Science China Information Sciences, 55(10): 2301-2317.

Zhang Z, Zhao Y, Jiang C L, et al. 2013. Initial analysis of SNR/sampling rate constraints in compressive sensing based imaging radar//The 2nd International Workshop on Compressed Sensing Theory and its Applications to Radar, Sonar and Remote Sensing, Bonn.

Zhu X X, Bamler R. 2010. Tomographic SAR inversion by L_1-norm regularization—The compressive sensing approach. IEEE Transactions on Geoscience and Remote Sensing, 48(10): 3839-3846.

Zhu X X, Bamler R. 2012a. Super-resolution power and robustness of compressive sensing for spectral estimation with application to spaceborne tomographic SAR. IEEE Transactions on Geoscience and Remote Sensing, 50(1): 247-258.

Zhu X X, Bamler R. 2012b. Demonstration of super-resolution for tomographic SAR imaging in urban environment. IEEE Transactions on Geoscience and Remote Sensing, 50(8): 3150-3157.

Çetin M, Karl W C. 2001. Feature-enhanced synthetic aperture radar image formation based on nonquadratic regularization. IEEE Transactions on Image Processing, 10(42): 623-631.

Çetin M, Karl W C, Castaon D A. 2003. Feature enhancement and ATR performance using nonquadratic optimization-based SAR imaging. IEEE Transactions on Aerospace and Electronic Systems, 39(4): 1376-1395.

Çetin M, Stojanovic I, Önhon N Ö, et al. 2014. Sparsity-driven synthetic aperture radar imaging: Reconstruction, autofocusing, moving targets, and compressed sensing. IEEE Signal Processing Magazine, 31(4): 27-40.

中英文对照表

C

层析 SAR	SAR tomography(TomoSAR)
差分层析 SAR	differential synthetic aperture radar tomography (D-TomoSAR)
穿墙雷达成像	through-the-wall radar imaging(TWRI)

D

德国宇航中心	Deutsches Zentrum für Luft-und Raumfahrt(DLR)
等效噪声系数	noise equivalent sigma zero(NESZ)
地面运动目标检测	ground moving target indication(GMTI)
迭代重加权最小二乘	iterative reweighted least squares(IRLS)
迭代软阈值	iterative soft thresholding(IST)
迭代硬阈值	iterative hard thresholding(IHT)
多发多收	multiple input multiple output(MIMO)
多基线圆迹 SAR	multiple circular SAR(MCSAR)
多普勒频谱重构	Doppler spectrum reconstruction(DSR)

E

二次距离压缩	secondary range compression(SRC)

F

方位模糊信号比	azimuth ambiguity-to-signal ratio(AASR)
非相关采样	incoherent sampling
非相关观测	incoherent measurement
分辨能力	distinguish ability
分块自适应量化	block adaptive quantization(BAQ)
峰值旁瓣比	peak sidelobe ratio(PSLR)
复近似信息传递算法	complex approximate message passing(CAMP)

G

干涉 SAR　interferometric SAR(InSAR)
感知向量　sensing vector
高分三号　GF-3

H

航天飞机雷达地形测绘任务　shuttle radar topography mission(SRTM)
合成孔径雷达　synthetic aperture radar(SAR)
后向投影　back projection(BP)
滑动聚束 SAR　sliding spotlight SAR
环境一号 C 星　HJ-1C

J

积分旁瓣比　integrated sidelobe ratio(ISLR)
基追踪　basis pursuit(BP)
交替方向法　alternating direction method(ADM)
阶梯正交匹配追踪　stagewise orthogonal matching pursuit(StOMP)
距离多普勒　range Doppler(RD)
距离模糊信号比　range ambiguity-to-signal ratio(RASR)
距离徙动　range cell migration(RCM)
距离徙动校正　range cell migration correction(RCMC)
聚束 SAR　spotlight SAR
均方误差　mean square error(MSE)

K

快速迭代软阈值　fast iterative soft thresholding(FIST)
快速傅里叶变换　fast Fourier transformation(FFT)
宽角 SAR　wide angle SAR
扩展 chirp scaling　extended chirp scaling(ECS)

L

雷达散射截面积　radar cross section(RCS)
离散余弦变换　discrete cosine transform(DCT)
联合稀疏模型　joint sparsity model(JSM)
两步迭代软阈值　two-step iterative soft thresholding(TwIST)
零空间性质　null space property(NSP)

M

脉冲重复间隔	pulse repetition interval(PRI)
脉冲重复频率	pulse repetition frequency(PRF)
美国国家侦察局	National Reconnaissance Office
美国喷气推进实验室	Jet Propulsion Laboratory(JPL)
每秒 1G 次浮点运算	giga floating-point operations per second(GFLOPS)
目标背景比	target to background ratio(TBR)
模拟信息转换	analog to information
模数转换器	analog to digital converter(ADC)

N

内点法	interior point method(IPM)
逆 SAR	inverse SAR(ISAR)

P

匹配追踪	matching pursuit(MP)
偏置相位中心天线	displaced phase center antenna(DPCA)

Q

全变差	total variation(TV)

S

扫描式 SAR	ScanSAR
扇贝效应	scalloping
数字高程模型	digital elevation model(DEM)
随机卷积	random convolution
随机滤波	random filtering
随机调制积分	random modulation preintegration(RMPI)

T

探地雷达	ground penetrating radar(GPR)
条带 SAR	stripmap SAR

X

稀疏微波成像	sparse microwave imaging
稀疏信号处理	sparse signal processing
相对均方误差	relative mean square error(RMSE)
信噪比	signal to noise ratio(SNR)

Y

压缩感知	compressive sensing(CS)
优化最小化	majorization minimization
圆迹 SAR	circular SAR(CSAR)
约束等距性质	restricted isometric property(RIP)

Z

正交匹配追踪	orthogonal matching pursuit(OMP)
正交频分复用	orthogonal frequency division multiplexing(OFDM)
正则化正交匹配追踪	regularized orthogonal matching pursuit(ROMP)
驻定相位原理	principle of stationary phase(PSP)
子空间追踪	subspace pursuit

其他

ℓ_1 正则化	ℓ_1 regularization
ℓ_1 正则化最小二乘	ℓ_1-regularized least squares(ℓ_1-LS)
ℓ_1-magic 算法	ℓ_1-magic algorithm

索　引